図説生物学30講
環境編2

系統と進化
30講
―生き物の歴史を科学する―

■ 岩槻邦男［著］

朝倉書店

まえがき

「図説生物学30講」のシリーズの植物編で，『植物と菌類30講』を2005年に刊行した．この書では，現に地球上に生きている植物と菌類を対象に，どのように多様な生き物たちが生活しているかを描き出そうと試みた．ただし，生物多様性を紹介する書物は，多くの場合，現象の羅列に終わることが多いので，現に地球上に生きている生き物の多様性を紹介するといいながら，生物多様性は地球上における三十数億年に及ぶ進化の歴史の所産であり，多様に見える生き物たちのすがたは，バラバラに多様なのではなく，ひとつの体系に従って多様化してきたものたちの生きているすがたであることを示そうとした．もっとも，その執筆の意図がどれだけ実現していたかは著者の実力に依存するところであり，成果については自信はない．

シリーズの環境編に『系統と進化30講』が準備された．こちらは，副題にも示したように，現に地球上に生きている多様な生き物たちを，歴史的な発展を通じて理解しようという書である．しかも，生物界全体を俯瞰しようとする．科学の進歩のうちでも，ひときわ著しい進展を示す系統進化についてわかってきた事実を限られた紙面で紹介するのはたいへん難しい作業であるが，非力をも顧みず，その作業に挑戦してみた．

本書で意図したのは，現に地球上に生きている多様な生き物たちの生き様を，体系だった生き物のかたまりとして，その由来を探りながら，総体的に眺めることである．個別の生き物たちを見ればそれぞれに多様なすがたをとって生きているが，生き物たちはもとをたずねれば単一の祖先から多様化したものであり，全体がひとつのつながりのうちに生きている．その生命のつながりが，具体的に多様なすがたをとる生き物たちの間でどのように展開したものか，現に生きている生き物たちが歴史的な所産であることを跡づけることによって確かめようとしている．

生物多様性を紹介する書は，最近いくつも出版され，学習しようと思えば機会は用意されている．だからというわけではないが，本書では具体的な生物群について詳細紹介することはせず，多様に分化して地球表層に適応した生物相をつくっている現生生物は，歴史的にどのように発展してきたかを考察するためには何が手がかりになるかを紹介することに重点をおいている．もちろん，生き物を対象とする科学だから，当然生き物について語らなければならないし，生き物について語ろうとすると，多様な現象を常に単純化するわけにはいかないので，手近な例を引くことになるが，もともと植物を対象とした研究をしてきた経歴が頭をもたげて，ついつ

い植物に気が行ってしまう．開き直っていうと，生物の世界に，人の目で見ることよりも，基礎生産者である植物から見る発想で対応してみたいと望んだ次第である．しかも，現に急速に展開しつつある具体的な研究成果よりも，その基盤をつくる概念に拘って考えてみる．

　科学の進歩に対応する程度の詳細さで，生物界の全体を理解することなど，とても期待できることではない．最先端の研究をする際には，その分野の情報をもれなく理解しておく必要があるものの，他の領域のことまで考えないで専門分野に深入りした方が研究を進める上では都合がいいという面もないわけではない．しかし，そのような科学の細分化が，進歩をもたらすと同時に，科学そのものを技術論の枠に閉じ込め，科学的な思考を社会から駆逐することにつながっている．細分された研究に専念するものほど，全体像を俯瞰する機会をつくることを忘れてはならない．この分野の研究者でない人たちに，生物の系統を見ることで科学的な視点を深める参考にしていただきたいと期待すると同時に，生物に関心をもつほどの人なら，三十数億年をかけて，億を超えるかもしれないほどの種数に多様化している生き物の全体を時空を超えて見渡す機会をもちたいものであるし，そのような場合の支援に本書が活かされればと期待するところである．

　本書の刊行にあたり，お世話になった朝倉書店の編集部の方々にお礼を申し上げる．

2012 年 1 月

岩 槻 邦 男

目　次

第 1 講　地球の誕生と生命の起源 …………………………………………… 1
第 2 講　原核生物の進化と系統 ……………………………………………… 10
第 3 講　酸素発生型光合成の起源：シアノバクテリア …………………… 17
第 4 講　真核生物の起源 ……………………………………………………… 23
第 5 講　オルガネラの創成 …………………………………………………… 29
第 6 講　有性生殖の進化 ……………………………………………………… 36
第 7 講　生活環の進化：有性世代と無性世代 ……………………………… 44
第 8 講　多細胞の個体の出現 ………………………………………………… 51
第 9 講　真核細胞間の共生 …………………………………………………… 58
第 10 講　動物の起源：原生動物と後生動物 ………………………………… 64
第 11 講　後生動物の多様化 …………………………………………………… 70
第 12 講　生き物の陸上への進出 ……………………………………………… 77
第 13 講　植物の進化：葉の起源と進化 ……………………………………… 85
第 14 講　裸子植物の起源と系統：系統解析のモデル ……………………… 93
第 15 講　重複受精と被子植物の多様化 ……………………………………… 99
第 16 講　発生と進化 …………………………………………………………… 105
第 17 講　菌類と呼ぶ生き物 …………………………………………………… 112
第 18 講　化石を手がかりに系統を追う ……………………………………… 119
第 19 講　生き物の多様化：多様性に支えられる生命 ……………………… 125
第 20 講　メンデル遺伝学から分子遺伝学へ ………………………………… 132

第21講	多様性のゲノム生物学	137
第22講	変異の起源と種形成	143
第23講	細胞遺伝学と分子系統学	150
第24講	生物多様性のバイオインフォマティクス	157
第25講	共進化：共生と系統	163
第26講	大量絶滅と哺乳類の進化	170
第27講	人とチンパンジー：文化の起源と多様化	176
第28講	多様な生物の間に見る系統関係	182
第29講	生命の年齢：生きているとはどういうことか	189
第30講	生物の系統を読む：統合的な科学	197

参考図書 …………………………………………………………… 204
索引 ………………………………………………………………… 205

第1講

地球の誕生と生命の起源

キーワード：宇宙　　核酸　　原核細胞　　原形質　　初期進化　　生体物質
　　　　　　生命体　　地球の進化

　生き物も物質のかたまり（＝原子の集合体）としてつくられている．この宇宙に存在する物質のかたまりのうちには，生きているもの＝生物体もあれば，生きていないもの＝無生物もある．同じように原子の集合体＝物質のかたまりであるのに，生物と無生物の間にはどのような差があるのか．
　生物体を構成する物質はそれ自体生きているか．生きていることを演出する物質そのものには，生命体を構成していない時と比べて，特別な差は見られない．また，生命現象を演出している物質（タンパク質や脂質などの分子）はそのまま親から子へ伝達されることはない．生命は世代を超えて伝達されるというなら，伝達される実体は一体何か．生命とは何で，どのように世代を超えて伝達されているのか．
　始源生物は無生物だけだった世界に出現したが，生命体の出現＝生命の起源とは何だったのか．生きているものと生きていないものの差を整理し，地球上における生命の起源とは何だったかをたずねることから系統の探索をはじめてみよう．

宇宙の起源から地球の進化へ

　生き物は地球上で生きており，宇宙における存在である．地球以外の宇宙のどこかに地球の生き物と同じような生き物が生きているかどうかは，確かめられてはいないものの，存在する確率はきわめて高いとされる．もっとも，そこでいう生き物を，水を媒体としてタンパク質や脂質で生命現象を演出し，生きているという状態を核酸分子に載せた情報として親から子へ伝達している地球上の生物と同じものと，狭義に定義するかどうかは，考える人によってさまざまである．
　宇宙は無限の昔から存在していたのではなくて，およそ150億年前に誕生したものと見なされている．ただし，どのように無から宇宙が生じ，進化してきたのか，今のところ十分な説明ができるほど明らかにされているわけではない．天体には星，球状星団，銀河，銀河集団，超銀河集団などの階層構造があることが確かめら

れており，現在では宇宙は急速に膨大しつつあることも知られている．

わたしたちの天の川銀河には2000億個もの星が含まれていると観測されている．宇宙全体では，さらにその千億倍もの数の星があるらしい．掴みどころがないほどの数である．この中には，惑星系をもつ星もたくさんあるということである．生命の存在する星もどこかにあるに違いないと推定される由縁である．

太陽系の起源と進化についても，これまでにいろんな観測や考察がなされている．太陽の誕生の過程で，分子雲の中で収縮する物質のほとんどは原始太陽に取り込まれたが，ごく一部がその周りに円盤状に広がった．この物質が重さによって層状構造に分かれ，重い元素が集合してダスト粒子となり，それが1万年ほどかけてお互いに衝突と合体を繰り返して成長した．重さ1兆トン程度に成長した微惑星は100億個ほどあったが，さらに10億年ほどの間衝突，合体を繰り返し，月ほどの大きさの原始惑星となった．その後100万〜1億年かけて原始惑星が地球型惑星に成長したが，それより大きな木星型惑星への成長はさらに長い時間継続した．このような過程を経て，わたしたちの太陽系や，そのうちの地球は46億年ほど前に宇宙に実在することになった．

ここからは，その地球上に生きている生き物たちに焦点を当てて話を展開することにしよう．

生物体と生きていない物質

生きているものの生き様が多様であることもあって，生きているものと生きていないものを比べて一言で定義するのはたいへん難しい．しかし，生きているとはどういうことかを普遍的に定義するためには，生き物とそうでないものとを峻別し，生き物だけがもっている特性に注目する．地球上の生き物はひとつの型に起源したものだから，ひとまとまりである生き物を定義することも不可能ではないだろう．そういう視点で，生き物とは何かを整理すると，現に生きている生物はすべて細胞を単位として成り立っていることに気づく（ここでいう生物から，ウイルスはいったん除いて考える）．

現生生物の細胞には原核細胞と真核細胞が区別される（第4講）．しかし，この差は，核膜に包まれた核という構造単位をはじめ，さまざまなオルガネラが細胞内に認められるか認められないかの差であって，生きていることに決定的な意味をもつ差ではない．だから，生きているかどうかを論じる際には，原核細胞，真核細胞をひっくるめて，細胞という単位で考えて問題ない．

細胞は細胞膜で包まれた原形質のかたまりであり，細胞外の物質のあり方と比べると，まとまったひとつの構造単位を構成する．この構造体には，目立った特質として，炭水化物，脂質などの有機物を主体とする上，核酸やタンパク質など，生命

体に特有の有機物質が含まれている．

　1個の細胞がそのまま1個体を構成する単細胞生物と，複数の細胞が集合して個体をつくる多細胞生物がある．複数の単細胞生物が集合して群体をつくる場合もある．生物ははじめ単細胞生物のすがたで出現したが，その後多細胞生物が進化した（第8講）．多細胞生物では，細胞の間に分化が見られ，後生動物や維管束植物では，構造も機能も多様な細胞が集合して多細胞の個体を構成する．

　物質レベルで，生きている物体と生きていないものを区別すると，有機化合物は生き物が生産する物質であると説明される．とりわけ，タンパク質，糖質，脂質，核酸は生体内に大量に含まれているので，生体物質として注目される．細胞内で生きている物質を原形質というが，核と細胞質がこれに相当する．日常的に生きていることを演出しているのはこれら生きている物質＝原形質のはたらきである．細胞をつくっている要素のうち，細胞壁や液胞など，現に生きていない構造を後形質ということがある．細胞を構成する分子のうちでは水がもっとも大きな部分を占めており，水はそのもの自体生きている物質とはいわないが，原形質が生を演出するためには不可欠の媒体となっている．そのもの自体生きている物質とされないけれども，後形質は細胞の要素としてそれぞれに重要な役割を果たしており，生の演出に欠くことができないものである．

　生き物のもっている物質のうちで，遺伝を担っている核酸のもつ役割は大きい．核酸は塩基をつけた五炭糖（ヌクレオシド）とリン酸がエステル結合をしたヌクレオチドが重合した糸状の分子である．ふつう長く連なって大きな分子量をもつ．核酸をつくる五炭糖はリボースか，リボースの2位の炭素原子に結合している−OHが−Hに置き換わったデオキシリボースである．デオキシリボースが連なった分子はデオキシリボ核酸（DNA）であり，リボースが連なった分子はリボ核酸（RNA）である．なお，ヌクレオシドを構成する塩基はプリンとピリミジンの誘導体で，プリン塩基のアデニン，グアニンと，ピリミジン塩基のシトシン，チミン，ウラシルがあり，チミンはDNAにだけ，ウラシルはRNAにだけ認められる（図1.1）．

　核酸はヌクレオチドが鎖状に長く連なった重合体であるが，側鎖につける塩基の種類と配列によってさまざまな構造をとる．理論的には無限の種類の核酸があり得る．ところで，DNA分子は，プリン塩基のアデニンとグアニンが，ピリミジン塩基のシトシンとチミンと相補的に産出されることで，自分のかたちを鋳型として，鏡に映したように正確に同じDNAをつくり出す性質をもっている．この性質を自己再生産を行うとか，同型複写の性質がある，とかいう．

　DNAは自己再生産するのと同じような仕組みで，DNAの塩基配列によって特異なRNAをつくる．RNAの側鎖となる塩基は，連なった3つが1単位の遺伝暗号となり，コドンと呼ばれるが，個々のコドンがそれぞれに特有のアミノ酸を形成す

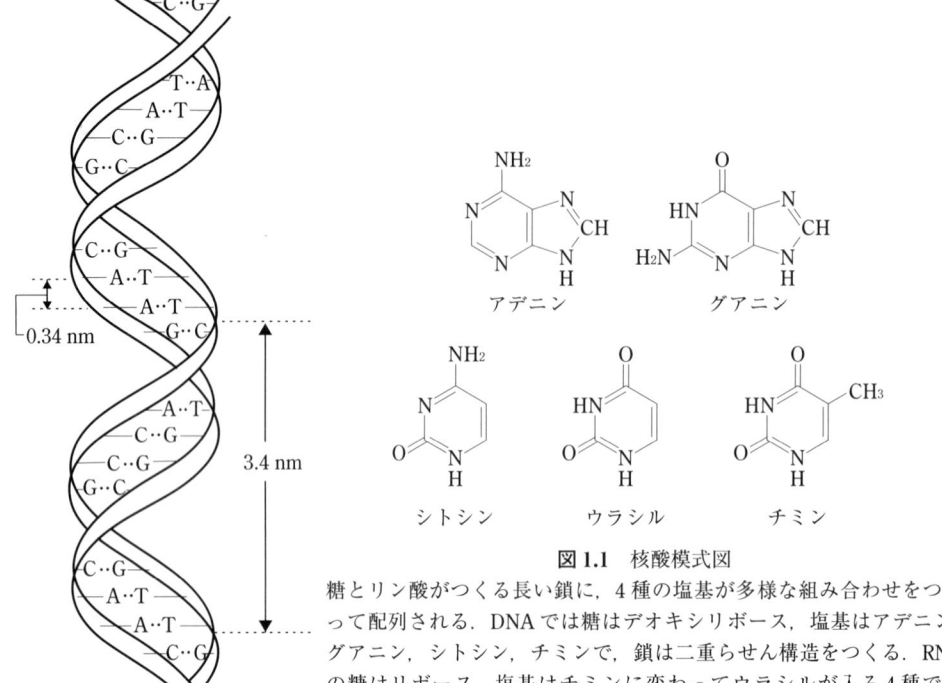

図1.1　核酸模式図
糖とリン酸がつくる長い鎖に，4種の塩基が多様な組み合わせをつくって配列される．DNAでは糖はデオキシリボース，塩基はアデニン，グアニン，シトシン，チミンで，鎖は二重らせん構造をつくる．RNAの糖はリボース，塩基はチミンに変わってウラシルが入る4種である．

る．4種の塩基のうちの3つの並び方は64通りあるが，アミノ酸をつくらないコドンもあり，異なったコドンが同じアミノ酸の産出を制御することもあるので，自然界にはアミノ酸が20種類存在する．コドンと，個々のコドンが制御してつくり出すアミノ酸の種類は表1.1にまとめたとおりである．

アミノ酸は重合してタンパク質をつくるが，タンパク質は生体の主要な構成要素となる他，酵素としてはたらき，糖質や脂質など，重要な生体物質の産出に関与する．このように，特定のDNAは特定のRNAをつくり，RNAがそれぞれの分子に対応するアミノ酸群をつくり，アミノ酸が重合してタンパク質となり，タンパク質が生命現象を演じる主役となるので，DNAの構造に応じ，その制御によってつくられる生命体が演出する生活の基本が決まる．しかも，そのDNAは同型複写の性質をもっていて，自分と同じ分子をつくることができる．だから，DNAは遺伝子担荷体であり，世代を超えて休むことなく生き続ける生物の生き方を維持するはたらきをしている物質であると見なされる．

生きている物質と生きているという現象

DNAは世代を超えて生き物の性質を伝達する．しかし，DNAをいくら積み上げても，それだけで生きているという現象を演出することはない．少なくとも，タン

表1.1 遺伝暗号表

		2番目の塩基			
		U	C	A	G
1番目の塩基	U	UUU Phe UUC Phe UUA Leu UUG Leu	UCU Ser UCC Ser UCA Ser UCG Ser	UAU Tyr UAC Tyr UAA 終止 UAG 終止	UGU Cys UGC Cys UGA 終止 UGG Trp
	C	CUU Leu CUC Leu CUA Leu CUG Leu	CCU Pro CCC Pro CCA Pro CCG Pro	CAU His CAC His CAA Gln CAG Gln	CGU Arg CGC Arg CGA Arg CGG Arg
	A	AUU Ile AUC Ile AUA Ile AUG Met	ACU Thr ACC Thr ACA Thr ACG Thr	AAU Asn AAC Gln AAA Lys AAG Lys	AGU Ser AGC Ser AGA Arg AGG Arg
	G	GUU Val GUC Val GUA Val GUG Val	GCU Ala GCC Ala GCA Ala GCG Ala	GAU Asp GAC Asp GAA Glu GAG Glu	GGU Gly GGC Gly GGA Gly GGG Gly

遺伝暗号表：RNA上に配列する3つの塩基の組み合わせ（コドンと呼ぶ）で，制御されてつくり出されるアミノ酸が決まる．塩基はA：アデニン，C：シトシン，G：グアニン，U：ウラシル．アミノ酸はAla：アラニン，Arg：アルギニン，Asn：アスパラギン，Asp：アスパラギン酸，Cys：システィン，Gln：グルタミン，Glu：グルタミン酸，Gly：グリシン，His：ヒスチジン，Ile：イソロイシン，Leu：ロイシン，Lys：リジン，Met：メチオニン，Phe：フェニールアラニン，Pro：プロリン，Ser：セリン，Thr：トレオニン，Trp：トリプトファン，Tyr：チロシン，Val：バリン．最初のAUGは開始コドン．組み合わせが64あって，つくり出されるアミノ酸は20種類であるのは，異なった組み合わせで同じアミノ酸がつくられることがあったり，終止コドンとなるものがあったりするためである．

パク質が生き物の基盤となる骨格を形づくり，生きているという活動の基本ともいうべき代謝活動を，酵素として制御するのに比べると，DNAそのものは生命活動を直接に演出している物質ではない．

　DNAがないと'生きていること'は演出できないし，核酸が生き物にとってもっとも基本的な構成要素のひとつであることは間違いないが，DNA分子がそれ自体生きている物質だということはできない．DNAは生きているという状態を制御する情報を担う物質で，'生きていること'を演出する物質ではないためである．

　生きている物質とは何か．生きている単位である細胞の骨格をつくり，生きている現象である代謝活動を制御しているのはタンパク質である．だから，タンパク質は生きている物質である，ということにそれほどの違和感はない．しかし，どんな生き物も誕生したはじめからタンパク質をもっているわけではない．生き物は自分が生命を創造するのではなく，親から生きていることをDNAを媒介として引き継ぐのであり，生きていることはタンパク質に載せられて遺伝されるのではなくて，DNAに担われて伝えられる．

それ自体生きているとはいえない物質に担われて遺伝される'生きていること'とは一体何なのか．DNAは4つの塩基を多様に配列して，さまざまな生物のさまざまな性状を記録する．塩基配列は，DNA分子の複製の際に上手に再生産され，複製された分子上に親分子と同じ配列で引き継がれる．しかし，塩基配列自体は生きている実体とはいえない．

DNA分子の塩基配列は，セントラルドグマ（図1.2）と呼ばれる現象に見るように，上手に転写されて，種に固有のタンパク質をつくり出し，タンパク質が核となってその種に固有の生き様を演出する．DNAが担って世代を超えて引き継ぐのは，'生きていること'の演出を制御する情報である．だから，少なくとも世代間で引き継がれる'生きていること'は物質そのものの特性というよりは，物質によって担われている情報であるといえる．この情報を遺伝情報と特定して呼ぶ．

DNAが'生きていること'を親世代から子世代へ伝達するというなら，DNAが伝達する遺伝情報が'生きていること'を伝えていることになる．DNAが担っている塩基配列の特性が，生命現象を正確に次世代に伝える遺伝情報である．すなわち，'生きていること'は親世代から子世代へ，遺伝情報のかたちで引き継がれており，生きている物質が直接親から子へ伝達されなくても，生きることを演出する情報の伝達が正確に営まれ，'生きていること'は世代を超えて機能している．

生命の起源

生命が地球上に現れたのは三十数億年前と推定されている．

三十数億年前に生命が発生したというのは，三十数億年前に原形質をもった細胞が形成されていたということである．もっとも，現生の生物がもっている細胞のように複雑な構造が見られたはずはない．広い意味では原核細胞だったが，それにしてもずいぶん規則性に欠けた状態だったと推定される．ただし，細胞には生活環のあらゆる時期を通じてすべて核酸が含まれており，世代の移行に際しての生命の伝達を制御する役割を担っているが，それに相当する機作は初期段階の細胞内でも演じられていたに違いない．地球上の生命は，水に浮かぶ有機物が演じる現象であるが，それを制御する究極の物質が核酸である．このような生命が発生する過程は偶然の積み重ねのように語られるが，結果から見れば，なるようにしてなったという

図1.2 セントラルドグマ

親から正確に伝えられたDNAの塩基がRNAに転写され，RNAの4種の塩基が3つでコドンをつくって特定のアミノ酸をつくり出し，アミノ酸が重合してタンパク質となる．種の特性はアミノ酸の活動で示されるが，遺伝情報の伝達，発現の方法は生物界に普遍的である．

状況であることもまた否定できない．偶然の積み重ねとして，地球上の生き物が思いつかないような，水以外の物質をメディアとし，核酸以外の物質を生命担荷物質とした生命体が他の天体に生きている可能性もまたないとはいえない．

　最初の生き物の遺伝の制御の役割を担った核酸はDNAではなく，RNAが生きていることを相伝していたと見るRNAワールド仮説が優勢である．他に，核酸が遺伝子として働く以前に，グリシン，アラニン，アスパラギン酸，バリンの4つのアミノ酸からなるGADVタンパク質の疑似複製によって生が維持されたとするGADV仮説なども提唱されている．現生の生物がDNAを中核とするセントラルドグマによって普遍的に生を維持しているからといって，始源生物も同じだったと短絡的に断定するのも科学的な態度とはいえない．

　地球上における生命の出現がいつだったか，決め手を得るのは難しい．地質時代の生き物の歴史を追跡するいちばん確かな方法は化石の記録を追うことであるが，化石が出土するのはきわめて運よく生物体が化石に遺っている場合であり，しかも化石は部分的だったり，保存状態がよくなかったりする．運よく保存された化石が出土してくれば，その化石が示してくれる生物が生きていたことは確認できるが，化石がないからといってそれに相当する生物がいなかったことにはならない．

　地球ができたのは46億年ほど前と推定されるが，地球表層の岩石についていうと，グリーンランドの38億年前の岩石がもっとも古いと知られている．化石は岩石のうちに遺るのだから，岩石が知られないほど古い時代のことは化石にも遺されない．事実，もっとも古い生物の確かな化石は32億5000万年前のものと同定されている．化石の証拠から，その頃に生物が生きていたことは確実といえるのである．46億年前の原始地球はマグマオーシャンと呼ばれる高熱でスープ状の構造だった．そこへ数万年の間も豪雨が降り注ぎ，海が形成され，徐々に温度が下がって地球表層がかたちを整えてきたが，化石で実証されることはないものの，その過程のある時に生き物が発生したと推定されている．

　化石による確実な記録も含め，さまざまな傍証を考えに入れると，地球上にはじめて生物が現れたのは三十数億年前とされるのである．約38億年という数字があげられることもある．生物が現れると，やがてDNAをもった細胞が生きるようになった．その細胞は原核細胞であったが，それが現生の原核細胞とどこまで似たものだったか，それを探る確かな手がかりはない．

　生命の起源については，生命体（か，あるいは少なくとも生命体を構成し，維持する重要な生命物質）が他の天体から飛来し，地球上に定着したと考える説がある．また，生命の発生は地球上で生じた現象だったとしても，生命体を構成する有機物質は他の天体で合成され，地球に飛来したものであるという可能性も完全に否定されているわけではない．

生命の初期進化

　三十数億年前の混沌とした地球表層に，構造がずいぶん不完全な状態の始源生物が現れたという事実には疑念の余地がない．物質の変化の集積として，個々の出来事は偶然の積み重ねではあるが，ある必然の過程を経て生命体が出現したと考えられる．だから，ある確率をもって，地球以外の天体にも生命体が存在しうる可能性があると推定される．それにしても生命体の発生を許容する確率は小さく，当然，地球上で発生した生物も単一のすがただったと推定される．たったひとつの型から出発することを単元的に発生したという．

　生命が地球上にすがたを見せてから，生命体が地球表層の環境に変貌を強いることになった．生き物が住むようになってからの地球表層は，生き物のいない環境とはずいぶん違ったものになったのである．生物は地球上にすがたを現した初日から，地球表層に変化を促す力をもっていた．生物そのものが地球表層の環境にとって大切な要素を占めることになったのである．

　生物は地球上にたったひとつの型で発生したが，地球上に現れたその瞬間から多様化をはじめた．次講で述べるように，DNAは基本的に変異を導入する分子であり，そのために，生物は多様化することによってその生を維持する機構をつくりあげたともいえるのである．多様化し，地球表層で繁栄をはじめたために，地球環境に占める生物の役割は大きくなり，生物自体が環境を複雑にすることによって，生物の多様化を促進することになった．

　初期の生物の進化の速度はそれほど速くはなかった．有性生殖が進化してから，進化の速度はずいぶん速くなった（第6講）が，それ以前には進化の速度はきわめてゆっくりしたものだった．遺伝子突然変異が生じても，つくられた変異体がその時生きていた型より適応的でなかったら競争に打ち勝つことがなかったからであり，そのように都合のよい変異体がつくられることはごくごく稀だったからである．だから，結果として，たいへんゆっくりした速度で進化の歩みを重ねてきた．水の中で発生した生物は，何十億年もの間，原核生物で単細胞体の状態の生活を続けた．もちろん，その過程でも，原核生物の生き方はより洗練されたものに進化したし，原核生物の段階での多様化は積み重ねられていた．

　本書では30講に分けて生物の系統進化の主要なイベントを追っていく．「まえがき」で触れたように，その全貌を俯瞰するのが主題であるとすれば，進化の全体の流れをまず念頭におく必要がある．図1.3で，40億年になんなんとする地球上の生物の進化で，現在までにつくり出された多様性を生み出す原動力になった重要事件は何だったか，まずその骨格を示したい．

```
┌─────────────────────────────────────────┐    ┌─────────────────────────────────────────┐
│ 細胞の起源＝生命の発生（約38億年前から）│    │ 原核細胞→真核細胞の進化（20億年ほど前から）│
│  → DNA による遺伝の機構の確立           │    │  →核の形成：DNAが膜に包まれる→細胞分裂の進化│
│     DNA の同型複写＝細胞の継代          │───→│  →オルガネラの形成                      │
│  →酸素発生型光合成の進化                │    │     ミトコンドリアの形成：真核細胞は    │
│     クロロフィルをもつシアノバクテリアの出現│    │                      酸素呼吸をする     │
│     →分子状酸素の蓄積→酸素呼吸の進化   │    │     葉緑体の形成：植物の進化            │
└─────────────────────────────────────────┘    └─────────────────────────────────────────┘
                                                                  │
                                                                  ↓
┌─────────────────────────────────────────┐    ┌─────────────────────────────────────────┐
│ 陸上への進出（4億余年前から）           │    │ 有性生殖の進化（十数億年前から）        │
│  →森林の形成：陸上生態系の多様化        │←───│  →2個の細胞の接合：2倍体の出現→減数分裂の進化│
│  →哺乳類の出現→ヒトの出現              │    │  →卵と精子による受精：有性生殖による    │
│                                         │    │                      コストの削減       │
│                                         │    │  →多細胞体の進化：体細胞と生殖細胞の分化│
│                                         │    │     →多様な生き物の分化                 │
└─────────────────────────────────────────┘    └─────────────────────────────────────────┘
```

図1.3　生物進化の流れ

═══════════════════ Tea Time ═══════════════════

セントラルドグマ

　生物の特質のひとつとしてその多様性があげられる．しかし，生命現象が，多様な生物を通じて普遍的な原理に従ったものであることももうひとつの事実である．生命現象の普遍性を示す典型的な事実が，セントラルドグマという名で示される現象である．

　核酸やタンパク質の生合成過程，遺伝情報の流れは一方向的であり，いったん情報がコード化され，タンパク質に転換されると，その遺伝情報が再び核酸の塩基配列を構築することはないという生物界にみられる原則で，これはすべての生物に普遍的な現象である．

　DNA は同型複写をして同じかたちの DNA をつくり出し，同じ生物としての情報を伝達する遺伝子としての役割を果たす．新しい細胞に移された DNA は RNA の形成を制御し，遺伝子に対応した RNA をつくる．RNA の塩基配列が示すコードに従ってアミノ酸の形成が制御され，つくり出されたアミノ酸が重合してタンパク質が形成される（図1.2）．この一連の流れが一方向的であり，新しい細胞に取り込まれた DNA がタンパク質の形成を制御するので，新しい細胞は取り込まれた DNA の制御によってその種に特有のかたちにつくり出される．

　もっとも，1958年にクリックが提唱した頃には，ドグマという表現に見られるように，生物界に変異のない現象と見られたが，その後，RNA から DNA への逆転写酵素の存在が明らかにされたり，真核生物には，RNA のタンパク質への翻訳の前に，スプライシングと呼ばれる RNA 編集の過程が入ることがわかったりして，セントラルドグマにも多様性のあることが明らかになっている．

第2講

原核生物の進化と系統

キーワード：ウイルス　核酸　核膜　原始生物　バクテリア　有害細菌

　地球上にはじめてすがたを現した生き物は，現生の生物に当てはめれば，バクテリアと総称される原核生物である．出現したのはおよそ38億年前のことと推定される．今では，地球上の生物はもとはひとつの型だったとみるのが定説である．

　出現してから20億年ほどの間は，地球上には原核生物だけが生きていた．正確な起源の時はまだ闇の中ではあるが，20億年ほど前に真核生物が進化し，その後真核生物は急速に多様化するが，それ以後も現在まで，原核生物もまた粛々と生き続け，進化を重ねている．地球上の生物の歴史の前半を独占し，今もなお旺盛に生きている原核生物の起源，進化，系統を追ってみよう．

原核生物＝バクテリア

　現生の生き物を通覧すると，原核生物と真核生物が識別される．

　真核生物は，細胞のうちに，DNAを集めて核膜で包んだ構造体である核をもっており，その他，ミトコンドリアなどのオルガネラ（細胞器官）も細胞内に認められる（第5講）．一方，原核生物の細胞では，DNAは細胞内に散在しており，核膜で包まれた単独の構造を形づくることはないし，ミトコンドリアなどのオルガネラも認められない（図2.1）．もっとも，DNAが散在するといっても，現生の原核生物では，細胞の中心付近に核物質が集まる部分が認められる．一方，真核生物ではオルガネラなどの構造体が複雑に，しかし一定の規律をもって位置づけられており，細胞内の代謝活動などがそれぞれの構造の中で有機的な関連をもちあいながら効率的に営まれている．30億年余の進化を経た現在の原核細胞と比べて，原始的な原核細胞のDNAなどが細胞内にどのように存在していたか，今のところ知る手がかりは得られていない．

　生命の起源をたずねると，はじめ地球上にすがたを現わした生物は，原核性だったことは間違いない．真核性の生物が地球上に現れるのは，遅いと見る見方で約15億年前，早いという推定では約21億年前という数字が提起される．38億年とい

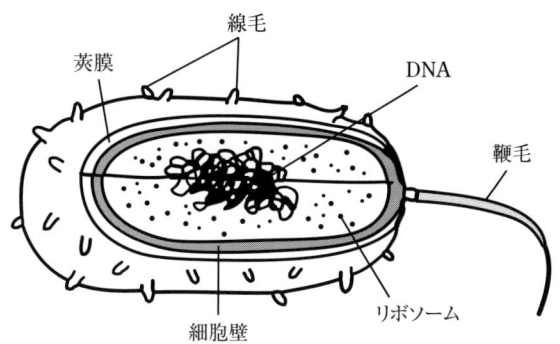

図 2.1　原核細胞の概念図
DNAとリボソームが散在するだけで，細胞器官と呼ぶほどのまとまった構造は見られない．

われる生命の歴史のうちの半分ほど（半分以上？）は原核生物固有のものだった．

　もちろん，現在の地球上にも原核生物は生きているのだから，三十数億年の生命の歴史を通じて，真核生物が進化してからも，原核生物は旺盛に生き続けている．現生の原核生物も，細胞のつくりは単純で，DNAの領域とリボソームだけが細胞内に認められる構造となっているし，生き物として特徴のある生理的な活性も，単細胞体のすがたで生きる細胞内で広範囲に展開している．しかし，そういいながら，現生の原核生物は，原始時代に生きていた生物とまったく同じなのではなくて，三十数億年の歴史を生き抜いて進化してきた生き物らしい生を生きている．

　バクテリアは構造が簡単で比較の指標とする形質も乏しいことから，分類するにしても，系統をたどるにしても，手がかりの乏しい生物群だった．形態形質は頼りにならず，化学分類学においても，生理的な形質の単純な比較にとどまっていた．分子系統学の手法が確立してから，バクテリアの系統と分類に確からしい指標が比較的容易に得られることとなり，客観的な証拠に基づいた系統の比較ができるようになった．

　古細菌　分子系統学の手法が確立してからまだ日が浅いのだから，原核生物に2つの系統があることが示されたのは古い話ではない．ウーズら（1977）はリボソームRNAのリボヌクレアーゼT1消化物を解析し，バクテリアのうちには分子系統学的に特異な1群があることを明らかにし，アーケオバクテリア（古細菌）と名づけた．それをきっかけに，それまで研究者の関心を呼ぶことの乏しかった古細菌に科学的好奇心が集まり，研究が進展したが，データが集まると，バクテリアのうちに，以前からよく知られており，今では真正細菌と呼ばれることになった細菌類と，新しく詳細が研究され，古細菌と呼ばれることになった細菌類の2つの系統が明瞭に区別されることがわかってきた．1990年になって，ウーズらは生物界をアーケア（古細菌），バクテリア（真正細菌），ユーカリア（真核生物）の3つのドメイン（門より上に位置するこういう分類群の階級は命名規約では認められていない

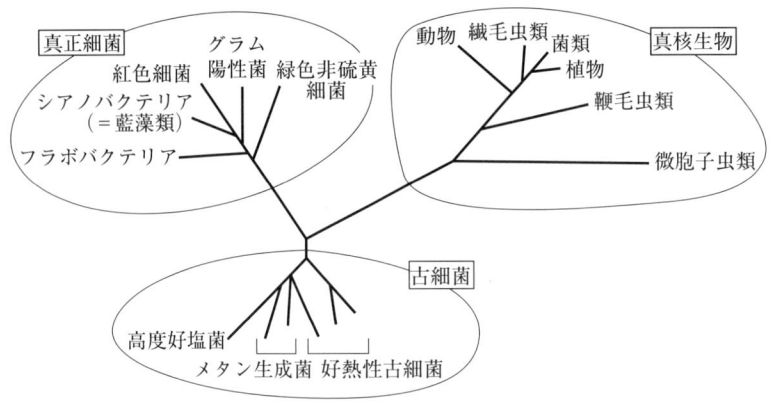

図 2.2 生物界の3つのドメイン

現生生物にいたる生物の最初の多様化は，原核生物段階における古細菌と真正細菌への分化で，真核生物は後に古細菌から進化したとされる．ただし，真核細胞内に取り込まれたミトコンドリア，葉緑体はいずれも真正細菌起源と推定されるので，真核生物は古細菌と真正細菌の収斂によって生じた系統である．

が，今では広く普及する呼び名となっている）を識別する提案を行った（図2.2）．古細菌に含まれるメタン細菌，好熱性細菌，好塩細菌らは，有用でも有害でもない細菌で，それまであまり研究者の興味を引くものではなかった．しかも，深海など，特殊な環境に生育しているものが多い．研究材料として，扱いにくいものでもある．しかし，系統を考えるなら，生命がはじめてすがたを見せた頃の地球は高熱の状態から脱しきっていなかった．現生の真核生物の多くが生きている場所よりも，生命の起源をたずねるのには，古細菌の生活場所を見た方がいい面も認められる．（生き物の研究をしているヒトにとって安定した環境が，原始的な生き物にとっても安定した場所であったと安易に考えることは危険である．）さらに，分子系統学のデータからは，真核生物の母型は真正細菌ではなく，古細菌であったことも明らかになった（第4講）．系統を追跡する上では，古細菌は，扱いは容易でないというものの，ますます魅力的な研究対象になってきている．

　役に立たないと思われていた古細菌のうちには，おおいに活用されるものも出てきた．これまでよく知られていないために活用されていなかったということもあるだろう．しかも，活用される具体的な例にあげられるのが，PCRでDNAを増幅する際に使われる，超高熱性細菌からとられた耐熱性DNAポリメラーゼを用いる例である．研究が進んだ結果，もっとも近代的な研究の応用に，それまであまり研究もされていなかった古細菌が不可欠の材料になっているのである．

　真正細菌　　原核生物といえばバクテリアである．しかし，一口にバクテリアといってもさまざまなものが知られている．バクテリアといえば，すぐに思い浮かべるのは病原微生物かもしれない．昔は黴菌などというもいい方もあった．感染症のもとになる，コレラ菌，チフス菌，結核菌などの名前なら誰でも聞いたことがあるは

ずである．逆に，醸造にとって重要な役割を果たす醗酵には菌類である酵母の役割も大きいが，乳酸菌，酢酸菌などバクテリアも貢献する．有害，有用でなくても，大腸菌や枯草菌など，わたしたちの日常生活に顕著な関与をしているバクテリアの名前もよく耳にする．これらはいずれも従属栄養のバクテリアである．

原核生物はグラム陰性細菌と陽性細菌の2群に大別され，説明されてきた．この差は系統的に確立されたものではなく，識別の指標となる染色性の差は分類群を区別するのには便利でも，系統を跡づける役に立つものではない．ただし，便利で，これまで活用されてきたために蓄積された情報が豊富であることから，細菌の多様性を語る際にはしばしばやや人為的な分類の指標として使われる．

分子系統学の知見が豊かになって以来，生物界を3つのドメインに分類するウーズの考えが支配的になっている．これは真核生物がアーケア（古細菌）から進化してきたことが確かめられたためであるが，アーケアと真正細菌の差を示す指標のひとつは膜を1枚だけもっている（グラム陽性細菌とアーケア）か，2枚もっている（グラム陰性細菌）かであり，両者はほぼ同時に放線菌の1群から進化してきたと見なす考えもある．この考えから，生物界の最高位の分類階級では，3つのドメインではなくて，原核生物と真核生物の2つのエンパイア（この階級も現行の命名規約で定義されたものではない）を認めた方がいいと主張する人たちもある．

真正細菌のうち，**シアノバクテリア**は酸素発生型光合成をすることで特異である（第3講）．光合成の様式と生態の特性から，シアノバクテリアは藍藻類と呼ばれ，藻類の1群と見なされていた．しかし，シアノバクテリアが原核生物であることは厳然たる事実であり，さらに葉緑体の起源にシアノバクテリアが共生体として参画したことが確かめられて（第5講）から，シアノバクテリアは原核生物の1群として注目されてきた．

原核生物の多様化

一口に細菌類と呼んでも，原核生物にはさまざまな生物が知られている．現行のふつうの分類表では古細菌に2門が，真正細菌には20以上の門が識別されるくらいである．もっとも古くは形態形質で，その後は生理，生化学的形質を指標として分類されていたが，分子系統学の手法が適用されるようになって，多様な原核生物の間の系統関係もずいぶんよく整理されてきた．

分子系統学の技法を用いて急速に発展した系統解析の結果から，古細菌と真正細菌の系統の根っこのところには好熱性細菌，超好熱性細菌が多いことから，原始の地球上で，高熱条件下で発生した生命が，その後同じ環境で生き続けた結果であると説明されることもある．もちろん生物の進化は単純な話ではない．いったん低温下に適応した生物がより高熱の環境で先祖帰りをすることはあり得ないことではな

いし，同じ群の近縁種に，好熱性のものとそうでないものが共存する分類群も珍しくない．原始時代の原核生物がどのような生態進化を経験したかは，分子系統学の手法を駆使してもなお容易に解ける問題ではない．

生物が起源した当時は，地球生成時に無機的に合成されていた有機物を利用したとも考えられるが，原核生物だけが生きていた期間が長かったのだから，自然界で合成された少量の有機物は地球表層にあったと考えても，独立栄養のバクテリアが生きていなかったら，生物界は存続し得なかったはずである．実際，現生のバクテリアのうちにも独立栄養のものが知られる．

化学合成細菌　独立栄養の原核生物のうちには，化学反応のエネルギーを利用する化学合成をするものと，太陽光のエネルギーを活用する光合成をするものがある．化学合成細菌では，基質となる化合物の分解エネルギーを直接利用するか，酸化エネルギーを膜を介して電気化学ポテンシャルの差に変換してATP合成を行う．基質は有機物のこともあれば，無機化合物のこともある．細菌類のさまざまな門に属する化学合成細菌があり，特定の系統に偏ることはない．化学合成細菌が単一の系統で進化したのではなくて，さまざまな系統で平行して進化したことが理解できる．有機物を基質とするものでは，富栄養な環境で有機物の分解摂取と無機化の役割を演じているものがあり，人が進化して環境の富栄養化を導いてから進化した系統がある可能性も示唆される．

最近になって，深海の探査技術が進歩し，微生物の検出技法もずいぶん進歩してきたことから，深海底の熱水噴出口周辺に化学合成をする細菌が多いことも観察されている．このような生態系にはメタンや硫化水素が豊富なことが多く，これらをエネルギー源とした化学合成細菌が有機物合成の役割を担っている．まだ光合成が進化していなかった頃でも，化学合成によって有機物が合成され，生き物の物質循環が支えられていた可能性を示す事実である．

化学合成細菌には，嫌気性化学合成を行うメタン細菌や，好気的な化学合成を行う硝酸菌，亜硝酸菌，硫黄細菌，鉄細菌などが例示される．例として，メタン細菌の合成の過程は，

$$4H_2 + H_2CO_3 \rightarrow CH_4 + 3H_2O$$

と表記される．

上記の例示のうち，嫌気的化学合成を行うのはメタン細菌だけである．生物が発生した頃の地球の表層は二酸化炭素などで覆われていたと考えられるので，好気性の化学合成は行われていなかったはずである．比較としての現生の生物に見られる有機物合成としては，メタン細菌が行っている化学合成があげられる．好気的な化学合成は，地球表層の酸素の割合が大きくなってから進化した現象に違いない．一方，生物は最初から効率的なエネルギー代謝を行っていたはずである．ただし，酸

素を活用した呼吸はできなかったはずだから，これも醗酵に類する無機呼吸を行っていたと見なされる．

生命が完成するまでには小さな進化をいくつも積み重ねてきたが，個々の変化の過程が詳細に知られているはずはない．現生の生き物から，進化の過程で取り込まれた形質のありようを推定することができるだけである．

光合成細菌　　光合成細菌のうちには，酸素発生型光合成を進化させたシアノバクテリアがその後の生物の進化の主演者の役割を果たすが，これについては第5講で詳述することにし，ここでは酸素発生型ではない光合成を行うものも原核生物には知られていることに言及しておこう．

太陽光の光エネルギーを化学エネルギーに変換する広義の光合成を行う生き物は，バクテリアに限られはするが，現生の種にもいくつも知られている．グラム陰性の紅色硫黄細菌や緑色糸状細菌などの他，グラム陽性のヘリオバクテリアなどである．もちろん，現生の光合成細菌が演じているのと同じ反応が三十数億年前の原核生物に見られたかどうかの確認は難しい．しかし，平行してさまざまな光合成が行われていたと推定することは容易にできるだろう．

酸素非発生型光合成細菌のうちには好塩性アーキアも知られている．真正細菌の多くは嫌気条件下で生育しているが，好気性光合成細菌も知られている．光合成細菌も多元的で，いくつかの系統が進化しており，それらのうちのひとつにシアノバクテリアがあったと理解できる．

═══════════════ **Tea Time** ═══════════════

　　**地球外生命**

実際に確認された例はないが，地球外にも，宇宙のどこかに生物が生きている可能性は大きいとされる．

そのことに関連して，地球上の生命の起源についても，何もないところに無機物から生命体が進化して来たと考えるよりも，地球外の宇宙のどこかから生命体が移入してきたと考える方が妥当だとする説もある．また，生命体そのものが移入してきたのでなくても，有機物など，生命の起源に深くかかわった何かが他の天体から，隕石などに含まれて地球に送られてきたという仮説もある．

生命の宇宙起源説は，それ自体楽しい仮説で，実際そうだった可能性が完全に否定されたわけではない．今後も調査，研究が続けられ，具体的な事実が示されることが期待される．しかし，地球上の生命の起源がそれで説明されたとしても，生命の起源が地球以外の天体に持ち越されるだけで，生命の起源の問題がそれで解かれたことにはならない．どこかの天体から地球へ送り込まれたとしたら，その生命体

または生命体を構成する物質は，それが生まれた天体上でどのような経過をたどって進化して来たか，問題がその天体での話題に持ち越されるだけである．

　地球外生命が話題になる際には，地球上に生きる生物と同じような生命体がイメージされていることが多いが，宇宙の他の天体に生存しているかもしれない生命体については，地球上の生物と同じように，水を媒体とし，DNAによって遺伝情報を受け渡しする生命体でなくても，媒体や遺伝子担荷体の特性が地球上の生物と違うものである生命体も含めて考えることが可能である．地球上の生物について知ることも限られた範囲にとどまっているが，宇宙に生きる生命体の生についていえば，さまざまな推量はできるかもしれないが，科学はほとんど何も知ってないといわざるをえない．

第3講

酸素発生型光合成の起源
シアノバクテリア

キーワード：クロロフィル（葉緑素）　独立栄養　二酸化炭素　バクテリア
　　　　　　光エネルギー　　物質代謝　　分子状酸素

　地球上に生活場所を定めた生き物は，生命の起源当初には，地球が生成した際に無機的な過程で合成されていた有機物を分解してエネルギーを獲得したと考えられることもある．しかし，地球環境が安定に向かうにつれて，無機的な有機物合成は難しくなり，有機物の新たな供給は減少したと推定される．生き物が自分たちの生活を展開していく過程で，自分たちのうちに，有機物を合成するもの（独立栄養の生物）が進化し，有機物を提供して地球上の生き物すべての生を維持する態勢を整えたのである．

　生き物は自分たちに固有の物質代謝，エネルギー代謝を進化させ，その結果地球表層の大気の成分を変化させ，自分たちの環境を安定させるのに貢献してきた．その後の生物は，変化した大気の成分に自分たちの生活を適応させ，多様に分化し，適応的に進化した．原核生物と比べて，真核生物ははるかに効率的な代謝を行うが，そのためには，大気の成分の変化が有効に機能したし，その準備は原核生物の段階から自分たち自身がつくり出し，準備してきたものだった．

有機物合成と異化の進化

　無機物のかたまりと比べ，生き物は緩やかな条件下でエネルギーを使っているし，ある仲間の生き物は利用するエネルギーを自分の力で合成し，貯蔵する．有機物合成の活動が，進化の過程で，生き物としての活動をはじめた比較的早い時期に，完全に同時ではなかったとしても，お互いに関連し合えるほど近い時間内につくり出されなかったら，生き物の生は担保されなかったはずである．残念ながら，三十数億年前に地球表層で営まれた生き物たちの生き方の模索と成功物語は今の科学が語れるものではない．

　生命の維持のために生き物が行う一連の化学反応を代謝と呼ぶ．物質代謝だけを指して代謝ということもあるが，物質代謝はエネルギー代謝とともない合う．物質

代謝には同化と異化がある．異化とは有機物を分解する一連の変化をいうが，この際エネルギーを得る過程で，細胞呼吸は異化にかかわる．同化は生合成とも呼ばれ，有機物の合成の過程をいう．有機物を合成し，エネルギーを蓄積する活動はここに含まれる．

太古の生物は，まだ地球が嫌気的な条件下にあった頃には，化学合成や光合成による有機物合成を行っていたと推定される．現生のバクテリアのうちにも，それに相似した有機物合成を行っている生物がある．同時に，好気的な条件下で化学合成を行っている現生のバクテリアもあり，生命の歴史を通じて多様な合成経路が産み出されていたとも推定される．有機物合成については，酸素発生型光合成が，現生生物のうちでもっとも大きな生産量をもたらしており，この型の光合成が有機物合成の進化のうちでもっとも成功した事例といえる．

異化の機構が安定することも生物の生活を定着させるうちで大切な現象だった．生命が発生した頃の地球表層は二酸化炭素などで覆われていたので，最初の生物は好気的ではあり得なかった．酸素呼吸は，酸素発生型光合成が進化し，地球表層に分子状酸素がある程度含まれるようになってから進化した．最初期の生物にとっては，ごくわずか存在する有機物をすぐに酸化させてしまう可能性のある分子状酸素はむしろ有害だったはずである．しかし，現生の生物ではクエン酸回路を使った異化の機構が効率的に運用されており，この代謝過程を維持するためには酸素呼吸は不可欠である．実際，地球表層の大気には21％程度の分子状酸素が含まれており，酸素発生型光合成によって，酸素は不断に産出，補給されている．分子状酸素が有効に活用されないなら，大気は酸素で満たされることになってしまう可能性もある．その意味でも，生物が酸素呼吸をすることが地球表層の大気の成分を一定に保つ上で大切な役割を果たしている．しかし，その酸素呼吸がいつ頃どのような過程で進化してきたかは知られていない．酸素呼吸にとって不可欠のチトクローム酸化酵素は生命進化のごく初期に存在していたという説もあり，酸素呼吸をする生物が相当早い時期に進化したと推定されることもある．

シアノバクテリア

バクテリアのうちには独立栄養のものが知られている．独立栄養のバクテリアのうち，クロロフィルをもっていて酸素発生型光合成を行うのはシアノバクテリア（ラン藻類）である（図 3.1）．ユレモとかネンジュモなどがよい例であるが，葦つき，石クラゲ，髪菜という名前で商品化されている海苔の仲間もそれぞれネンジュモの一型である．

シアノバクテリアといえば，アオコ（青粉）として知られる夏の湖沼の水面に発生する水の華の主成分となっている．水に浮かぶのは比重が軽いからであるが，シ

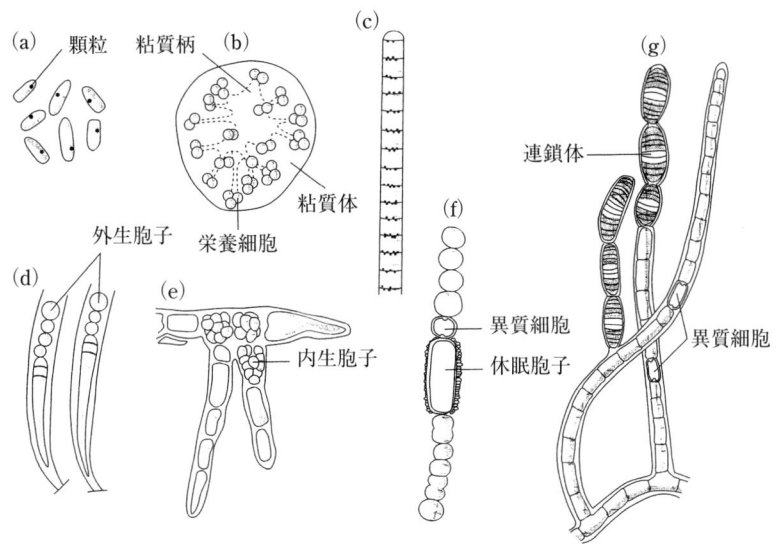

図 3.1　さまざまのシアノバクテリア
(a) シネココックス, (b) ゴムフォスファエリア, (c) オスキラトリア, (d) カマエシフォン, (e) ヒエラ, (f) アナベナ, (g) ウェスチエラ. 糸状体のように見えるものも, すべて群体で, 多細胞体ではない. (岩槻『多様性からみた生物学』, 2002 を一部改変)

アノバクテリアの細胞内にはガス胞と呼ぶガスだけを通す特殊な構造がある. 光合成にともなうガス胞の形成と崩壊はシアノバクテリアなどの湖沼内での日周期の垂直運動にかかわっているらしい. 能動的な運動をするシアノバクテリアとしてはユレモなどの例が知られている.

　シアノバクテリアは藻類や陸上植物と同じように, 二酸化炭素と水を素材に, 太陽エネルギーを利用した酸素発生型光合成を行うが, 同じ型の光合成をする真核性植物 (藻類と陸上植物) のように, 細胞内に葉緑体と呼ばれるオルガネラをもつことはない. 酸素発生型光合成をするシアノバクテリアは, 細胞内に光合成の触媒となるクロロフィルをもつが, シアノバクテリアがもつクロロフィルはクロロフィル a だけである. 光合成の結果つくられる有機物はラン藻デンプンと呼ばれる寡糖類で, これはヨード反応で赤紫色を呈する.

　シアノバクテリアは原核生物である. 系統的には原核生物のうち真正細菌に属する 1 群であることが確かめられている. バクテリアのいろいろな系統のうち, ミトコンドリアや葉緑体などとも並行して進化してきた 1 群と認知される. クロロフィルをもっており, 酸素発生型光合成をしているために, 藻類と呼ばれ, 他の真核性の藻類といっしょに扱われることもある.

　真正細菌のうちでシアノバクテリアがいつ頃分化してきたのか, 確かなことはわかっていない. しかし, クロロフィル a をもっており, 酸素発生型光合成をすることから, シアノバクテリアの進化は生物界における酸素発生型光合成の進化を意味

するものである．

酸素発生型光合成

　シアノバクテリアの起源については20億年前という説から38億年前というものまでさまざまな説があるが，この群の確からしい最古の化石は27億年前のものとされている．いうまでもないが，30億年も前のシアノバクテリアの酸素発生型光合成の機構が，現生の生物の光合成のように完成されたかたちのものだったかどうかは確認する術がない．ただし，少なくとも，現生種については，すべてのシアノバクテリアで，普遍的で整ったかたちの酸素発生型光合成が営まれている．基本的には，水と二酸化炭素を取り込み，太陽エネルギーを活用してブドウ糖を合成し，分子状酸素を放出する．

　シアノバクテリアをはじめ，藻類，陸上植物の光合成を一括して酸素発生型と断るのは，光合成は必ずしも現在植物が営んでいる型に限らないからである．酸素発生型でない光合成を行うことが知られているのはいずれも原核生物で，現生の光合成細菌の多くはシアノバクテリアに近いグラム陰性細菌で，硫黄細菌などである．グラム陽性細菌ではヘリオバクテリアの例がある．進化の初期に分化した光合成細菌のいろいろな型のうちから，クロロフィルaを媒介とする酸素発生型光合成を行うシアノバクテリアが進化してきたのだろう．そして，この型が適応的であったことから，その後地球表層の環境を変えるほどの顕著な進化を導いたのである．

　シアノバクテリア以外の光合成細菌の光合成とクロロフィルを触媒とする光合成の決定的な違いは，結果として分子状酸素を発生するかどうかである．この違いは，地球環境に及ぼした変化と，それがもたらした生物進化への影響の大きさを考えれば大変な違いではあるが，2つの光合成系は，光電変換（光エネルギーの電子エネルギーへの変換）と電子伝達の仕組みなど光反応（明反応）には大きな違いはない．このことから，酸素発生型光合成は光合成細菌の光合成の発展型と見ることに無理はなく，シアノバクテリアが光合成細菌から進化してきたと見ることに障害はない．分子系統学のデータもこの系統進化の見方を支持する．

　単一の型で発生し，嫌気的化学合成と無機呼吸を行って生活していた始源生物から，酸素発生型光合成をするシアノバクテリアが進化し，大気中に分子状酸素が放出されることになった．生物の活動にともなって地球表層の大気の成分に変化が生じることになったのである．しかし，無限に酸素の発生が続くと，地球上には分子状酸素が充満することになってしまう．これは同時に有機物の生産を限りなく増大させることにもつながる．生物の側では，酸素の発生と平行して，酸素を用いた有機呼吸が進化し，効率的な酸素呼吸を司るオルガネラであるミトコンドリアをもった真核生物が進化し，従属栄養の動物などが多様化し，繁栄して，地球表層の酸素

濃度も安定的に保たれているし，物質生産も適度に調整されている．このようにして，大気圏中の酸素濃度は約 21 ％に維持されているし，地球はみどり豊かな天体として生き続けている．生物の進化には，ある現象が創造される際には，それによって生じる変化を相殺し，地球に安定的な自然を維持する補完的な進化が相ともなって進行している．

シアノバクテリアは地球上に最初に現れた生物の型と見なされることが多く，35 億年前の最古の化石がシアノバクテリアであったという報告もある．ストロマトライト（シアノバクテリアの死骸と泥などが層状に固まって岩石となったもの．化石となったものは世界各地に遺されているが，現生のものがオーストラリアのシャーク湾などで見られる）と確認される最古の化石は 27 億年前のものであるが，縞状鉄鉱層の存在も，シアノバクテリアが古く分化していたことを示すとされる．また，分子系統学の解析では，緑色非硫黄細菌や紅色細菌など，酸素発生型ではない光合成細菌の出現の方が古いというデータも示されている．ただし，進化の過程で遺伝子の水平移動が行われたことも最近ではいろいろな例で確かめられているので，バクテリアの初期進化について確実なことを知るまでにはまだ少し時間がかかりそうである．

 **分子状酸素（遊離酸素ガス）**

熱球だった創成当初の地球が冷却するまでに，燃焼するものはすべて焼き尽くされ，地球表層に分子状酸素は残っていなかったと推定されている．だから，発生して間もない地球上の生き物たちはすべて嫌気条件下で生きていたと考えられる．

オパーリンは最初に地球上に現れた生命体は，大海に浮遊していた有機物を利用して生きていたと考えたが，最近では最初の生き物が独立栄養だったと考える人が多い．地球上に出現した生き物たちは，生を維持するために，まず有機物合成をはじめ，光合成を行った．このように，独立栄養の生活型を確立した生き物が進化の勝利者だったと見なされるのである．

光合成を進化させた生き物たちのうちに，酸素発生型光合成を確立したシアノバクテリアがあった．多分，この型の光合成の効率がよかったからだろうが，シアノバクテリアは初期の地球上の生物相で優勢な群となったらしい．原核生物の時代を生き抜いただけでなく，真核生物の出現の際には，シアノバクテリアが別の古細菌と細胞共生を行い，葉緑体をもった植物の出現につながった（第 5 講）．

酸素発生型光合成を行うと，その名の通り，分子状酸素を発生する．ただし，形成された分子状酸素がすぐに大気圏に貯蔵されたのではなくて，海水中の溶解鉄と

結合して，縞状鉄鉱床をつくった．27億年くらい前に，大陸変動にともなって浅瀬がつくられた頃から，酸素ガスが海洋から溢れ出るようになった．真核生物が進化する頃には，いったん皆無に近づいていた地球表層の分子状酸素の大気圏での割合が高まり，17億年前には10％を占めるくらいになった．7～8億年前には二酸化炭素より酸素の方が高い割合となり，カンブリア紀のはじまりの頃（5億4000万年前）には大気中の酸素の割合は15～30％くらいで推移したと推定されている．やがて大気圏を覆うオゾン層の形成を促すことになるが，それが生物の陸上への進出につながった（第12講）．

約24億年前頃に酸素の大量発生が見られた記録があるが，この時期，他の元素と結合しない多くの遊離酸素が海中や大気中に溢れ，それが嫌気性生物の大量絶滅をもたらした．これは好気性生物の進化を促進する効果があり，やがて真核生物のうちに多細胞生物を産み出す契機ともなったと考えられることがある．

地球上の分子状酸素の盛衰は生物によってリードされたが，それはまた酸素と深い結びつきをもちながら進化してきた生物にとって大切な環境形成につながることでもあった．

第4講

真核生物の起源

キーワード：オルガネラ（細胞器官）　核　原核細胞　真核細胞　バクテリア

　十数億年の初期進化の期間を経て多様化した原核生物のうちから，真核性の生物が進化してきた．真核生物がいつどのように進化して来たか，確かな時期と進化の過程については，確かめる根拠となる実証的な証拠がない．現生の原核生物と真核生物を比べてみると，両者の差は歴然としているし，生き方は真核生物がはるかに効率的に機能している．しかし，現生生物のうちだけでも原核生物には，古細菌と真正細菌を包含しており，知られてはいないがすでに絶滅してしまった系統群もあったかもしれない．原核生物は真核生物よりはるかに多様な生き物である．三十数億年の進化の歴史を生き抜いてきた原核生物という生き方が，決して能率が悪くて程度の低いものでないことは明らかである．

原核生物と真核生物の差

　原核生物と真核生物の差といえば，細胞の中の核の有無が決め手になる．しかし，いずれにしても遺伝物質であるDNAは細胞内に存在しているのだから，そのDNAが核膜に包まれて可視的な構造体になっているかいないかの差である．真核生物の核が果たしている役割は原核生物でも十分機能しており，核に相当する機能があるかないかではなく，核が目に見える整った構造体になっているかいないかの違いである．

　現生生物で比較すると，真核生物と原核生物の差は細胞の構造と機能の面でもっともっと広範囲に認められる．まず，細胞基質が，原核細胞では細胞質ゾルと呼ばれる比較的均質な粘液質でつくられており，細胞内の化学反応はこの基質の中で進行する．一方，真核細胞では，膜が複雑に発達しているが，細胞のはたらきの主な部分は，膜に包まれた構造体がそれぞれ独立に受け持っている．次講で詳述するミトコンドリアと葉緑体はその典型的な例であるが，ほかにも，小胞体やゴルジ体など，膜で包まれて他と仕切られているオルガネラ（細胞器官）が発達している．このように，原核細胞では細胞内のあらゆる機能がほぼ均質な細胞内で一斉に進行す

るが，真核細胞では，主な機能が識別され，それぞれ独立のオルガネラによって執行されるので，複雑な細胞の機能が規則正しく，効率的に進められる．

　細胞内の物質の輸送方法についても2つの型の細胞には大きな違いが認められる．原核細胞では，基質がほぼ均質であることから，細胞内の物質の輸送は細胞基質内の拡散による移動に全面的に依存するため，拡散によって輸送できる範囲は限られている．バクテリアが単細胞体であり，細胞の大きさはせいぜい1 μm程度であるのは，この条件で制約されているためと理解される．それに比して，真核細胞には微小管やアクチンなどの細胞骨格が発達し，これらに結合して運動機能を果たすモータータンパク質がつくられており，細胞内の物質の輸送が効率的機能的に行われる．真核細胞のうちにサイズの大きなものが進化したのは，細胞内の物質輸送の機能が整えられたために可能になったことである．

　細胞分裂の型が異なっているのは，核という構造体がつくられたか否かにも関係する．すなわち，原核細胞では分裂に際して娘細胞にDNAを等分に分配するために，DNAが複製した後細胞膜によって2組のDNAが区切られて分断される．真核細胞では，核分裂に定まった様式が確立しているが，真核生物の進化にとって，これはかたちの上で認められる顕著な現象のひとつである．真核生物に見られる細胞分裂の様式を有糸分裂というが，これは核を構成しているDNAの複製が見られると，DNAが配列している染色糸が分裂前期に二重らせん構造をつくって染色体という構造に変化し，染色体の動原体から伸びる紡錘体微小管の変化にともなって染色体が2つの極に移動する現象から名づけられた．この機作の確立によって，真核生物では母細胞がもっている遺伝子が2個の娘細胞に正確に配分されている．ちなみに，有糸分裂という呼び名に対して，原核細胞の分裂の様式を無糸分裂という．

　生命現象のうちで，呼吸はもっとも重要な機能のひとつである．原核細胞と真核細胞で，呼吸のあり方にも大きな違いが認められるが，これもまた真核細胞にはミトコンドリアというオルガネラが形成されたことによる．ミトコンドリアをもつことになった真核細胞は酸素呼吸を行うが，原核生物のうちには嫌気呼吸を行っているものと酸素呼吸を行うものとがある．生命が発生する以前の原始の地球には分子状酸素はごくわずかしかなかったと推定されるので，この状態では酸素呼吸はあり得なかった．シアノバクテリアが進化し，酸素発生型光合成が行われるようになって，地球表層に分子状酸素が存在するようになると，呼吸の効率がより高い酸素呼吸をする原核生物が進化してきた．現生のシアノバクテリアは酸素呼吸をする原核生物の系統に属する．このように，現生の原核生物は生物進化の初期の生き物の生き様を実証する大切な生き物ではあるが，現生の原核生物は三十数億年の進化の歴史を生きてきたものであり，彼らの生き様には真核生物の進化に並行して獲得され

てきた形質もあることは正しく認識される必要がある．

最初の真核生物

　真核細胞と推定されているグリパニアの化石は，アメリカミシガン州の先カンブリア時代の約21億年前の地層から発見された．そのことから，真核生物は二十数億年前に進化してきたのではないかと推定される．グリパニアは肉眼でも認められる大きさで，直径数センチに達する．藻類の化石と見られているが，多細胞の藻類だった可能性さえ否定できない．さらに，真核生物由来と見られるステランが27億年前の地層から検出されたという報告がある．これが真核生物の存在を確認する証拠になるかどうかには異論もあるが，生き物が地球上に現れてから10億年ほど経った頃に真核生物が進化した可能性も否定できない．

　一方，分子系統学の知見から，真核生物はアーケア（古細菌）から進化してきたと確かめられた．そういう視点で，真核生物と古細菌の共通の祖先型をたずねてみると，好熱性古細菌にいきつく．このことから，真核生物の祖型候補としては好熱性の古細菌が注目される．

　真核生物はミトコンドリアをもっていて，エネルギー変換の効率を高度化した．ミトコンドリア自体は細胞内共生で真核細胞に取り込まれたことがほぼ確実に確かめられている（次講参照）が，並行していくつもの進化が見られたことを示す証拠はないので，ミトコンドリアの進化が一回起源であったと見る考えが優勢ではあるものの，それには異論もある．真核生物のうちにもミトコンドリアが認められない生物がいくつか観察されており，それらをまとめてアーケゾアと呼ばれたことがあった．ミトコンドリアをもたない真核生物が，真核生物の分子系統樹の根元に集中して見られることから，ミトコンドリアを獲得する以前に分岐した真核生物の子孫であると考えられ，まとまった1群とされたのである．しかし，アーケゾアに属した生物の多くは寄生生活をする病原虫で，嫌気的な環境に生きている．しかも，詳細な研究によって，これらのうちの多くのものは，退化したミトコンドリア由来の遺伝子をもっていることも観察された．細菌のうち，アーケゾアと呼ばれる生物群は，多分，嫌気的な環境で二次的にミトコンドリアを退化させた生物群だと推定され，このことからミトコンドリアの単元説（単一の型で一回起源だったと見なす考え）を信じる傾向がますます強まっている．

　古細菌から真核生物に進化するためには，核がつくられ，有糸分裂が進化するのが最低限の条件である．この核の形成過程については，まだ確たる知見は得られていない．教科書的には，細胞膜が細胞内に陥入してDNAなどが集中する核様体を包み込んで核が成立したという膜起源説によることが多い．しかし，この説はある意味では想像の産物であり，これを実証する客観的な証拠があるわけではない．

さまざまな傍証を駆使して，真核生物の起源を説明しようという仮説がいくつも提唱されている．いくつかの例をあげておこう．真核生物の祖先型に擬せられる古細菌は好熱性細菌であるが，代謝にかかわる性質は真正細菌に似ていることから，好熱性の古細菌とグラム陰性細菌とのキメラによる進化，あるいはグラム陰性細菌に好熱性の古細菌が取り込まれて進化したという仮説（エオサイト説）がある．また，仮想の原核細胞が，古細菌のあるものと真正細菌のあるものを，ともに食作用で細胞内に取り込んで進化してきたという仮説（クロノサイト説）もあり，さらに，古細菌に祖型を期待せず，グラム陽性細菌のひとつである放線菌を祖先として，複雑な経路を経て真核生物が進化したという物語を組み立てた仮説（ネオムラ説）もある．

最初の化石が21億年前に知られているのだから，真核生物は二十数億年前に出現したと推定される．しかし，現在見るように原核生物と明確に異なった真核生物が完成されるにはずいぶん時間をかけた進化をしたのではあるまいか．細胞核の膜形成説にしても，一挙に核のかたちが完成され，有糸分裂の機構が確立したと考える根拠は乏しいし，あるバクテリアの細胞が別の細胞に取り込まれて核になったとしても，その核が有糸分裂のような機作を進化させるには時間がかかったと推定される．

真核生物が爆発的に多様化し，適応放散したのは10億年少し前であることが，これも化石から得られる情報にもとづいて跡づけられる．シアノバクテリアの酸素発生型光合成によって，地球表層に分子状酸素が蓄積されるようになってはきたが，当然，初期には酸素分圧はまだ低かった．サッカロミセス（子嚢菌類）は条件によって酸素呼吸と嫌気呼吸の両方を行うが，相互の転換は酸素濃度によることがわかっている．現在の大気の酸素の割合は約21％であるが，この100分の1の酸素濃度を境に呼吸の様式がかわる．地球表層の酸素濃度の変化の推計値では，21億年前頃には現在の1000分の1程度の濃度だったらしいが，10億年あまり前には現在の100分の1くらいになっていたと推定される．真核生物の出現時には，まだ嫌気呼吸が主流だったが，酸素呼吸が可能になった頃に，真核生物の爆発的な適応放散が認められる．効率のよい好気性の呼吸をする真核生物が地球上に出現した後の10億年を，地球の環境の変遷に合わせてどのように生活していたか，興味深い謎が残されている．

真核生物の進化について，その大筋は確かめられるようになった．しかし，その筋書きを科学的に証拠づけるためには，生じたはずのさまざまな進化が具体的にどのように進行したのか，まだ不明の事実についての解明が待たれるところである．

原核生物の進化

　真核生物が進化してから，地球上の生物相に占める真核生物の割合がたいへん大きくなってきた．しかし，だからといって原核生物が絶滅したわけではないし，現在にいたるまで活発に活動している原核生物が多い．真核生物が進化してくる以前に，原核生物のうちで，真正細菌と古細菌が分化していたが，後発の真核生物と有機的なかかわりをもちあいながら多様化したのは，真正細菌の方だった．真核生物と真正細菌が繁栄するのにふさわしい環境が地球表層に展開したということだったのだろう．もっとも，古細菌も，好熱，高温など，地球表層では限られた場所に見られる生態条件下で，40億年になんなんとする生命を生き続けている．実際，地球上における現生の生物の総体としての生命の演出（＝生態系の維持）にとって，長い生物の進化の結果として多様化し，生き続けている原核生物も，また，不可欠の部分を担っている．

　真核生物が進化してくる過程で，酸素呼吸をする原核生物の進化はたいへん重要な必要条件のひとつだったらしい．事実，その後の原核生物の進化の過程では，酸素ガスの占める割合が高まった地球表層で生活することから，好気性の種の多様化が進んだのは当然の経過だったともいえよう．さらに，真核生物の活発な多様化，生活の高度化に合わせて，原核生物のうちにも特殊な環境に適応した進化がさまざまに演じられている．

　そのもっとも極端な現象のひとつが，ヒトの文明がつくり出す新しい環境に適応して進化する病原菌などの進化である．

――― Tea Time ―――

　　**細　胞　核**

　核 nucleus という言葉は，生物学では細胞内に位置する構造体を指すが，物理学では原子の中心をなす構造体を指す．物理学で原子核というように，生物学でもこの構造をより正確に表現するために細胞核ということもある．

　顕微鏡で細胞の微細構造が詳しく観察されるようになって，1802年にオーストリアのバウアーが植物細胞の図に描き込んだのが核の最初の記録である．科学的な核の正確な認識は1831年にブラウンが確認し，ロンドンのリンネ学会へ報告してからのことである．科学史では，ふつう，1665年のフックによる細胞の発見に並列して，ブラウンによる核の発見と記録される．

　核が構造体として認識されるのは真核生物の細胞についてであるが，細胞内の存在の様態が多様であるのは生物現象のひとつであることを示している．原則とし

て，細胞ごとに1個の核が認められるが，ゾウリムシや真菌類の二次菌糸など，2個が常態のものもあるし，カサノリやミルなどの藻類や，裸子植物の一次胚乳，被子植物の胚嚢，骨格筋の筋細胞などに見られるように，多核体を形成するものもある．

　核は核膜に包まれる構造体であるが，包まれる内容である核酸，核タンパク質は原核細胞にも存在する．だから，真核細胞の起源は，核膜の起源であるともいえる．

　核酸が中核となって染色糸をつくるが，この構造体がまとまって膜状構造に包み込まれるようになったのが核である．核が分裂する際に，膜に包まれた核の内容を正確に2分するように，真核生物には有糸分裂が進化した．すなわち，体細胞分裂の際には染色糸→染色体の移行が見られ，細胞分裂の機構が確立している．

　核には静止期には核小体（仁）という構造が認められる．タンパク質とRNAでできた小球体であり，rRNAの形成などにかかわっている．これも細胞核に普遍的に認められる構造体である．

　これらの核の構造と核分裂の機作は，真核細胞には普遍的に認められ，真核生物の単元性（一回起源の系統とする考え）を支持する特徴である．

第5講

オルガネラの創成

キーワード：古細菌　　細胞共生　　酸素呼吸　　シアノバクテリア　　真核生物

　真核生物は真核細胞でつくられたからだをもつ．真核細胞にはまとまった構造体である核が認められる他，その他さまざまなオルガネラ（細胞器官）が観察される．原核細胞ではまとまっていなかったオルガネラが，個々の細胞の中に構造として認められるようになったことが真核生物の進化だった．

　オルガネラのうち，ミトコンドリアと葉緑体は細胞共生によってつくられたものであることが確かめられている．進化の過程で細胞共生と呼ぶ現象が生じたことが認められるようになったのは，20世紀も末に近づいてからだった．

　真核生物が進化する前に，すでに原核生物のうちに，酸素呼吸をする型も酸素発生型光合成をする型も進化していた．現生の真核生物を見ると，このような効率的な代謝を演じる装置が細胞内にオルガネラという構造となって含まれている．真核細胞内で，酸素呼吸を司る装置であるミトコンドリアと酸素発生型光合成を演じる葉緑体は，それぞれ独立にそれらの機能をもっていたバクテリアが細胞内に取り込まれ，細胞内の構造体であるオルガネラになる細胞共生によって進化した（図5.1）．生物進化は分岐（分化）という多様化に限らず，収斂という変化も演出する現象であることが確認されたのである．

ミトコンドリア

　ミトコンドリアは基本的にはすべての真核細胞に見られるオルガネラである（図5.2）．

　基本的には，と断らなければならないのは，ギアルディアという原生動物の細胞にはミトコンドリアが認められないからである．もっとも，この特異な生き物が，もともとミトコンドリアをもったことのない生き物なのか，ミトコンドリアをもつ真核生物に進化した系統のうちから，ミトコンドリアを失う進化の過程を経た生き物なのかは確かめようがない．感覚的には後者であると見た方がわかりやすいが，そう断言するためには科学的な実証を必要とする．今の段階では，不明の例外とし

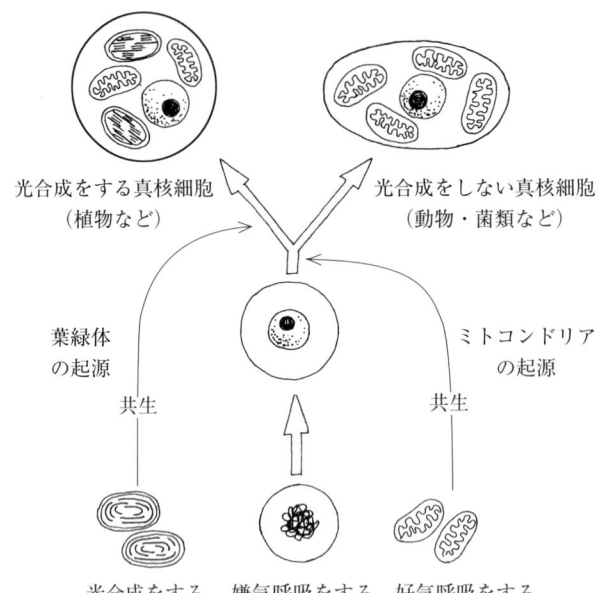

図5.1 真核細胞の初期進化
細胞共生により，ミトコンドリアと葉緑体が細胞内のオルガネラとして定着した．

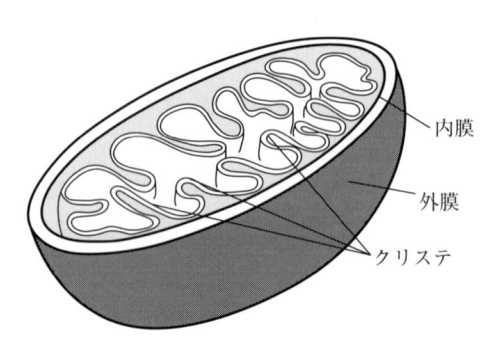

図5.2 ミトコンドリアの構造模式図

て，この生き物を除いて論を進めよう．

　地球上で発生した生き物が，10億年余の進化を経た段階で，酸素発生型光合成を行うシアノバクテリアの活動の結果，地球上には分子状酸素が相当程度蓄積した．これを活用して酸素呼吸を行うバクテリアが進化したが，酸素呼吸の進化によって，代謝の効率が高くなり，生命活動がいっそう活発に行われるようになった．

　今から20億年前後をさかのぼるある頃，古細菌のあるものと，酸素呼吸を行っていたバクテリアの1種の細胞が合体するという出来事が起こった．なぜ古細菌で，真正細菌でなかったのか，なぜおよそ20億年前だったのか，理由は確かめようがない．条件は徐々に醸成されていたとはいえ，何らかの偶然に左右された事象

が，その後の進化に決定的な意味をもった．ただ，細胞の合体という現象は，決して特殊なものではなく，後に有性生殖が進化した際にも，二次細胞共生が見られた際にも，さらに細胞が細胞を捕食する場合にも，と，いろんな状況で見られる現象である．たまたまある時，2個の細胞が合体することがあり，それが新しく適応的な生き物をつくり出す出発点になったものだろう．

葉 緑 体

現生の生物のうち，細胞内に葉緑体をもっているのは，酸素発生型光合成をする真核生物である．植物と藻類，といった方が具体的でわかりやすいかも知れない．

葉緑体は植物界（藻類を含む）のすべての生物に普遍的な性質をもっている（図5.3）．外膜と内膜の二重の単位膜に包まれており，内部のストロマにはチラコイドと呼んでいる扁平な袋状の構造体がある．チラコイドはほぼ同じ大きさのものが数個重なってグラナと呼ばれる構造を形成し，グラナはストロマラメラでつながれている．この構造が，植物の酸素発生型光合成の舞台となる．

ストロマにゲノムサイズが10の6乗程度と小さいがDNAがあり，これが葉緑体の細胞内進化の証拠のひとつとなっている．もっとも，現生の真核細胞内の葉緑体は核DNAの制御によって産み出されるタンパク質でつくられている．

葉緑体の起源はある種のシアノバクテリアの細胞が別の細胞と共生して進化してきたと理解されている．シアノバクテリアと共生した相棒は，すでにミトコンドリアと共生していた細胞と推定されるが，葉緑体の起源がミトコンドリアの起源からどれほど遅れているかを知る手がかりはない．ミトコンドリアの進化も一回起源であったと見なされているが，葉緑体の進化もたった1回成功した事象だったと考えられる．植物界（藻類を含む）に普遍的な葉緑体はすべて共通の性質をもっていることが示されており，単系的に起源した群であることに疑念がないためである．ともに一回起源で，それぞれの見られる生物群内では普遍的なオルガネラであり，葉緑体をもつ群は真核生物のうちに亜群をつくることから，シアノバクテリアと共生

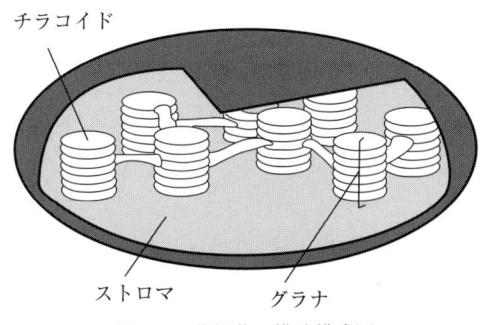

図 5.3 葉緑体の構造模式図

した細胞はすでにミトコンドリアを進化させていた細胞だったと推定されるのである．

オルガネラ（細胞器官）

原核細胞には細胞内に顕著な構造体が認められないが，真核細胞にはたいへん複雑な内部構造が発達している（図5.4）．細胞共生によってつくられたミトコンドリア，葉緑体以外にも，多様なオルガネラが認められるのである．オルガネラは，細胞器官，細胞小器官などと訳されるように，細胞内に認められる微細構造の総称である．

核（細胞核）　真核細胞と呼ぶものに核が認められることは前講の話題で，細胞核はTea Timeでも触れている．核には，核膜，染色糸，核小体などの構造が普遍的に認められる．核が，細胞分裂時に規則的な変化を見せることは生き物の普遍的な性質のひとつである．

細胞膜　動物細胞の外壁，植物細胞でも細胞壁を取り除いたプロトプラストの状態では動物細胞と同じことだからその外壁をつくっている構造を細胞膜という．細胞は原形質のかたまりだから，そのかたまりを包む原形質の膜であることから，原形質膜ということもある．細胞が直接外界と接触する面だから，重要な機能が期

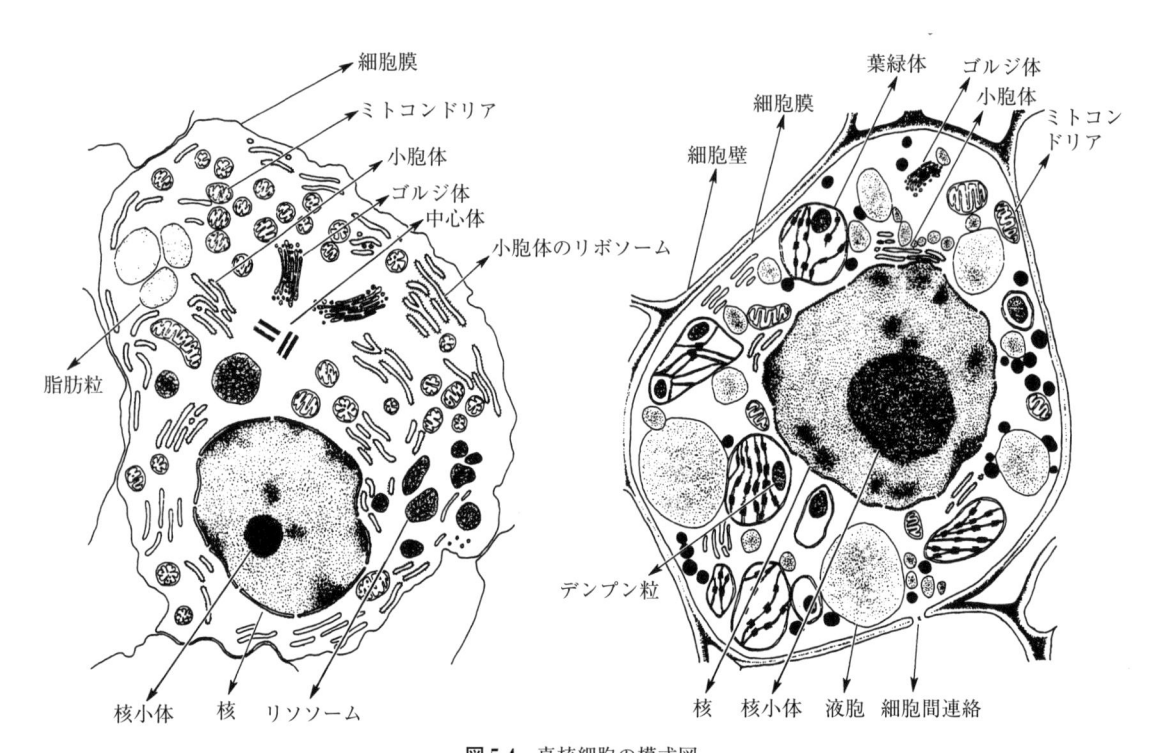

図5.4　真核細胞の模式図
動物細胞と植物細胞にはいろいろの違いが認められる．（石原『生命のしくみ30講』，2004）

待され，構造は脂質二重膜でできており，刺激に反応する受容体，イオンポンプ，認識物質などが集まっており，選択透過性，生体電気の発生，食作用，能動輸送，免疫特性など，生き物らしい機能がここに集約されている．

原核細胞にも外膜があり，現生の原核細胞では真核細胞の細胞膜に似た機能も発揮することがある．ただし，原核生物といっても現生の原核生物はすでに三十数億年の進化の歴史を生きてきており，これらの機能がすべて生命の発生初期に形成されたものか，進化の過程で徐々に確立されてきたものか，今は知る由もない．

ゴルジ体（ゴルジ装置）　比較的早くから観察されていた大きな構造体で，かつては観察の容易な動物細胞に特有の構造とされたこともあった．扁平な袋状の膜構造が重なってつくられており，タンパク質の変成過程にかかわり，細胞内輸送に重要な役割を果たしている．構造も多様で，動物細胞では核を取り巻くように見えることもあるのに対して，植物細胞ではより独立のオルガネラである．赤血球のようにゴルジ体が認められない細胞もあるが，この構造体も真核生物に普遍的に存在し，基本的には同じ構造，同じ機能を果たしている．真核細胞の進化にともなって確立された構造体と推定される．

鞭毛　鞭毛という用語はもとは原核細胞の鞭毛を形容するものだったが，真核細胞につく類似の構造も鞭毛と呼ばれる．真核生物では，単細胞体や海綿動物の襟細胞などで，個体が移動するための，あるいは食べ物の摂取のための構造として，鞭毛が発達していることがある．発生初期には，ヒトの細胞でも鞭毛が一定の役割を果たしている．長い鞭毛が少数のこともあるし，短めの鞭毛が多数（繊毛ということもある）の例もある．原核細胞につく鞭毛は細く，緩く左巻きに巻いた繊維で，フラジェリンという単一の糖タンパクでできているが，真核生物のオルガネラである鞭毛では，微小管などでつくる9＋2本の軸糸が円筒形の管に包まれた構造をもつ．真核細胞の鞭毛についても，細胞共生の結果真核細胞の構造となったと考える説もあるが，真核生物になって新しく進化した構造であると考える方が優勢になっている．

細胞骨格　細胞はそれぞれにあるかたちを整えているが，収縮，原形質流動などの運動が見られ，細胞分裂などの変化も演出する．これらの活動は特有のタンパク質繊維のはたらきに依存するが，動きを支配するタンパク質を細胞骨格と総称する．微小管，ミクロフィラメント，中間径フィラメントに大別される．

その他，真核細胞に普遍的に存在する構造体で，不可欠のはたらきをしているものに，小胞体，リボソーム，リソソームなどがあげられる．これらのオルガネラが共同して働き，生きているという現象を演出する．

植物細胞に特有のオルガネラ　葉緑体は細胞共生の結果産み出されたオルガネラで，これをもつ細胞が植物細胞である．その植物細胞に特有の構造体として，細

胞壁と液胞がある．細胞壁は原核細胞にも認められるが，原核細胞の細胞壁が非セルロース性であるのに対して，植物細胞の細胞壁はセルロース，ヘミセルロース，ペクチンにタンパク質が加わってできており，しっかりした支持構造をつくっている．もっとも，これは緑色植物の系統で普遍的であるが，藻類の細胞壁のうちにはセルロースを含まず，キシラン，マンナン，フィブリルなどでできているものもある．また，かたい外壁で仕切られ，かたちが固定される植物細胞では，内部に原形質で満たされない腔所ができ，そこに液状のものが満たされており，液胞と呼ばれる．正常な動物細胞や若い植物細胞には存在しないが，成熟した植物細胞では容積の大部分を占めている．液胞がつくられるのは，外壁が強固な細胞壁で覆われ，内部に腔所ができても細胞が崩れることがないような構造が保障されているからであり，細胞膜だけに覆われている動物細胞に大きな液胞をつくることは構造上不可能である．

　細胞壁は原核細胞にも認められるが，動物細胞には形成されず，逆に植物細胞ではほぼ普遍的に認められる．藻類の場合，系統によって細胞壁を構成する物質の性質が異なっており，むしろ系統の差を指標さえするくらいであるが，このことは藻類の系統によって並行的に細胞壁が進化してきたことを示す事実なのだろうか．それにしても，植物細胞には，異なった系統で異なった物質基盤をもって進化している細胞壁が，動物細胞では進化してこなかったのはどういうことだったのだろうか．葉緑体をもち，活発な光合成を行う細胞には，外壁を固めて液胞が膨圧をもって細胞の強度を高める必要でもあったのだろうか．未だ解けない謎である．

　動物細胞には細胞壁は発達しないが，菌類の細胞には細胞壁があり，この特徴がかつて菌類を植物の1群と認めさせていた根拠のひとつでもあった．ただし，菌類の細胞壁はキチンなどでできていて，植物の細胞壁とは異なっており，起源が同じという証拠はない．セルロース性の細胞壁が，広義では菌類と名づけられている卵菌類に認められるが，卵菌類はクロミスタの仲間とされ，不等毛藻類などとともにストラメノパイルに位置づけられることもあるので，真菌類の細胞壁を論じる際の根拠にはならない．

================== Tea Time ==================

細胞共生

　オルガネラのうち，葉緑体とミトコンドリアは細胞共生によって進化したものであることが確かめられた．

　この事実が学界で認められるまでにはさまざまな曲折が経験された．京都大学の

石田政弘が葉緑体にDNAがあることを報告した1960年代には，まだDNAを扱う技術が未発達だったが，それ以上に，その頃には生物学の常識として，DNAは核だけに含まれるものであり，それ以外のオルガネラで認められたものは実験上の誤認だろうと否定されていた．

リン・マーギュリスが細胞共生説に関する最初の論文を発表したのは1967年だったが，彼女の戦闘的な活躍と，そのころから徐々に技術が進んだDNA解析の成果が，やがてオルガネラの細胞共生説を認めさせる方向に徐々に整ってきた．

オルガネラ（ミトコンドリアと葉緑体）の細胞共生説は，その後の生物学の知見の飛躍的な発展によって不動の説に育ってきたが，さらに，核の進化についても，真正細菌の細胞に古細菌が取り込まれ，古細菌が核に進化したのではないかという仮説が提唱されているし，鞭毛の起源にも共生説を唱える人がある．

第6講

有性生殖の進化

キーワード：遺伝子　　性の分化　　接合子　　配偶子　　変異の起源　　無性生殖

　三十数億年前に地球上にすがたを現した生き物は，個体数を増やし，多様化しながら地球上で生を維持発展させてきた．個体数の増数は増殖と呼ばれるが，最初の生き物は分裂によって個体数を増やしていたらしい．また，核酸の複製の際に生じる低い比率の変異を起点とする個体（最初は単細胞体）の変異も徐々に蓄積された．そして，生物の進化を飛躍的に促進し，多様化させたきっかけは有性生殖の進化だった．

　生物の多様化にとって，有性生殖が確立されたことは大きな影響をもたらした過程だったが，その後の生物の進化には，有性生殖の効率を高めるさまざまな現象が取り込まれた．動物の雄と雌の関係は有性生殖が発展したものであるし，種子植物の場合も動物との共進化を経て他花授粉を効率化し，目覚ましい進化を遂げた．

有 性 生 殖

　有性生殖という言葉を『広辞苑』（第6版）に訊ねてみよう．定義では，「二つの生殖細胞（配偶子）の合体したもの（接合子）から新個体が発生する生殖，すなわち配偶子による生殖．生物界の主要な生殖法．広義には性分化が明らかでない単細胞生物の配偶子による生殖，および単為生殖もこれに含める．」さらに，『生物学辞典』（第4版，岩波書店）では，「本来は雌雄の性が分化し，両性の個体より生じた配偶子の合体すなわち受精による生殖を指す．生物界の主要な生殖のしかた．無性生殖と対する．」として，発生学・細胞学の定義と進化生物学の定義を補足する．

　これらの定義にも多少混乱が見られるが，まず有性生殖という現象の生物学的な意味を整理してみよう．生物は地球上にすがたを現した時にはたったひとつの型だったが，出現すると同時に多様化をはじめたと述べた．多様化は生き物にとって基本的で不可欠な特性のひとつであり，多様化なくして生き物の生存はあり得なかった．生き物は地球上に現れたその初日から，分裂によって増殖（個体数の増数）を図った．母体が分裂して複数の子どもを生じたのである．

生き物は，（最初はRNAだった可能性もあるものの，その場合でもやがて，）DNAが自己再生産を行って生命現象を遺伝する．正確に同型複写することに生命現象を遺伝する上での意味があるものの，DNAの同型複写には多少の比率で変異が生じる．この遺伝の担荷体の変異が，生き物に多様性をもたらすことにつながっている（第22講）．

いつ頃，どのようにしてかは確かめられていないが，細胞（ここで焦点を当てるのは核）が合体する現象が見られることになった．1個の細胞に1組もっていて，その1組でその生き物の生命を遺伝することのできる遺伝子の集まりを，同じ種の他の個体に起源する細胞と合体させることによってごくわずか変異のある2組の集まりをまとめたのである．遺伝子の集まりを2組もつことになるが，こうやってつくり出された個体は，それまでの個体と異なった遺伝子の集まりに制御されてつくられる．遺伝子が表現形質を導く過程は一言で説明はできないが，異なった2つの遺伝子の中間になるのではなく，原則として，優性の方のひとつの遺伝子の制御に従う．それまでは，ごく小さい比率の変異が遺伝されるだけだったが，集団内に蓄積されていた変異の撹乱が，細胞の合体によって急速に促進されることになった．さらに，劣性の遺伝子もすぐには消去されないで次世代以降に引き継がれる．生殖が，個体の分裂による増数という事象から，集団が共有する事象に発展した．

さらに，2個が合体して2組の遺伝子をもつことになった細胞には，減数分裂と呼ばれる現象も進化して，次回の有性生殖に向けて，2組の集合になった遺伝子をもう一度1組ごとに分ける機作が確立した．減数分裂と，その結果生じた生殖細胞の合体が併存することによって，有性生殖の進化が成立した．

有性生殖のコスト　2個の細胞が合体して1個の接合子をつくり，その接合子が発生成長して1個の個体をつくるのだから，1個の個体が分裂して複数個の個体をつくる無性的な生殖に比べると，増殖をその字義通り個体数の増数を目的とすると考えるなら，有性生殖は無駄なコストを必要とする．しかし，生物の進化の歴史を跡づけると，有性生殖をするようになって生物の多様化は急速に速まったし，高等生物と呼ばれるように地球上の生活に適応的に進化している生き物のほとんどは有性生殖によって増殖している．結果から見れば，有性生殖は生き物にとってたいへん有利なものだった．なぜコストのかかる有性生殖が生き物にとって有利な生殖法なのか，それを説明する説として，マラーのラチェット説（無性生殖では有害遺伝子が徐々に蓄積され，いずれ破綻するが，有性生殖によって有害遺伝子の排除が行われると説明する）やリー・ヴァン・ベーレンにはじまる赤の女王仮説（病原体への抵抗性をつけるために有性生殖を必要とする）などがある．

有性生殖を，エネルギー志向のコスト論だけでいえば，確かに上のような説明も必要になるが，進化の過程で有効に機能したのだから，コストの問題以上に有用な

意味があることは間違いない．ここでは，コストはかかるけれども，有性生殖が進化の勝利者となったという事実に基づいて，進化には生き物としての高度な適応性がもたらされるという原点に戻って考えてみる．そのために，多様化は生き物にとって基本的で不可欠な特性のひとつであるという原理を想い出したい．多様化を達成するために，多少のコストを投入するのは無駄ではない．

　有性生殖は生物の多様化に効果があるか？　これは無性生殖と有性生殖を比べてみれば一目瞭然である．無性生殖では核酸の複製の際に一定の割合で生じる変異を単純に蓄積するだけである．適応的に整っている核酸に変異が生じる場合，生存に不利が生じるのがふつうだから，変異は代を経るごとに排除される．有利さに変わりがない変異はそのまま個体群のうちに残されるし，ごくごく低い比率で生じるかもしれないごくわずかでも有利な変異は急速に個体群内で優勢になるだろうが，そのような変異が生じる確率はきわめて低い．いずれにしても，変異が個体群のうちに保存され，多様性が高まる速度はごくごく低いものである．無性生殖だけで世代を更新していた長い間，生き物の進化の速度がきわめて遅かった事実はそのことを裏書きしている．

　有性生殖を行うことによって，生き物は2組の遺伝子の集まりをもって生きることになった．2組もっていたからといって，2組が平均し，協力して個体発生を制御するのではなくて，2組の遺伝子のうちには優性，劣性の差が生じ，ふつうは優性の遺伝子の方が実際の発生の制御の役割を担う．劣性の遺伝子は，それこそ無駄に見えるが，細胞内でそのままもち続けられる．不利な変異であっても，すぐに排除されないで個体群のうちに維持されるのである．そうやって何世代もの間維持された劣性遺伝子が，地球環境の変動の結果，生き物にとって有利な形質の発現を導くことがごく稀に生じる．劣性遺伝子でもホモになれば個体の発生を制御するためである．この比率は低いものであるが，数字だけで考えてみよう．人の成体をつくる細胞の数は60兆と推計される．しかも特定の細胞を除いて，1年もすれば大部分の細胞は新生しているというのだから，平均年齢数十年の生涯のうちに，何回の細胞分裂を経験するだろう．遺伝子突然変異の生起率が100万〜1億の桁のものだったとしても，死ぬ直前の人の細胞内に認められる遺伝子の変異は，親から引き継いだ時と比べると，億の単位で数えるほどの数になる．60億人の人が数十年の生涯でそれだけの数の変異を産み出し，地球上に蓄積しているのである．そして，生じた変異が有用だったら，それは急速に集団内で増数されることになる．

　ここで，蛇足になるかもしれないが，生き物がコスト優先で生きる必要が生じた場合には，基本的な原理を無視してでもコストにこだわるという現象があることに触れたい．人が地球表層に変貌を強いるようになってから，急速に多様化した植物のうちに，細胞遺伝学的な「駆け足進化」を遂げたものもあるが，さらに有性生殖

を放棄し，無融合生殖によって急速な増殖を図るような，王道を逸れた進化を遂げたものがあることを，『文明が育てた植物たち』（東京大学出版会，1997）で指摘した．これはまだ仮説の域を出ないが，経済優先を考える現在人に，生き物の進化が教える危険な実例かもしれない．

有性生殖の起源と進化

　有性生殖の進化によって，生き物は多様化の速度を急激に加速した．これは生物の歴史が示している事実である．しかし，有性生殖がいつ頃，どのような過程を経て進化してきたのか，まだ明らかにされてはいない．

　進化生物学の視点から有性生殖を定義するとすれば，生活環の多様化と遺伝子構成の多様化を導く機作としての2個の生殖細胞の接合（配偶）に注目したい．有性生殖とは2個の生殖細胞の接合による生殖である．2個の生殖細胞が接合（配偶）することによって，2組の遺伝子をもった2倍体の細胞（接合子）がつくられる．接合子は単細胞体として生活してもよいが，接合子が発生成長してつくる多細胞の成体は2倍体の細胞の集合体である．

　接合する2個の有性生殖細胞（＝配偶子）は異なった個体からもたらされることもあるが，植物の場合，同じ個体の別の細胞に起源するものも少なくない．異なった個体からもたらされれば他殖であり，同じ個体（の同じ花起源［自花受粉］のこともあれば異なった花起源［他花受粉］のこともある）起源だと自殖（自家受粉）という．自殖の場合はほとんど同じ遺伝子構成の2組の遺伝子をもつことになるが，他殖の場合には多かれ少なかれ異なった2組の遺伝子をひとつの細胞内におさめることになり，発生成長を支配する遺伝情報は新しい構成の遺伝子によって発信される．

　本講の冒頭で引用した定義でも，「配偶子の合体，すなわち受精」という表現が見られるように，有性生殖といえば動物や陸上植物に見られる有性生殖を想起しがちである．そこで，ここでは進化の過程を元に戻すやり方でこの現象を見てみよう．有性生殖には同型配偶（接合）と異型配偶（接合）が知られるが，受精は異型配偶のひとつの型である．わかりやすい異型配偶では，緑藻類のアオサや褐藻類のコンブなどの例に見るように，接合する2個の配偶子に大きさの差が認められるが，形態的にはよく似ており，ともに2本の鞭毛をもって遊泳する．これは同型配偶から，一方の細胞の大きさに量的な変化が生じたものである（図6.1）．

　原核生物でも細胞間（＝個体間）で遺伝子の交換が行われ，これは有性生殖の1型と考えられることもあるが，細胞間に差は見られない同型の2個の細胞に現れる現象である．異種間の細胞の合体は，ミトコンドリアや葉緑体の細胞共生による進化，藻類で確認されつつある各種の二次細胞共生，その他の細胞の階級の共生現象

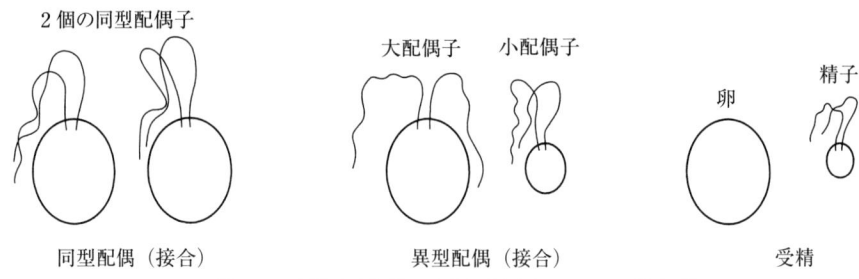

図6.1 有性生殖細胞の配偶（接合）の3つの基本型
同型配偶（接合），異型配偶（接合），受精．

　などを拾い上げると，結構生物界には広く見られる現象である．有性生殖の原型となるような細胞の合体は決して特殊な現象ではなかったのだろう．根拠のない推定をすれば，細胞がまだ分化していなかった頃に，2個の細胞が合体し，核が融合して2組の遺伝子をもった細胞（接合子）が次世代の生き物となった例が生じた．有性生殖の起源とはこのようなものだったのではなかったか．

　さらに根拠なしに想像してみよう．同形同大だった2個の細胞が合体するのでは，増殖のコストが無駄に費消される．必要なのは1個の細胞と2組の遺伝子（核）である．たまたま配偶子の大きさに差が生じ，2個の細胞が2個以下になれば，コストは少しでも軽減される．異型配偶はより適応的な有性生殖である．生き物はより適応的な方法を獲得すれば，その生き方に向かって進化する．さらに，一方の細胞は完全なすがたで，もう一方は遺伝子を担う核物質にできるだけ集約し，細胞には次世代の個体の発生初期を支える養分を整え，核物質だけにした配偶子は養分までもって動きにくくなった細胞の方へ運動できるように，鞭毛をもって活動的になる．卵と精子の進化は，そのような過程で進行したものと推理することもできる．

　減数分裂　有性生殖の起源にとって，もうひとつの要点は，配偶子の合体は，減数分裂（図6.2）と同時的に進まないといけないという点である．2個の配偶子が合体した接合子が次世代の個体を産み出すと，遺伝子組は倍増する．そのまま次々と新しい世代を迎えれば，遺伝子組は1回ごとに倍増する．そこで，現実に見られる事実は，配偶子形成の際（あるいは配偶子を形成する母体を産み出す際）に，減数分裂という特殊な細胞分裂を行って，遺伝子組を半減する．配偶子の合体という現象は，減数分裂と補完し合うことで，有性生殖の進化として完成する．

　ところが，減数分裂の起源という難題にはまだ解を得るきっかけも得られていない．この問題，世代の交番を導く現象であり，次講でもう一度取り上げる．

有性生殖と生物の多様化

　原核生物の有性生殖　上に述べたような有性生殖は，現生生物についていえ

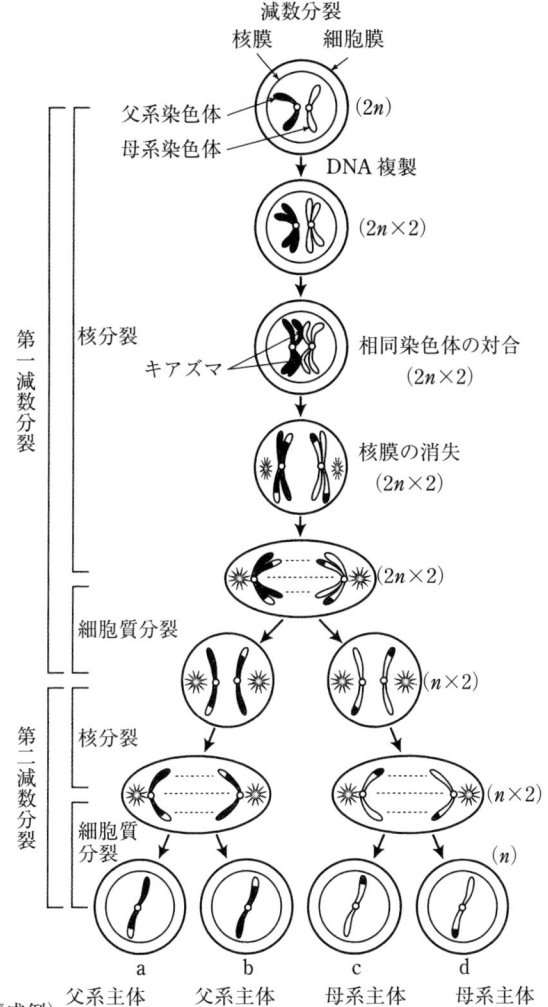

図 6.2 減数分裂模式図
第一分裂前期が細糸期から複糸期までと長い.（石原『発生の生物学 30 講』, 2007）

ば，真核生物に広く見られる現象である．しかし，原核生物にも，これに似た細胞間の遺伝子交流の現象が見られないわけではない．20 世紀前半の最後の頃に発見された大腸菌の接合は，その後の分子遺伝学の進展に大きな貢献をすることになった．細胞内の F プラスミドがそれがない細胞と接触し，他方へ移動して，遺伝子の交換に働いているのである．

ただし，ここでいう接合は英語では conjugation であり，真核生物の有性生殖に見る配偶子の接合は zygosis である．有性生殖の根本義は細胞間の遺伝子の交流につながる細胞の合体であるが，大腸菌で演じられている現象は真核生物の有性生殖と相同のものとは考えられず，多分並行的に進化した現象と見なされている．日本

語で同じように接合といういい方をするのは，細胞が合体する現象を重視した表現になったためだろうか．

有性生殖と生殖行動の進化　　生殖細胞の合体という現象である有性生殖の確立は，やがて性という概念で総括される事象の進化につながる．性の分化は，有性生殖の進化にともなって，必然的に進化した生物の属性である．動物の雄と雌の個体の間に見られる有性生殖行動は，生殖細胞の動きから展開した個体の行動という視点で注目すべきものであり，種の生活を維持発展させる上で重要な役割を果たしている．行動を支配する形態上の進化は動物の形態の多様性をもたらしてもいる．植物の有性生殖も，配偶体と胞子体の世代交番を産み出し，さらに陸上生活に適応する過程では種子の形成を行って種子植物の進化を促した．また，種子植物の多様化を導く重要な要素のひとつとして，植物と昆虫などとの共進化のきっかけともなっている．さらに人の場合，性の問題は文化の面でも多様なかかわりを生じ，人の社会の発展にも意味を占めるが，それはここで詳述する話題ではない．もっとも，このような説明は，それを実証する個々の事実によって確かめられなければならないことはいうまでもない．

　有性生殖を完成させた生物は，遺伝子の多様性を誘起するのに多様な過程を導入することになった．また，遺伝子突然変異によって生じた変異を集団内に保存するのに都合のよい過程を確立した．

= **Tea Time** =

精子発見のイチョウ

　伝統的に植物とかかわりの深い暮らしを送ってきた日本人が，近代的な植物学の研究をはじめたのは，明治維新後に学校教育体系の最高学府として大学を設置し，そこで自然科学についても西欧風の研究教育を行うようになってからである．植物学の研究は，東京大学で，いかにも日本らしく，若い日本人教授の矢田部良吉の指導のもとにはじめられた．創設された東京大学理科大学の25人の教授のうち，日本人は2人だけで，その1人，アメリカ留学から帰ったばかりの矢田部は25歳の若さだった！　その東京大学で，すでに伝統のあった分類学を手はじめに，世界の植物学に挑戦しているうちに，裸子植物の精子の観察という大きな成果で，日本にも植物学が根づいていることを内外に示すことができたのだった．

　東京大学植物園に植えられているイチョウの木（図6.3）で観察を続け，精子が動いているすがたを観察した平瀬作五郎は中等学校教員だったが，絵を描く才能が認められ，画工として講義資料をつくったり，観察記録を描いたりする技能員として東京大学に雇用された．1890年代には助手となり，研究補助も行っていた．も

図 6.3 東京大学植物園の精子発見のイチョウ

ともと向学心旺盛だから，植物学教室で論じられている植物学の最先端の話題に惹き込まれ，裸子植物にも精子があるのではないか，あるとすればイチョウやソテツがその候補ではないかという推定に基づき，イチョウの生殖活動の年間の変化を跡づけ，春に飛んだ花粉が秋のはじめに雌木で花粉管を伸ばし，やがて精子が泳ぎ出すのを発見したのである．成果が論文で公表されたのは 1896 年である．

　裸子植物に精子が発見されたために，シダ植物と種子植物がひとつの系統に属し，両者の生活環は，見かけ上は異なってはいるものの，まったく同じ様式の単複相生物の生き方を示すものである事実が確認された．植物の系統についての論議に，重要な実証を提供することにつながったのである．1912 年に日本学士院賞が創設されたその翌年，2 回目にこの業績が恩賜賞で顕彰されたことはその成果の大きさを示している．さらに学士院賞受賞には，平瀬の発見を植物学の観点から支えた池野成一郎（当時は農科大学助教授）との間の栄誉の譲り合い，ソテツの精子の観察に成果をあげた池野との，共同ではなく並立の受賞など，美しい人間関係も歴史に刻まれている．もっとも，その直後に東京大学を去る平瀬のその後の生き方も，まことに日本的かもしれない．

　東京大学植物園で遂行されたこの発見は裸子植物の系統の解明の歴史に刻まれる大きな貢献だったが，それから 1 世紀近く後，20 世紀の終りころに，同じ植物園の研究グループが裸子植物の分子系統解析で示した成果が何だったか，第 14 講であらためて紹介する．

第7講

生活環の進化
有性世代と無性世代

キーワード：雄と雌　継代　生活史　世代　増殖　無性生殖　有性生殖

　有性生殖が進化できたのは，減数分裂が同時的に進化したからだった．現象としては有性生殖が生物進化の促進，高度化に大きな意味をもっていたが，生活環に見られるイベントとしては減数分裂の進化にも注目される必要がある．その結果，生物体には，有性生殖によって継代する場合と，減数分裂によって世代を移行する場合とが生じ，生物のひとつの生活環のうちに，有性的な世代と無性的な世代が併存することになった．ひとつの生活環がひとつの世代で完結する簡単な生活史に終わらず，異なった生殖の様式をもった複数世代を併存する生活史の型が成立したのである．もちろん，生物界全体を見渡すと生活環のあり方はさまざまであり，動物のように，減数分裂は有性生殖細胞を形成する時に見られ，その生殖細胞が合体（受精）することによって次世代がはじまるという典型的な複相生物型の生活環を普遍的にもつものもある．有性生殖・減数分裂の進化と，複数の型の世代の分化とはどのような関係にあるものだろうか．

生活環の多様化

生活史と生活環　生き物の個体は時間の経過とともにさまざまなかたちを示すが，ある時点からはじまって一定の変化を経，継代して子どもがまたはじまりの時と同じ形状に戻るまでの一連の変化を比較対照する際に，総称して生活史といっていた．生活史という用語は，life history の直訳語で，上述のように使ってきたが，細胞周期と対比させて個体が生きるすがたの変化を跡づける周期で捉えられ，英語で life cycle と呼ばれるようになって，日本語でもその直訳の生活環という用語が適用されるようになった．それと並行して，個体の生涯を通じての生態の時間経過，どのように生まれ，どのように育ち，どのように生殖活動を行い，どのように死んでいくかの個体の生涯を把握する際に，その生物の生活史を見るといういい方をするようになり，用語に多少の混乱が見られる．ここでも，生き物の生涯に見る経時的な変化の総称を，生活環という言葉で整理したい．

生活環の基本形　有性生殖をすれば体細胞を構成する染色体は複相になり，次に有性生殖をするまでのどこかで減数分裂を挟んで核相の半減を図らないかぎり，核相は有性生殖を行うごとに無限に倍加を繰り返すことになる．実際には，有性生殖の結果生じた2倍体の生物体は，有性生殖細胞（＝配偶子）を産出するまでのどこかで減数分裂を行い，核相の半減を導いている．減数分裂の結果生じた無性生殖細胞（植物の胞子など）が成長してつくる無性世代の個体に有性生殖細胞を形成する場合と，2倍体の母体につくる生殖器官内で，生殖母細胞が減数分裂を行って有性生殖細胞を形成する場合（動物など）がある．植物の基本形では，有性生殖の結果つくられた接合子は発芽して2倍体の無性世代を形成し，無性世代の生物体上に有性生殖器官が生じ，そこで減数分裂を行って無性生殖細胞をつくり出し，その生殖細胞が発芽成長して単数体の有性世代となり，その植物体上に有性生殖器官をつくって有性生殖細胞を形成し，有性生殖細胞が接合して無性世代となる（図7.1）．

上に述べた植物のように2つの世代がはっきりした生活環をもつ生き物を単複相生物と呼ぶ．陸上植物は典型的な単複相生物で，シダやコケでは胞子体と呼ばれる無性世代と，配偶体（シダ植物では前葉体がこれに当たる）と呼ばれる有性世代が1回おきに現れる規則正しい世代の交代を行っている．種子植物では，有性世代が花の構造の一部のように単純化し，胞子体に寄生しているが，生活環そのものはシダやコケと同じ単複相生物型を示している（図7.2）．さらに，有性世代と無性世代の形態が似たもの（同型世代交番），両者に大きさ，かたちの差が見られるもの（異型世代交番，そのうちにはシダ植物や種子植物など無性世代の方が優勢のものとコケ植物など有性世代の方が優勢のものがある）があり，その差別化が極端に進行すれば，どちらかの世代だけになると見なすこともできなくはない．

動物では，2倍体の動物のからだに有性生殖器官がつくられ，減数分裂の結果単数体の有性生殖細胞（卵と精子）が形成され，接合（＝受精）が行われると，2倍体に戻ってすぐに親と似たかたちの世代に移行する．ここでは，植物でいう有性世

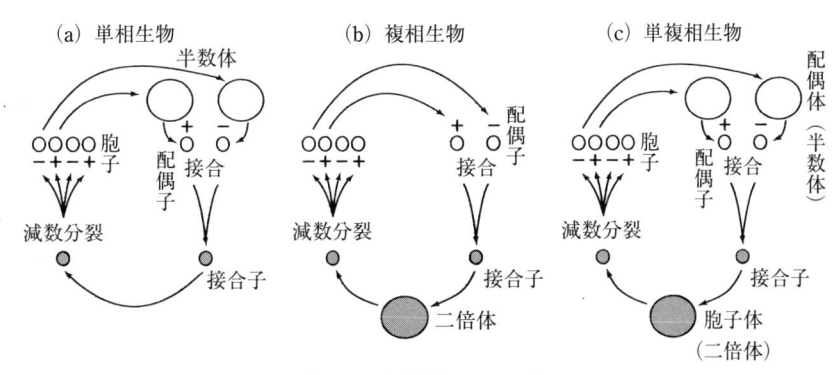

図7.1　生活環の3つの型

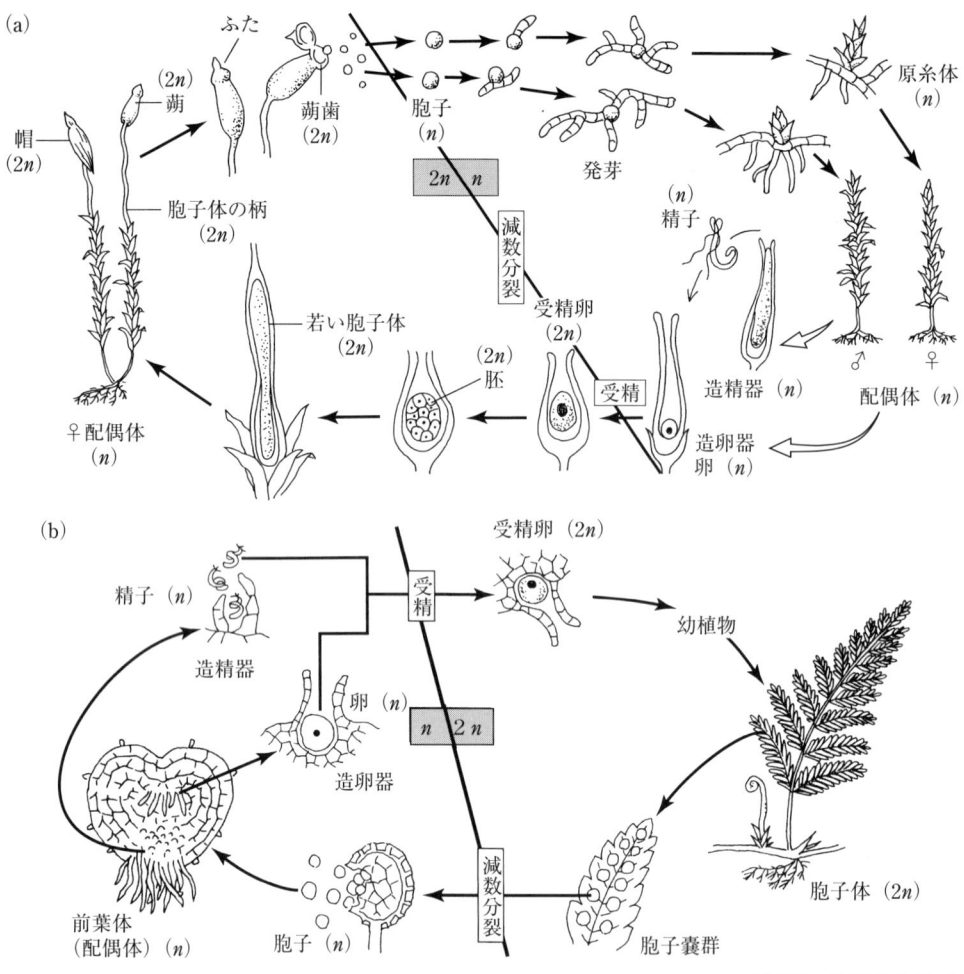

図 7.2 単複相生物で (a) コケ植物（ニワスギゴケ），(b) 同形胞子をつくるシダ植物（ワラビ），

代に相当する単数体の世代はつくられず，このような生活環をもつ生き物を複相生物と呼ぶ．動物の場合，植物で見る半数体の有性世代は，退化してなくなったと見なすのは難しく，おそらく最初から進化してこなかったものだろう．複相生物型の生活環をもつものは，植物界にも緑藻類のミルなどの例があるが，逆に，これが動物と同じ過程を経て進化したものと見なす根拠は薄弱である．

　緑藻のアオミドロやシャジクモの仲間などはふつうに見るのは単相の有性世代で，これに有性生殖細胞がつくられ，接合して接合子が形成されるが，2倍体の接合子はすぐに減数分裂をして単相の無性生殖細胞となり，発芽成長して次世代の藻体を形成する．このような型の生活環をもつものを単相生物と呼ぶ．

　藻類や菌類のうちには生活環が複雑に多様化したものが見られ，生活環の多様化は甚だしい．しかし，有性生殖を同型接合，異型接合，受精の3つの型に整理し，

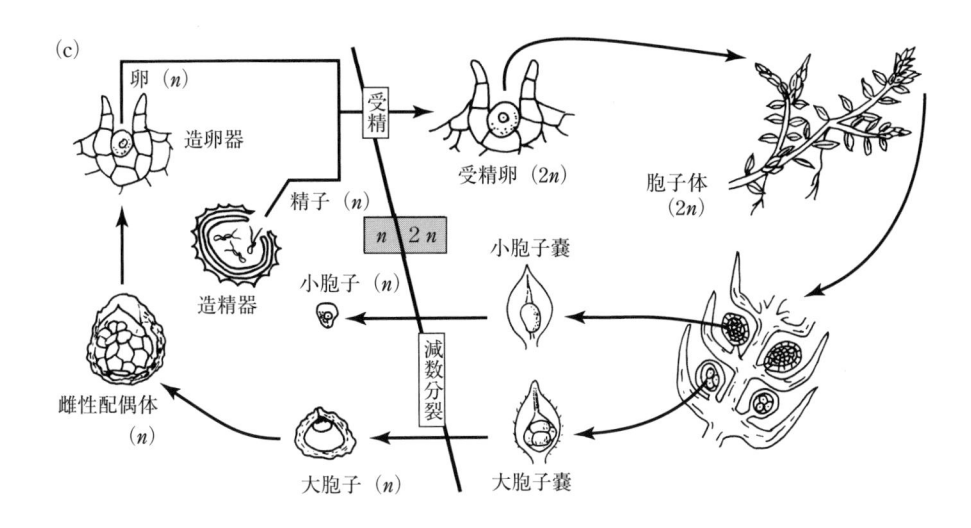

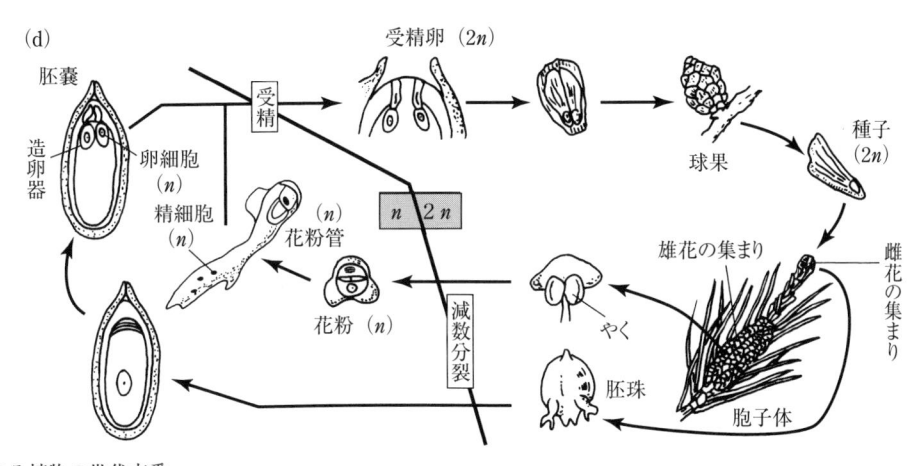

ある植物の世代交番
(c) 異形胞子をつくるシダ植物（クラマゴケ），(d) 裸子植物（マツ）．

無性生殖を単一の型の無性生殖細胞（同形胞子など）（図 7.3）と性の区別の見られる無性生殖細胞（異形胞子など）によるものとに整理できるし，生活環を上述の 3 型とその変形に整理すると生物界の生殖と生活環の基本が理解しやすい（図 7.2）．

生活環の進化

有性世代には有性生殖器官がつくられ，有性生殖細胞が産出される．有性生殖細胞は単数体が原則だから，直接有性生殖細胞をつくるのなら有性世代は単相であるはずである（図 7.2）．しかし，動物がそうであるように，複相生物では有性世代が 2 倍体で，有性生殖器官で生殖細胞が形成される際に減数分裂が行われ，有性生殖細胞が単数体となる．

植物の場合は，有性世代の植物体につくられる有性生殖細胞の中で減数分裂を経

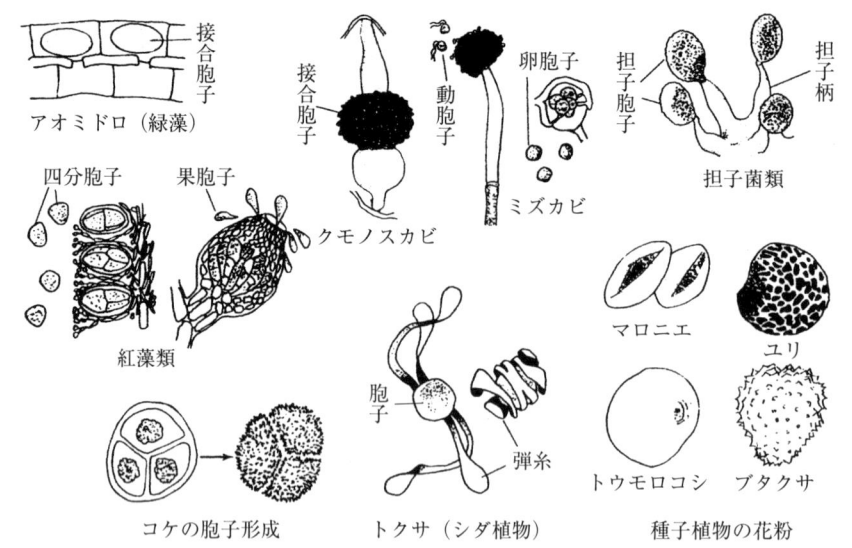

図7.3 植物と菌類のさまざまな群につくられる無性生殖細胞（胞子）（Raven, 1998を一部改変）

ずに有性生殖細胞が形成される場合が多い．当然，有性世代の植物体は単相である．コケ植物ではふつうコケと呼んでみている配偶体が，シダ植物では前葉体が有性世代である．種子植物では，有性世代は花の組織の一部のように単純化している．この場合，無性世代である植物体につくられた構造体の中で有性生殖細胞（卵細胞と精子か精核）が減数分裂の結果つくられているように見えるが，実際は無性生殖の結果つくられた無性生殖細胞（胚嚢細胞と花粉）が胚嚢と花粉管と呼ぶ有性世代を産み出し，それが無性世代の植物体に内部寄生している構造である．

真核性に進化した細胞が分裂する際に，オルガネラをうまく配分する結果を産み出す秩序正しい体細胞分裂が完成するまでには長い時間を経たことだろう．創生間もないころの細胞は，現生の原核細胞のように，無糸分裂で増数していたと推定されるが，分裂の過程に規則正しい有糸分裂が導入されて，複雑な構造に進化した真核細胞の二分化が間違いなく遂行される機構が整った．生物界の進化は，細胞分裂については，原核細胞（無糸分裂）→真核細胞：有糸分裂（体細胞分裂）の進化→減数分裂の進化という順序で進行したと理解され，それぞれの事象はひとつの方向に進化したと説明される．もちろん，ここで，真核細胞の進化と有糸分裂の進化が同時的に起こったかどうかには証拠はない．ただ，現生の真核生物には無糸分裂を主とするものは知られていない．

生活環に見る世代の多様化はどの段階で，どのように導かれたのだろうか．減数分裂が，単複相生物である植物の基本形では，2倍体の無性世代の生殖細胞形成の際に生じ，つくられた無性生殖細胞は単相の有性世代を生じる．一方，複相生物である動物では，2倍体の有性世代の生殖器官内で減数分裂が見られ，単相の有性生

殖細胞が形成される．動物と植物が系統的に分化したのは少なくとも数億年より前であるが，それぞれが今見るような生活環のかたちを整えた頃には，多分有性生殖は進化していたであろうし，当然減数分裂も進化していたに違いない．この図式でいうと，有糸分裂が進化して後に一回起源で減数分裂の進化（＝有性生殖の進化）が見られ，それから生活環の多様化，動物と植物への分化などのイベントが続々登場したということになる．ということは，逆算すれば，減数分裂・有性生殖の進化は少なくとも数億年以前，多分10億年とか，さらにそれ以前に見られた事象だったと推定される．ただ，この部分の論議は推定に基づいて展開しているものであり，それぞれの事象が一回起源であったかどうか，それはいつ頃生じたものだったか，実証的な解明は今後の課題である．

=======Tea Time=======

世代の交代

　世代の交代という現象を最初に指摘したのはヘッケルであり，クラゲの生活環に見られる現象を，ひとつの生活環が1世代で閉じるのではなくて，有性世代と無性世代の2つの世代が交代に現れるものと見，世代の交代と呼んだ．

　クラゲでは，卵と精子の接合による有性生殖の結果つくられた接合子（＝受精卵）は胚を形成すると，その後成長して直接クラゲの成体になるのではなくて，プラヌラ幼生を経て，スキフラ幼生の段階になると，積み重なった膜が1枚1枚剥がれていくように，無性的に増数してクラゲが泳ぎだす．この発生過程が整っているので，有性生殖のあとに必ず無性的な個体の増数がともなう．この現象を，有性生殖と無性生殖が1回おきに規則的に現れると見なし，有性世代と無性世代が規則正しく交代すると定義したのである．

　クラゲの生活環　「クラゲの成体（2倍体）」→（生殖器官内で減数分裂）「有性生殖細胞（卵と精子，単相）」→（受精）「受精卵（2倍体）」→「プラヌラ幼生（2倍体）」→「スキフラ幼生（2倍体）」→（無性的な増数）「クラゲの成体（2倍体）」→（くりかえし）

　この定義を植物の生活環に適用し，シダやコケの生活環をクラゲの生活環と比較することになった．しかし，シダやコケの生活環では，無性生殖を行う無性世代は2倍体の胞子体であり，性の区別のある胞子（大胞子＝雌性胞子と小胞子＝雄性胞子）を産出するものもあり，クラゲでいう無性的な増数と，生物学的にずいぶん異なった現象を指している．核相の交番をともなうシダやコケの世代の交代はクラゲの世代の交代と直接的に対比できるものではない（図7.4）．

　シダの生活環　「シダの胞子体（2倍体）」→（胞子嚢の中で胞子母細胞が減数分裂）「胞子（単相）」→（発芽成長して）「前葉体（単相）」→「有性生殖器官（造

図7.4 世代の交代

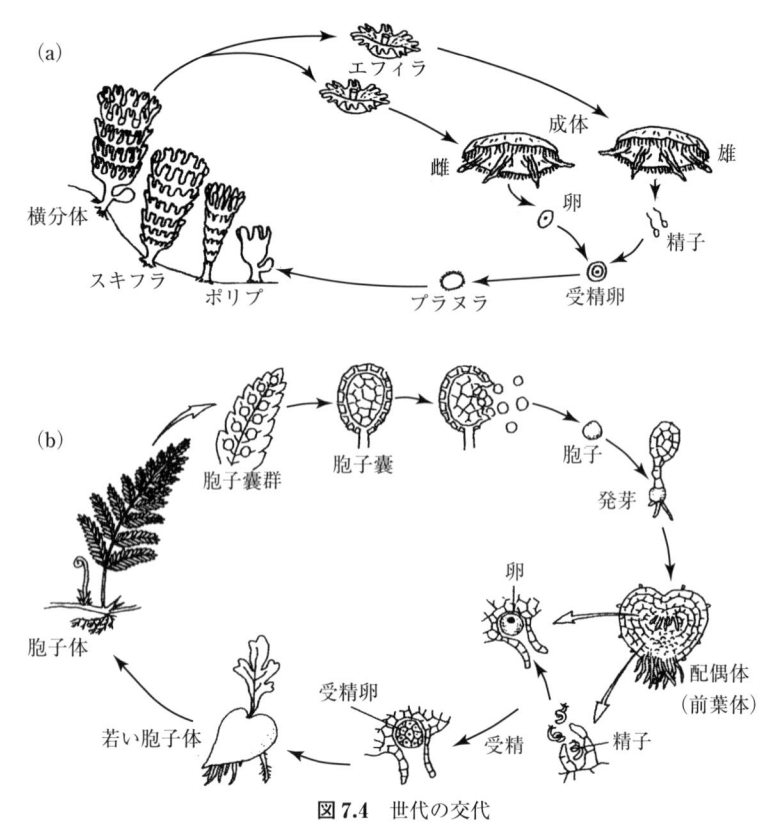

(a) クラゲ，(b) シダ．クラゲの場合は生物体の核相は生殖細胞の時期を除いて複相であるが，シダ植物では核相が複相の胞子体世代と単相の配偶体世代が規則正しく交代する．（岩槻『生物講義』，2002）

卵器と造精器，単相）」→（受精）「受精卵（2倍体）」→「胚」→「シダの胞子体（2倍体）」→（くりかえし）

　植物ではクローン繁殖による無性的な増数はごくふつうに見る現象である．クラゲのように，発生過程のある時期にかならずでてくる無性的な増数という現象は見られないが，シダ植物の場合など，横走する根茎から新しい葉や不定根がでてくる成長と見られている現象がクラゲの無性生殖と同類の現象といえる．

　シダ植物の配偶体と胞子体の世代の交代を，クラゲの世代の交代と対比させて説明されることがあるが，世代交代をすると記載されるクラゲの2倍体世代と対比させるべきシダ植物のすがたは胞子体の世代だけで，シダの配偶体の部分に相当する世代はクラゲには見られない．

第8講

多細胞の個体の出現

キーワード：栄養細胞　　個体発生　　細胞接着　　細胞の分化　　生殖細胞　　体細胞　　単細胞体

　地球上に最初に現れた生き物を，現生の原核生物の細胞を見るのと同じような感覚で単細胞体と呼ぶのは正確ではないかもしれない．細胞と呼ぶにはあまりにも形態的単位として曖昧な原形質のかたまりという意味の細胞だったと考えられるが，それは現生生物の常識で理解すれば，原核細胞段階の生きものであり，単一の細胞でつくられた個体だった．20億年ほどの間に徐々に体制を高度化させてきた生き物のうちに，真核細胞が進化し，有性生殖の機作が進化してきた．それと平行して，生き物のうちに現生生物に見るような意味での多細胞体も進化してきたのである．原核生物の段階で，すでに多細胞体に類するものがあったという説は，21億年前の地層から発見された大型生物化石のグリパニアが真核性では最古のものだったと見なされることを根拠としている．

　生物界における多細胞体の進化が，生き物の地球表層での生存により適応的な生き方を構築する重要な階梯を刻んだことは確かである．

単 細 胞 体

　三十数億年前に地球上にすがたを見せた生き物は，細胞と呼ばれる構造をもつことによって生き物としてのかたちを整えた．現生の生物を念頭に置きながら原始の生き物を想定するならば，その生き物たちは，現生の原核生物と同じとはいえなくても，原核性の細胞のすがたで生きていた．多分，核酸を含む細胞質が細胞膜で他と区別される構造をもつことで，生き物と呼ばれるすがたをとるようになったのだろう．もっとも，その当時の状態を，現在の認識でいう単細胞体だったかどうか定義することは，あまり意味のあることではない．

　細胞の構造が，細胞と定義されるほどまでに進化したのは，多分もう少し時間がたってからのことだっただろう．やがて，細胞1個分の核酸が，それを取り巻く細胞質と一緒に1個の細胞として細胞膜に包み込まれて他の物質から独立した構造体

となり，生き物らしいすがたが確立された．現生の原核生物を念頭において，地球上で原核生物がかたちを整えた時が生物の発生の時であると定義することもできる．

定義はともかく，原始時代の生き物では，個々の細胞が独立に生きていた．すべて単細胞体だったのである．原核生物の時代には，すべての生き物が単細胞体の生活を生き続けていたし，今も原核生物は単細胞体である．地球上にすがたを現した生き物は，十数億年か，あるいは20億年以上も，すべて単細胞体の状態で生きていた．しかも，個々の細胞の独立性は高く，現生の原核生物のような他の種とのかかわりはあり得なかったし，他の個体とのかかわりも希薄だったはずである．

多細胞体が進化してからも，頑固に単細胞体のすがたを保って生きている生物が少なからずいる．現生の生物のうちでも，原核生物はすべて単細胞体であるし，真核生物でも，原生動物や藻類の一部など，生活史のすべてを単細胞体で過ごす種も少なくない．多細胞体に進化した生き物たちも，生活史のうちで生殖細胞をつくる時には単細胞体の状態をとる．生殖は原則として原始の状態である単細胞体に戻って遂行させるものらしい．

群体 単細胞体を広義にとれば，複数の個体がまるで社会のような構造をつくって生活している，群体（図8.1）と呼ばれる状態も含まれる．群体は無性生殖によって増殖した個体が多数集まり，ひとつの個体であるかのように，集団として生活するものであり，集合の程度にはいろいろな程度のものがある．無性生殖で増殖した単細胞体がただ無秩序にたくさん集まってかたまりをつくる（ネンジュモでは糸状の群体が多数ゼラチン状の粘液に包み込まれている）という程度のもの，4個とか8個とか，一定数の細胞が秩序正しい集まりをつくり，定数群体とも呼ばれるもの（パンドリナとかユードリナなどの緑藻類），多くの個体（多細胞体）が集ま

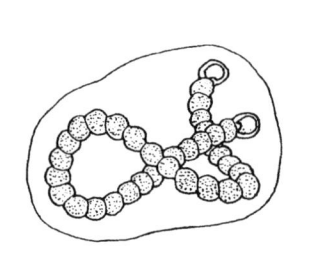

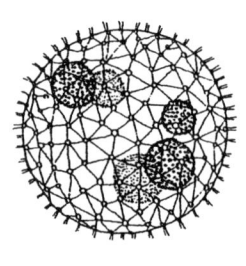

ネンジュモ　　　　ボルボックス　　　　群体性ヒドロ虫

図 8.1　群体

ネンジュモ（シアノバクテリア）：細胞が集まって群体をつくるが，細胞間の連絡はきわめて希薄である．ボルボックス（緑藻類）：集合した細胞の間に機能の分化が見られ，細胞社会をつくって生きる．群体性ヒドロ虫（刺胞動物）：多細胞の個体が多数集合して群体で生活する．（岩槻『生命系』，1999）

ってひとまとまりで生活するもの（珊瑚虫など），万を超える数の細胞が一定の構造をつくり，細胞によって代謝や生殖など機能分担さえ見せるもの（緑藻のボルボックス，シアノバクテリアのユレモなど）などの例が知られる．

上述の例に見るように，群体という用語は原核生物と藻類で使われる場合と無脊椎動物で使われる場合があるが，藻類などの場合は単細胞体の無性生殖の結果つくられた多数の細胞（個々の細胞は単細胞体）が集合した状態を指し，無脊椎動物の場合は無性生殖の結果産み出されたたくさんの個体（多細胞体）が集合して生活する状態を指す．

かつて群体は単細胞体から多細胞体へ進化する移行過程と説明されたこともあり，ヘッケルはその中間段階のものを観察したと報告した．ボルボックスでは，群体を構成する細胞の間に機能の分化が見られ，生殖に専念する細胞があることから，この中間段階に擬せられたこともあるが，細胞が集団として生活するにしても，この状態は進化の袋小路のような状況にあるものと見なされる．群体はそれ自体が高度化している構造であったとしても，その状態を経て多細胞体へ移行するというような性質のものではない．

多細胞体の起源と多様化

単細胞体は1個の細胞に生命機能のすべてを備えており，1個の細胞だけで生きていける．どこでどのように生きるかは，その細胞に最適な方法を選べばよい．他の個体や型（種）の細胞と競合する場合，細胞を大型化して競争に有利な条件を得ることもできる．いっぱんに細胞が大型化すると，体積の増加に比して表面積の増加の割合は低くなり，細胞の生活の維持が困難になる．また，それぞれの生活場所に適応的に見える単細胞体だけでなく，地球上では多細胞体もまた優勢な生き様を示しているのだから，多細胞体には有利な条件が整っているはずである．生物体の大型化のためには，多細胞化が不可欠であり，実際生物界では多細胞化という進化が見られることになった．

多細胞動物が生きていくためには，有機物の供給も必要であるが，分子状酸素も不可欠である．シアノバクテリアの活動によって，地球表層に分子状酸素が徐々に蓄積されるようになっていた．多細胞動物の生活に必要な分子状酸素の量は，現在地球表層で得られるものの10分の1程度で十分だといわれるが，その量が満たされるようになったのがいつか，むしろ進化する生物を指標として語ることがある．

細胞が分割して複数個になれば，単細胞体では個々の娘細胞が独立して，個々の個体（＝単細胞体）をつくり出す．生命が別の個体に引き継がれ，次世代が誕生する．分裂した娘細胞が，個々に独立しないで，母細胞を構成していた物質がすべて連なって一塊となった生活をすればそれは多細胞が集合した状態となる．娘細胞に

独立性ができ，ただつながっているだけなら，群体と呼ばれる状態である．分裂した娘細胞が，お互いに情報の交流を続け，多細胞の集合体が共同でひとつの生活を営めば，多細胞体と呼ぶ状態と同じかたちになる．この場合，無性的な細胞の分裂が，現生の生物でいう体細胞分裂の状態にまとまるために，生物は何を進化させてきたのだろうか．

多細胞体が出現するのは，体細胞分裂が確立し，生殖細胞が別につくり出されるようになってからと考える説もある．胚葉の分化がはっきりしている動物体では，そのような説明に納得がいく面もあるが，植物の多細胞体には分裂した細胞が積み重なっていくようなすがたも見られ，多細胞体形成の前提に体細胞と生殖細胞の分化を必要とする必然性は認められない．

原核生物には多細胞体はないとされている．ただし，21億年前の化石であるグリパニアは多細胞体であった可能性がある．もしそれが本当なら，最古の真核生物が多細胞体だったということになる．しかし，いっぱんには，多細胞体が進化したのは真核生物が進化してから後のことと考えられている．化石の記録では，長い間，最初の多細胞体は約5億4000万年前のカンブリア大爆発によって生じたとされていた．ただ，カンブリア紀に入る前の5億5000～5億6000万年前にエディアカラ生物群と呼ばれる大型の化石が世界の各地で発見され，刺胞動物や節足動物が含まれているという解釈もされている．もしこれらが多細胞動物だったとすれば，多細胞動物の起源は少し昔にさかのぼる．一方分子系統学の手法による推定からは，動物体をつくる遺伝子は6～11億年前にはすでに存在していたとされる．さらに，インドの11億年前の地層からは，動物の這い痕とされる化石が見つかり，これもその信憑性にさまざまな問題は投げかけられてはいるものの，動物の出現の可能性を示唆している．

一口に多細胞体といっても，進化の歴史を経て，多様なすがたが創出されており，多細胞のからだをつくり上げる個体発生にもさまざまな型が知られる．後生動物では原則として，受精卵が卵割を繰り返して胞胚，嚢胚の時期を過ぎ，胚葉が分化して，それぞれの種にふさわしい構造がつくりあげられていく．やがて胚のかたちが整えられ，さらに成体に向けて成長が続く．維管束植物では受精卵が4細胞になったところでそれぞれの細胞の将来が決められる場合が多く，根，茎，葉などが形成される．しかし，茎頂細胞と根端細胞はいつまでたっても胚的な性質を失わず，継続して分化を繰り返す．縄文杉のように長い生涯を生きてきた個体でも，茎頂と根端は種子が発芽した時とほとんど同じ性質を維持し，分化を演じ続ける．植物の初期の多細胞体は藻類の形態の多様性から推測すると，糸状体だったと考えられる．これは分裂した細胞がそのまま接着したかたちで生活を続けているもので，シアノバクテリアの糸状群体でも特定の細胞の分化が見られることから，糸状群体

の段階から多細胞の糸状体への進化という道筋を想定することも難しくはない．

多細胞体が生じることと並行して，個体を構成するたくさんの細胞の間に形態や機能の分化が生じた．同じ個体を構成する細胞が，体細胞と生殖細胞に分化し，生殖細胞に雌雄が分化することがあり，体細胞には，皮膚細胞，筋肉細胞，神経細胞などの分化や，維管束をつくる導管や師管の細胞，葉の柵状組織や海綿状組織を構成する細胞などへの多様化が見られた．多細胞体は多様な細胞からなる構造を進化させ，地球上のさまざまな環境に適応した多様な生き物の生き方をつくってきた．

多細胞体が生じてから，多細胞体のつくりからそれがどのようにしてつくられたかを推定する解析が行われる．細胞が接着するという現象は何か，多細胞を構成する細胞ごとに役割分担するためにどのような制御が働くのか，生物学の長い歴史はそれらの問題の解を得るのに力を注いできた．しかし，長い進化の時間をかけて確立された精巧な多細胞体の発生過程から多細胞体の進化の初期の段階における動きがどこまで推察できるか，難しい問題ではある．

多細胞体の個体性

現生の多細胞体には，個体性がはっきりしているものとそうでないものがある．ヒトは自分という個体と他人とを容易に識別することができると思っている．

オランダイチゴ（図8.2）の個体とは何かを見てみよう．茎の先端が伸長した走出枝（ランナー）の先に無性芽をつけ，着地すると根，茎，葉を揃えてひとつの個体のすがたを整える．母体と切り離されると別の個体になり，次年度のイチゴ栽培のための貴重な苗となる．この苗を育てて，次年度にはイチゴが産出される．この場合，無性芽は親植物とつながっている間は親植物のからだの一部である．しかし，切り離されると，独立の1個体と見なす．

わかりやすい例は竹藪である．根茎でつながったたくさんの竹が藪をつくっているが，この竹藪，1個の種子が発芽成長し，広い範囲に広がったものである場合が

図8.2 オランダイチゴ
走出枝（ランナー）を伸ばし，その先に幼植物を生じる．

ある．根茎でつながっている間は，全体が1個体で，1本1本の竹は樹木の枝に相当する．しかし，根茎のつながりが断たれると，それでも生きていく上に何の障害もないので，2つの個体として生きていく．容易にたくさんの個体に分断することもできる．

　植物の体細胞には全能性があるため，昔から農業園芸でクローン栽培が活用されてきた．無性芽の活用をはじめ，取木，接ぎ木，挿し木などの技術がおおいに利用されてきたのである．クローン技術は，最近になって，後生動物でも応用できるほどに進歩してきたことから，クローン羊ドリーが誕生してから，あらためて社会の関心を呼ぶ話題となってきた．これは生産にかかわる課題であり，今後の技術のさらなる開発が期待されるし，付随して出てくる問題も乗りこえられる必要がある．

　クローン技術が発達すると，動物の個体性も人為的に左右できる．クローン羊ドリーは母羊の体細胞である胸腺の細胞の核を除核した胚細胞に移植して産み出された．正常な生殖なら，母羊の卵細胞と別の雄羊の精子が母羊の子宮内で合体し，受精卵が卵割を繰り返して子羊を育てる．ドリーの場合は，母羊の体細胞が胚細胞中で分裂を重ねたもので，母羊の個体の一部（体細胞）がそのまま増殖し，容積を拡大したもので，遺伝子の構成を再構築する有性生殖の過程を経て次世代を産み出したものではない．植物の小枝（クローン）を切り離し，挿し木して新しい個体を得るのとよく似た現象である．オランダイチゴのように自然に無性芽を生じるのではなくて，人の技術によって特別につくり出すクローン（小枝）ではあるが，生物学的な意味は同じである．第7講 Tea Time で述べたクラゲの無性生殖はオランダイチゴの無性芽形成と対比すべきもので，自然に生じたクローン増殖である．

========== Tea Time ==========

個体の死の起源

　生物はもともとから世代を終えることはあっても，自然死をしない存在だった．生物の個体が死を経験するようになったのは，生物の進化の歴史の半分をはるかに過ぎてからのことだった．

　原始的な単細胞体は二分裂によって増殖していた．現生の生物のうちにも，二分裂で増殖し，世代を移行するものは多い．単細胞体では，個体を構成する1個の細胞が二分裂すると2個の細胞になるが，それはそのまま2つの個体の形成を意味する．ふつうの単細胞体の二分裂増殖の場合，形成された2つの新個体の間に，親子の関係性は認められない．2つの新個体は，世代の若返りは見られても細胞としては平等に加齢している．種によってさまざまな老化が見られるが，二分裂で世代が若返ることによって，新生される細胞は，単純に老化し，死に至ることはない．だ

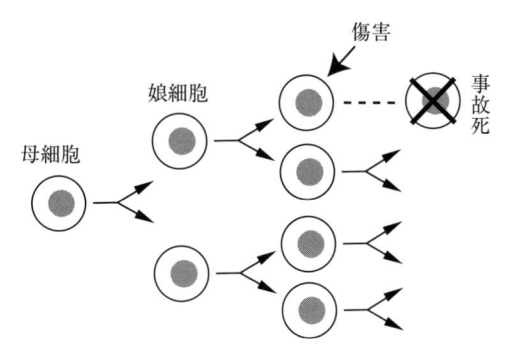

図 8.3　細胞の死

細胞は分裂を経て若い細胞になるが，細胞をつくる物質のすべてが次世代に引き継がれるので，元の世代の残滓は何も残らない．細胞が，死骸を残す死に至るのは，事故死の場合である．

から，個体の死は多くの場合事故死であって，寿命が来て死ぬという現象には出逢わなくてもよかった（図 8.3）．

　多細胞体がつくられてから，ひとつの個体のうちで，体細胞（栄養細胞）と生殖細胞の機能分化が見られることになった．日常の生活活動は体細胞によって営まれ，個体の性質は生殖細胞によって次世代に伝達される生き方が確立された．後生動物など，生殖細胞以外のすべての体細胞は分化の全能性さえ放棄することになった．

　生殖細胞を通じて自分の遺伝子を次世代に伝えると，古い個体は徐々に老齢化し，生存能力が衰えてくる．体細胞がつくるさまざまな器官は，時間の経過とともに疲弊してくる．生存のための活性が著しく鈍ってくる．そこで，古い個体は棄却して，新しい個体によって種の維持が図られる．生き物は個体の更新によって種の若返りを図っているのである．このことが，個体の老化という現象につながり，老化した個体が棄却されるために，古くなった体細胞の固まりである老個体に寿命が訪れ，死が到来する．このようにして個体の自然死が進化したが，この時，個体の遺伝子はすでに次世代に引き継がれている．その際，どのように個体の遺伝子を次世代に多く残すかが，動物の性行動などで見事に演出されているが，そのことはまた別のところで学ぶべき事柄である．

第9講

真核細胞間の共生

キーワード：遺伝子の平行移動　褐藻類　交雑　種形成　二次細胞共生　葉緑体の二重膜

　ある原核細胞が他の細胞と融合し，時間をかけて細胞内の構造のひとつ（オルガネラ＝細胞器官）となる進化を第5講で見た．いわゆる細胞共生という現象である．ところで，ある種の細胞が他の種の細胞の内部に入り込んで，オルガネラになってしまう進化は，真核生物同士の間にも生じていたことが確かめられている．細胞融合のような現象が知られると，遺伝子が細胞間を平行移動する現象も，生物の世界には実在すると確かめられる．そういえば，異なった種の生殖細胞が接合して交雑を行うと，雑種の接合子には新しい組合せの遺伝子に制御された新生物が生み出される．多様に分化している種が合体して新しい型を生み出す収斂という現象も，生物の進化にとって珍しいものではないのである．

葉緑体の平行移動

　真核細胞の間でも細胞共生が見られ，葉緑体が平行移動し，新しい型の生物の系統が生み出されたということがわかったのはそれほど古い話ではない．このような共生現象は二次細胞共生と呼ばれている．とりわけ，藻類段階での系統の多様化には，二次細胞共生が関与した現象が顕著であることがわかってきた（図9.1）．
　細胞共生の結果オルガネラとなった葉緑体は，細胞の内部で，もともと独立の細胞として生きていた時のままに二重膜をもっている．葉緑体について，陸上植物で培われた常識をもって藻類を見ると，二重膜の葉緑体をもった藻類は紅色植物，灰色植物，緑色植物だけで，藻類のうちでもっとも優勢な褐藻類をはじめ，他の多様な藻類は三重か四重の膜をもっている．細胞共生の結果オルガネラになったと推定されるミトコンドリアでも，同じように細胞膜に似た二重膜を備えている．
　藻類の葉緑体の構造は多様な構造や機能を示すため，ここで詳細を紹介するのは難しく，結論だけ先に述べるが，分子系統の手法も適用して分類群間の系統関係を比較し，葉緑体の膜の構造などを対比させると，藻類の多様化の過程で，真核細胞

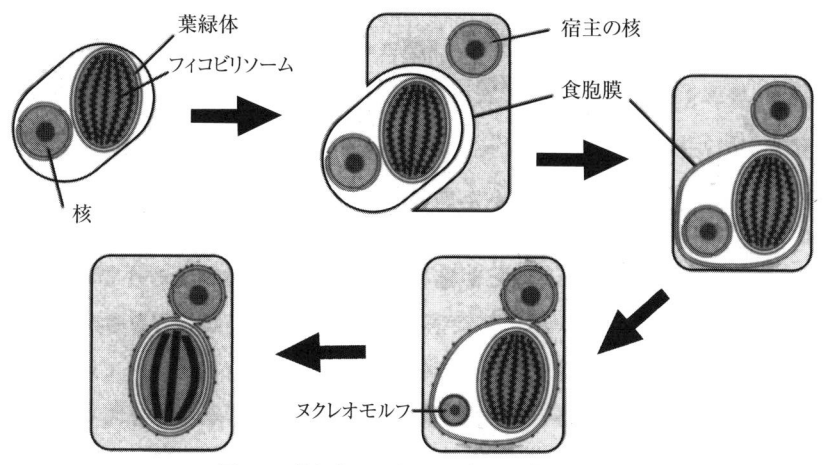

図 9.1 葉緑体の平行移動（二次細胞共生）
取り込まれた細胞の核は退化しヌクレオモルフとなるものもあるし，さらに消滅してしまうものもある．宿主細胞の食胞膜が葉緑体を包み込む．

間の二次細胞共生が見られたことが明瞭に示された．もちろん，取り込まれた葉緑体は細胞共生の結果別の細胞のオルガネラとなった原核生物であることは緑藻類や陸上植物の場合と同じである．さらに，どのような過程を経て他の真核細胞に取り込まれたかについては，いくつかの仮説は提起されているものの，まだそれを確かめる証拠は得られていない．ただ，渦鞭毛植物らには移行の中間的な段階と見られる現象が観察され，この問題の本質を解く鍵が与えられるのではないかと期待する向きもある．

雑種をきっかけとする種分化

細胞が合体し，2個の細胞が1個になる現象は，これまでに細胞共生，有性生殖などで述べてきたように，生物の進化の過程のうちでは決して珍しい現象ではなかった．同じような現象が，有性生殖の際に，異なった種の配偶子の接合で現出されても驚くことではない．遺伝子の平行移動は，異種の細胞が合体することで，新しい遺伝子の組み合わせをつくるという変化を導入する．

雑種をつくって新しい型の植物が生じる現象は，ずいぶん古くから経験的に知られていたことらしい．種は神の創造物だから不変であると考えていた，キリスト教文化の申し子だったリンネも，晩年には実験的に雑種をつくるなど，種の分化の研究を行なっていることが，『植物哲学』に記されている．リンネは当時知られている全生物種を同じ様式で一覧にまとめるという他に例を見ない大事業を1人で成し遂げた天才だったから，客観的に知識の集成をした点だけが誇張され，もう少し動的に生き物を見ていたという功績は忘れ去られ，むしろ彼のあげた成果が進化論の

妨げになったといわんばかりの紹介をされることがあるのは残念なことである．

メンデルが遺伝の法則を公表した論文の題目は「雑種植物の研究」である．交雑をすることによって，生物の形質がどのように遺伝するかを追跡した実験が，有性生殖をする生物の遺伝の機作を解析する糸口をつくった．これは，同じ種の異なった変異型の間の交雑だったから，子孫に展開する形質を追うのに都合がよかった．研究材料の選択に成功したことが研究成果につながっている．

異なった種の間では交雑は起こり難いし，近縁種間であったとしても，雑種は不稔，不妊となるため，子孫を得ることは難しい．生物学的種概念で説明すれば，そもそも種が異なっていることは交雑不能の関係ができていることを意味する．（たとえ，地理的隔離，季節的隔離などを交雑不能の根拠とすることがあったとしても，である．）だから，雑種は，異種間の一代雑種をつくるなど，人為的に作出したものが話題になるか，同一種の変異型の間でつくった交雑型をもとに新しい品種を育てる育種に利用される例が話題を賑わすくらいだった．

しかし，維管束植物の場合，自然条件下で倍数体が生じることが珍しくない．雑種ができて不稔になるはずの子どもも，倍数化すれば減数分裂が可能となり，子孫を育てることができる．また，無融合生殖など，さまざまの型の単為生殖も珍しくないので，近縁の異種間の交雑でつくられた次世代が，継代可能である例が少なくない．このように，自然現象としても，不稔で一代で終わる自然交雑型が珍しくないだけでなく，異種間の交雑の結果新しい型の生物を創出している例も確認されてきたのである．

網状進化

倍数化，交雑，単為生殖などの組合せで，異なった種の遺伝子が合体して新しい型が進化してくることが実際にあることが知られると，この様式の進化は収斂型になる．これは系統が二叉分岐するのではなく，収斂する現象である．進化にはすでに収斂進化という用語がある．これは，異なった系統に属する別の種が，生態的条件の類似などに二次的に適応した結果よく似た見せかけをとる現象をいう．細胞共生や交雑などによる遺伝子の交流で生じる進化の収斂は別の用語で表現しないと混乱する．

ワグナー（1954）は，アパラチア山系に生えるチャセンシダの仲間の分類がたいへん難しいことに着目し，染色体数の追跡と，倍数性の比較などで，多様な変異系を整理していくと，この地域のチャセンシダ類は，4つの2倍体種がもとで，それぞれに倍数化，交雑，交雑型の倍数化が組み合わさって，図9.2に示すような関係があることを確かめた．この研究は，実験的に交雑を行ったり，倍数化を導いたりして自然界に見る型を得たり，その後の研究手法の進歩にともなって，イソ酵素解

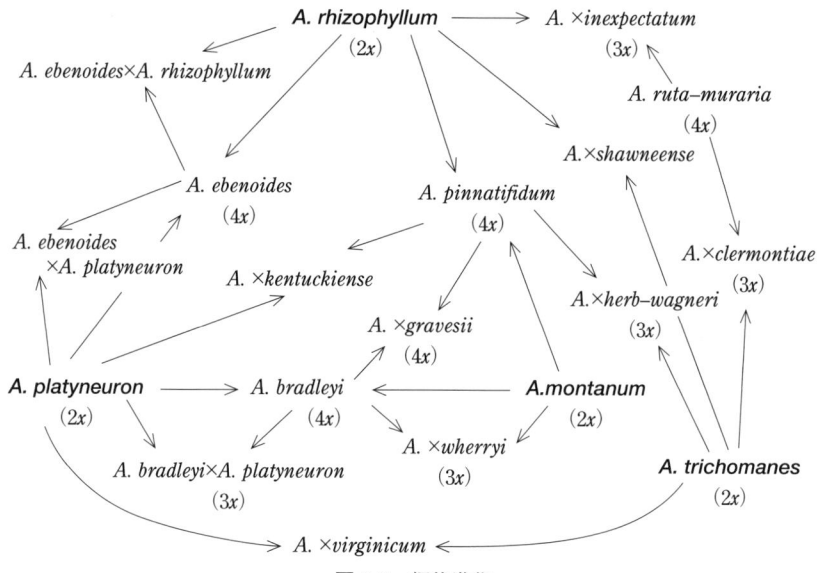

図 9.2 網状進化

アパラチア山系のチャセンシダ属(シダ植物)に見る種分化概念図.太字の4種の2倍体種をもとに,交雑,倍数化などの染色体突然変異を重ねて,図のような網目の関係にある多様性を生み出した.矢印が交雑の親子関係を示している.
網状進化には収斂も見られる.太字の4種の2倍体種から交雑を通じて多様な「型」がつくり出された.

析,DNAの塩基配列の比較などでも検証され,アパラチア山系のチャセンシダ類の相互関係は正確に追跡されている.ワグナーは,このように,分化と収斂を重ねた種形成が,相互に網目模様をつくる現象を網状進化と呼んだ.植物界には,このような網状進化の例がさまざまな群で確認され,報告されている.

植物以外にも網状進化の例は報告されている.珊瑚礁に生きる刺胞動物のうちにはしばしば交雑をし,その子孫から新しい系統を育てるものがあるらしいが,組み合わせが複雑になると,結果として網状進化をすることになる.サンゴのポリプはプランクトンの捕食もするが,渦鞭毛藻類と共生し,光合成の結果蓄積する有機物を摂取する.褐虫藻と共生する,と表現されることが多い.渦鞭毛藻類には他の無脊椎動物(有孔虫類,放散虫類,扁形動物,クラゲ類,二枚貝類など)と共生するものもある.

収斂進化

異なった種など,系統が同じでないものに,よく似た形態や機能が見られることがある.サボテンや,セダム,カランコエ,マツバギク,アロエなどはすべて多肉植物である.しかし,サボテンはサボテン科,セダムやカランコエはベンケイソウ科,マツバギクはツルナ科,アロエはアロエ科と,それぞれ異なった科の植物であ

る．砂漠や海岸などに適応して多肉の形態を見せているもので，このような見かけ上の類似にいたる進化を収斂進化 convergence といい，分化＝二叉分岐 divergence による多様化と対比させる．しかし，ここでいう収斂進化は，見かけ上の類似にいたる進化で，第8，9講などで述べた収斂による系統の新生とは異なった現象である．鳥の羽とコウモリの羽は鳥類と哺乳類でよく似た形態を進化させた例で説明するのにわかりやすい．哺乳類のクジラが，水中生活に適応して魚と同じ外観をもつように進化しているのも，このような例である．

　収斂進化とよく似た現象で，平行進化 parallel evolution と呼ばれる現象がある．よく似た環境に適応するために，よく似た形態や機能を示す進化で，同じ系統から出た姉妹種の場合は相互に似ているだけであるが，異なった系統の種の間には収斂進化を導く例もあり，両者は同じ現象と理解されることもある．

　二叉分岐によって多様化した近縁の生物は姉妹種と呼ばれることもあるが，ふつうは見かけもよく似ている．しかし，近縁種でも，極端に異なった環境におかれると，特定の形質がかけ離れ，見違えるほど異なった見せかけをとることがある．収斂進化の多くの現象も，姉妹種の際の新しい，もしくは付加的な形質の導入と同じくらい，ある種の形質の変化の早さを示すことがある．収斂進化の事実について，分子系統学による系統の追跡が明らかにした例が少なくないのは，これまで提示されていた分類体系のうちに，形質の見かけの類似に惑わされて類縁の正しいすがたを見誤っていた例があったことを明示している．

========== Tea Time ==========

遺伝子組み換えと進化

　遺伝子組み換えといえば，農産物の増産に役立つバイオテクノロジーという面ばかりが話題になる．実際，現在社会において，この問題はたいへん重要な課題だから，その部分が話題になることは有意義なことである．

　その話題に入る前に，ここでは，遺伝子組み換えという事象が生物の進化に重要な役割を果たしていることを想い出しておこう．有性生殖が進化の速度を極端に速めたと第6講で触れたが，これは2個の細胞の接合によって，個体のうちに閉じて遺伝してきた生き物の性質を，他の個体と共有し，結局は有性生殖集団のうちに蓄えた遺伝子の特定のセットを個々の個体が分有する方式の遺伝に変換した．個体のうちに閉じられていた遺伝子が，個体を超えて，比較的容易に遺伝子組み換えされる方策が完成したのである．

　集団内に閉じて保有された遺伝子プールだったが，さらに，種を超えて遺伝子組み換えに通じる細胞共生と呼ばれる現象も見られた．この現象が，生物の進化にと

ってきわめて重要であることが，進化の歴史のうちのいくつもの重要な事象を確認することではっきりしてきた．これは，過去にそういう事実があったというだけでなく，現にさまざまな生物の間で細胞共生と呼ばれる事実を演じていることも観察されるようになってきた．

　農耕牧畜をはじめた人は，野生生物を馴化し，優秀な飼育栽培品種を作出して，自分たちの生存のための資源の安定確保に努めてきた．はじめは選抜法だけに依存していた育種は，細胞遺伝学の発展に応じて，人工交雑と選抜などの手法を有効に利用した育種に発展させ，資源不足からの紛争を防ぐ努力を重ねてきた．しかし，科学の飛躍的な発展に支えられて，人口の爆発的な増加を見，食料をはじめ資源に対する欲求は甚だしく増大し，自然の産物と人工的な資源を合わせても，やがて食料などに不足が生じることが見えるようになった．科学の発展に応じて，細胞融合，クローン技術，遺伝子組み換えなどの手法を生かしたバイオテクノロジーによる育種が，資源の安定確保に大きな貢献を果たしている．ただし，技術の革新にともなって，未知のはずの分野にも技術が適用されることになり，環境破壊や，薬害などの影響が顕現しているように，遺伝子組み換えなどによる悪い影響も懸念される側面のあることも知られている．

　この問題，効用だけを強調して不安な側面を隠してしまったり，不安を煽って前向きの活動にブレーキをかけたりするだけでは解決できるものではなく，可能性と問題点について情報公開を完全にし，何が現状で不安なのか，どこまでは確実に証明されているのか，わかり合うことで社会の豊かさに貢献するような展開を期待したい．危機管理に万全の対応をするのも，科学に最低限望まれる姿勢である．

第10講

動物の起源
原生動物と後生動物

キーワード：化石　　三胚葉性　　多細胞生物　　単細胞生物　　2倍体　　二胚葉性
　　　　　　分子系統学

　伝統的な分類体系では，原生動物は単細胞動物で，後生動物は多細胞動物と定義されていた．もっとも，この定義は現在では正確に適用できるものではない．

　原生動物のうち，ゾウリムシの仲間には細胞中に大核と小核の2つの核が認められる．2核性の細胞だから，単純な意味での単細胞動物ではない．ミクソゾアは原生動物に分類されながら，胞子が多細胞であることが指摘されていた．分子系統解析の結果，ミクソゾアは多細胞動物から，寄生生活に対応して体制の退化を見せたものであることが明らかになった．もっとも，後生動物のどの門のものか確定されていないので，いまでも分類表では原生動物に置かれるのがふつうである．からだを構成する細胞の数で原生動物と後生動物を識別することができないことになり，さらに原生動物の多様性の実体が徐々に明らかにされている．

　研究が進むとともに確かめられているが，多細胞の後生動物は系統的にはまとまった群をつくるが，かつて原生動物と呼ばれていた生物は系統的にはさまざまなものを含んでいるらしい．そのうちのあるものが後生動物と系統的に関連づけられるかどうかも，いろいろな推論は提起されるが，まだ結論が得られる状態にはない．

原生動物

　歴史的には原生動物は単細胞性の動物の総称だった．生物の世界を動物界と植物界に二大別すれば，多細胞性の動物である後生動物ははっきりした系統群として認識されるので，それ以外の動物を一括して原生動物と呼び，単細胞性という属性で認識しようとしていた．

　生物界は動物界と植物界に二大別できるものではないという事実が確認されると，動物と認識していた後生動物と原生動物は，単純に同じ群（動物界という高次階級にまとめられる群）にまとまるものではないことが認識されるようになってきた．そこで，動物，菌類，植物など，系統群として認識できるまとまった大きな群

を別にして，多様な構造，機能を示す単細胞生物は，系統関係がわからないままに，一括して原生生物に分類される．かつて原生動物と，まとまった群であるかのように整理されてきた生き物たちは，ひとつの系統群を構成するものではなくて，原生生物のうち生態が動物的なものをひっくるめて呼んでいる便宜的な呼称であることが確かめられる．

原生生物は原核生物から真核性に進化してきた段階の生物である（図10.1）．だから十数億年から20億年くらい昔に進化してきたと推定される．しかし，もとがひとつであったかどうかもわからない原生動物がいつ頃進化したか，確かなことはつきとめられないし，むしろ原生動物と総称されている生き物のうちのどの群が，いつ頃どこからどのように進化してきたかをたずねる解析が求められる．

かつて原生動物と総称されていた生き物は，鞭毛虫類，肉質虫類，胞子虫類，繊毛虫類の4群に整理されていた．鞭毛虫類はミドリムシ，クラミドモナスなど，葉緑体をもって独立栄養の生活を行っているものが圧倒的に多いが，鞭毛の運動によって動く生き物である．生態では動物的に運動性があるが，植物だけがもつ葉緑体をもっているという点は緑藻類か，それと関係をもつ．藻類を語る際に取り上げるべきもので，ここからは外して考える．葉緑体をもたずに従属栄養の生活を行い，主として寄生性であるものも含まれる．まったく動物的な行動をすると説明されるが，寄生生活のために二次的に葉緑体を喪失したのだったら，系統的に独立に起源した群とはいえない．

マラリア原虫（胞子虫類）はハマダラカを介して人にマラリアを伝搬するが，この原虫は昆虫にとりついている時に有性生殖を行い，脊椎動物の体内で無性生殖をする．無性生殖細胞である胞子を形成することから胞子虫類という．分子系統の手法に基づく解析で，この原虫はアルベオラータで，渦鞭毛藻類に近縁であると突き止められ，もっていた葉緑体を失って寄生性に進化したと推定される．狭義の動物の系統に属する生物ではないと確かめられたわけである．

肉質虫類（根足虫類，偽足虫類）はアメーバ運動をする生き物の総称で，アメー

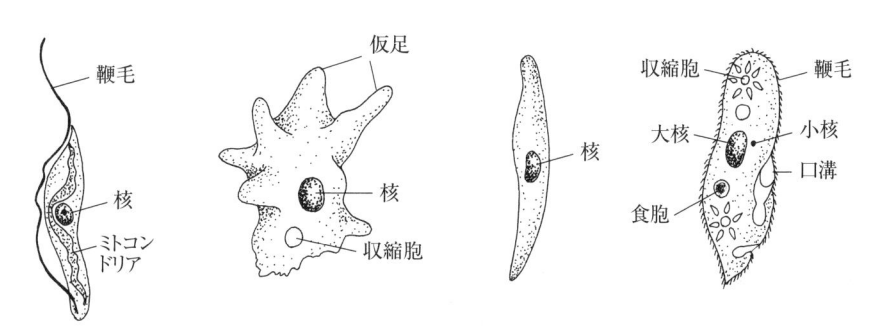

トリパノソーマ（鞭毛虫類）　アメーバ（肉質虫類）　マラリア原虫（胞子虫類）　ゾウリムシ（繊毛虫類）

図 10.1　原生動物

バ，有孔虫，変形菌類（粘菌類）などを含む．このうち，変形菌類は真菌類とは異なった系統ではあるが，菌類類似の1群（偽菌類）と見られ，本書でも第17講で言及する．有孔虫は化石になって残っているものが少なくないが，フズリナの化石はカンブリア紀までさかのぼることができ，示準化石として注目される．アメーバ類の系統はよくわかっていないが，中には変形菌類のような生活環をもつものから，変形体の部分だけが優勢に生きるように進化した型もあるかもしれない．アメーバ運動をする細胞には，紅藻類の雄性生殖細胞や，血液中の白血球などの例もある．

繊毛虫類にはゾウリムシ，ラッパムシやテトラヒメナなどが含まれる．単細胞性であるが，群体をつくるもの，藻類と細胞共生をするものなどもある．テトラヒメナはモデル生物として，実験材料に重宝される．かつて後生動物の起源は繊毛虫類から中性動物を経て進化したと考える繊毛虫類起源説が唱えられたことがあったが，しっかりした実証がともなっていたわけではなかった．分子系統解析の結果からは，繊毛虫類は，渦鞭毛藻類，マラリア原虫などと近縁とする証拠も出され，これら3群をまとめてアルベオラータと呼ぶことがある．いずれにしても，かつて原生動物と総称された動物類似の単細胞生物は，藻類または藻類類似の系統群か偽菌類に含められる可能性が高くなってきた．

原生動物の系統関係はますます不透明になっているが，原生生物全体を見渡しながら，現在考えられる分類表の一例を表10.1に示しておこう．

後生動物の起源

後世動物はきわめて多様に分化した群で，この群だけで億を超える数の現生種が生存していると推定されることもある．生物界でもっとも多様に分化している群であるが，しかし，系統的に単系統の群であることもほぼ確かに認められる．現生の各群を分子系統で追ってももとはひとつであることが示されるし，個体発生の共通性など，単系統性を示す傍証も豊富に得られる群である．

単系統であることは理解しやすいが，後生動物がいつ頃何から進化してきたかはこれから解明されるべき興味ある課題である．かつてから，後生動物の起源について，上述の繊毛虫類起源説と，群体がさらに高度化したと見なす群体起源説があった．分子系統解析で，後生動物の単系統性は確認されており，姉妹群には立襟鞭毛虫があげられる．この群の生き物は海綿動物の襟細胞に似た鞭毛をもつ群体であり，群体起源説を支持するデータである．さらに，この群の生き物のもっているカドヘリンが群体から多細胞体への進化をつくりあげる媒介者になったのではないかという推定もなされている．

後生動物と推定することのできる化石として最古のものはエディアカラ生物群（図10.2）で，はじめ南オーストラリアのアデレード北方のエディアカラ丘陵の5

表 10.1 　原生生物分類表

1）肉質鞭毛虫類	12）サカゲツボカビ類
鞭毛虫類	13）卵菌類
植物性肉質鞭毛虫（以下の 14）以後へ）	14）灰色植物
動物性肉質鞭毛虫	15）紅藻類
襟鞭毛虫，トリコモナス，	チノリモ，アサクサノリ，
トリパノソーマ	テングサ，オゴノリ
オパリナ類	16）クリプト藻類
肉質虫類（一部は以下の 7）～10）へ）	クリプトモナス
アメーバ，太陽虫	17）不等毛植物
2）アピコンプレックス類	ヒカリモ
胞子虫	ラフィド藻類
3）微胞子虫類	珪藻類
4）アセトスポラ	褐藻類
5）ミクソゾア	黄緑藻類
6）繊毛虫類	18）ハプト藻類
ラッパムシ，ツリガネムシ，	19）渦鞭毛藻類
ゾウリムシ，テトラヒメナ	20）ユーグレナ植物
7）アクラシス菌類	21）クロララクニオン植物
8）タマホコリカビ類	22）緑色植物
9）変形菌（粘菌）類	プラシノ藻類
10）ネコブカビ類	緑藻類
11）ラビリンツラ類	シャジクモ

注）表示した 1）～22）はおおむね門の階級で認められる大きさの群である．
　動物分類表の原生動物類に仮り置きされているもののうち，藻類，菌類（偽菌類）の分類表に明瞭に位置づけられているものはそちらへ移している．表の 7）～13）はふつう偽菌類とされ，14）～22）は藻類として取り扱われている．

億 5000 万年から 6 億年前の地層で発見された．古生代に移行する前の，原生代最後の 5 億 4200 万年前から 6 億 2000 万年前までをエディアカラ紀と呼ぶ．動物化石と見なされているが，殻や骨格はなく，軟らかな組織だけである．柔らかい組織が化石に遺るのは条件がよかったためだろうが，太古の多細胞動物と見られながら，扁平で直径数十センチという大型のものも知られる．扁平なからだのものが多いのは，それだけの変形を受けたからと解釈されることもある．エディアカラ生物群の動物は，その後世界の各地で発見され，多細胞動物としては知られている限りの最古のものとされるが，やがて絶滅してしまったと推定されており，その後に繁栄する動物の系統とは直接関係がないと見なされることもある．復元の際に，参考のために比較すべき生物が何かも見当がつかず，その後発展したどの生物群と対比させるかにもいい手がかりがなく，化石の解釈もいろいろである．

　後生動物の起源を示唆する化石としては，他に，中国の 7 億年くらい前の地層から発見された蠕虫様化石，ナミビアなどのエディアカラ紀の地層で見つかっている所属不明の硬骨格をもった動物化石，エディアカラ生物群と一緒に観察される生痕化石などの報告がある．しかし，いずれも真の後生動物といえるものではなく，現

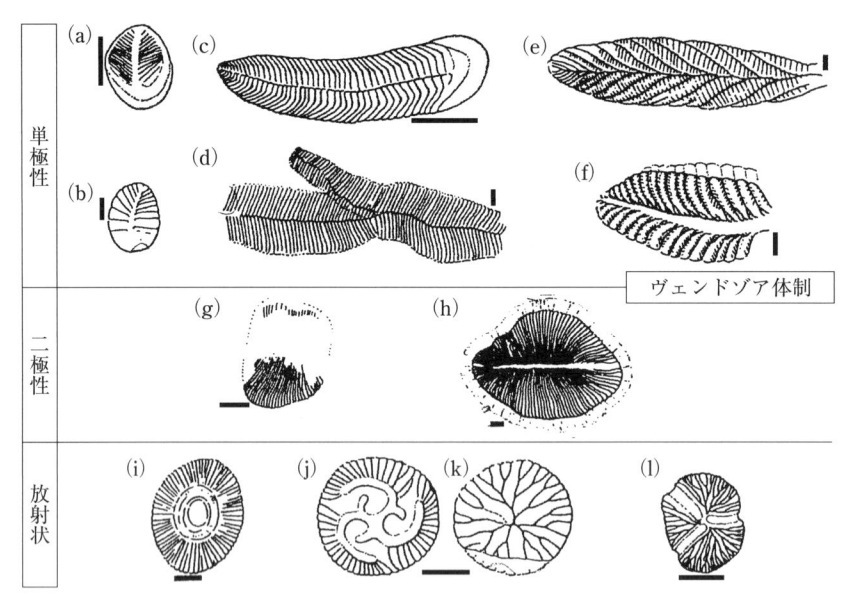

図10.2 エディアカラ生物群の化石復元図
(a) パルバンコリナ，(b) ヴェンドミア，(c) スプリギナ，(d) フィロズーン，(e) チャルニア，(f) ランゲア，(g) ナセピア，(h) ディキンソニア，(i) サイクロメドゥサ，(j) トリプラキディウム，(k) ルゴコニテス，(l) アルブマレス．(Seilacher, 1984 から改変)

在の分類体系に当てはめるとすれば，二胚葉性の刺胞動物がもっともよく似た動物であり，信憑性の乏しい例以外に硬い殻をもつ動物の化石は見つかっていない．

後生動物の起源と初期の進化については，さまざまな事実が解明されてはいるものの，まだ全体を統一的に理解するほどの情報が整っているとはいえない．

最初の後生動物＝多細胞動物がエディアカラ紀（先カンブリア時代）の化石で実証されていないというのだったら，5億4500万年前のカンブリア紀のはじまりまで，確実な動物化石の出現を待たなければならない．そして，カンブリアの大爆発と呼ばれるほどの勢いで，この時期に，硬い殻をもった確実な動物化石が観察されている．後生動物のカンブリア紀に見る進化については，第11講で取り上げる．

===== Tea Time =====

進化から見る動物と植物

少し古い分類表を見ると，変形菌類は動物の分類表では原生動物根足虫類だし，植物の分類表では菌類の1群とされる．ミドリムシも同様で，動物分類表では原生動物鞭毛虫類で，植物としては藻類の1群である．鞭毛虫類には単細胞藻類（緑藻や渦鞭毛藻類などのうち，鞭毛をもって活動する単細胞藻類のすべて）も含まれ

る．もちろん，生物界を動物と植物に系統的に二大別することが不正確な認識だったのではあるが，これらの群の正しい系統的な認識は最近になって確かめられた．

　鞭毛をもって運動はするが酸素発生型光合成をするいわゆる単細胞藻類が藻類の系統に属するものであることは，葉緑体の進化が単系統的に細胞内共生によってもたらされた事実が明らかにされてはっきりしてきた．葉緑体が単系的であり，緑藻類の葉緑体の単系統性もはっきりしてきたからである．しかし，その事実が確認されることによって，逆に原生動物と藻類が細胞共生して収斂的に生じてきた系統群があることも確かめられることになった．

　動物的な生態をもつ単細胞の現生生物のうちには，藻類の細胞を細胞内に共生させ，栄養の摂取を行っているものがある．その実態を示す生き物として，最近井上勲らによって発見され，研究が進められているハテナと呼ぶ生物はたいへん興味深い．この生物，鞭毛虫類の1種であることは確かだが，特殊な行動を示す．細胞は葉緑体をもっているが，分裂をすると，葉緑体は一方の娘細胞に移され，もう1個の娘細胞には葉緑体は見当たらない．細胞分裂の際に，核分裂はするものの，個々の細胞に1個だけある葉緑体が分裂することがない．ところが，発見されるハテナはほとんどが葉緑体をもっている．葉緑体をもたない側の細胞には捕食の能力があり，実験的に単独の藻類を与えてやると，それを細胞内に取り込む．実際，ハテナの葉緑体はプラシノ藻類の1種に由来していることが確かめられており，細胞共生の結果ハテナの葉緑体になったものである．ハテナの細胞では，ミトコンドリアやゴルジ体などのオルガネラは退化傾向にあり，葉緑体だけはよく発達している．

　系統の収斂を示す細胞共生という現象が，現に生きている生き物たちの日常生活のうちでも演じられている．系統の多様化，進化について，細胞共生はふつうに見られる現象といえる．だとすれば，葉緑体の有無で動物と植物を区別することなど不可能であることが理解される．動物的な生き物，植物的な生き物はあっても，動物，植物はそれとはっきり認識される系統のものについてだけいうべき用語である．寄生生活による退行進化や細胞共生による収斂進化など，進化と呼ぶ現象が多様な表現型を示すわかりやすい例である．

　系統群は初期段階で多様化し，そのうち適応的な系統が多様化，高度化するのが進化の通則だから，進化の初期段階ではたくさんの群が生じているが，その多くのものはやがて絶滅してしまうか，限られた範囲で小さな群として生き残る．適応的な群だけが，多様化も高度化も行って生態系のうちで優勢な生き様を示している．分類表で示そうとすれば，初期段階で分化した階級の高い分類群の多くが，それほど発展しないすがたを残しているので，数多くの高次分類群の間に，限られた数の優勢な分類群が並べられることになる．動物，植物，菌類だとかいう系統のまとまりに対して，原生生物に包括されている系統群（科学的にまだはっきり認識されていないものが多い）の位置づけは，ここでいう初期段階で多様化したが，その後の多様化，高度化に遅れをとっている系統群と理解することができる．

第11講

後生動物の多様化

キーワード：化石の記録　生活圏の分化　多細胞動物　バージェス化石群　復元　陸上と空中

　数億年前には実在していた証拠があるので，10億年近く前には後生動物の進化がはじまったと推定される．化石に見る事実と，分子系統学の成果に基づく推論である．真核生物が20億年ほど前に進化してきたとすれば，それから10億年以上の間，生物界は原生生物と原核生物の世界だった計算になる．生物の歴史のうちの，最初の20億年弱は原核生物だけの時代，それに続く10億年余の間は，原核生物に加えて原生生物が多様化を見せた時代だった．その後の数億年の間に，動物，植物，菌類が進化してきたことを考えると，原核生物や原生生物が地球表層を支配していた歴史の長さが実感できる．

　後生動物の単系統性は大方の認めるところだから，現生種の数では億を超えるほど膨大な数に多様化したのは，最近数億年以内のことである．数億年前といえば，生き物はまだすべて水中で生活している．水中で多様化の歩みを進めていた動物たちは，やがて条件の整備にともなって陸上から空中まで生活圏を拡大し，そこで進化の速度を速めて多様化し，高度化した．極端に多様に分化している動物の進化とは何だったのか．ちなみに，多様に分化した陸上の植物の進化は近々4億余年の間の出来事である（第12講）．

カンブリア大爆発：動物多様性のはじまり

　後生動物である可能性が検証されている化石としては，6億年ほど前の地層から発掘されたエディアカラ生物群の動物たちが有力であると，前講で述べた．もっとも，これらの化石動物を現生の後生動物の分類体系に当てはめ，どれかの門と関係づけることには疑問を呈する向きがある．後生動物の系統に乗って進化した動物だったとしても，その後発展してきた系統とは別に，すでに絶滅してしまった系統を構成していたという説明である．

　硬い骨格をもっており，多細胞の後生動物と誰もが認める化石が，5億4000万

年余前のカンブリア紀のはじまりの頃に，たくさん掘り出されることになった（地質時代の区分と地質年代の対比は図11.1のとおりである）．短期間の間に多様な化石が一斉に出現するものだから，その頃の化石の出現の状況を，カンブリア大爆発と呼んでいる．

カンブリア紀がはじまってすぐの頃に，地球上のあちこちから棘や骨片などの化石（これを small shelly fossils 微小硬骨格化石，略して SSF という）がたくさん発見されている．この化石は珪酸，炭酸カルシウム，リン酸塩などでできており，硬い殻状である．最初の頃にはどの場所ででもバラバラの状態で発見されたので，復元して系統を追跡するのが難しかったが，20世紀も終わりの頃には，少しまとまった構造を見せるかたちで発見される化石も出てきて，これらは現生の動物と比べることができる最古の化石と認められることになった．SSFには，海綿動物，軟体動物，腕足動物，節足動物，棘皮動物などのからだのある部分と同定されるものがあり，現生の動物とのつながりが確かめられつつある．

SSFがあちこちで発掘されるより少し後の地層，カンブリア中期からはバージェス頁岩化石群と呼ばれる多様な化石が知られている．これまでにバージェス動物化石群と呼ばれるもの120属ほどが発掘され，同定されている（図11.2）．しかも，それらの化石動物を現生の動物分類表に当てはめてみると，現生の門のほとんど全部の門に対応する動物がすでにカンブリア中期には生きていたと確かめられるし，さらに，化石動物には現生のどの門にも合わないものがあり，すでに絶滅してしまった門の動物もいくつか生きていたと考えられる．門の階級で考えると，カンブリア紀には現在よりも多様な動物が生活していたことになる．（種数では，現在の方

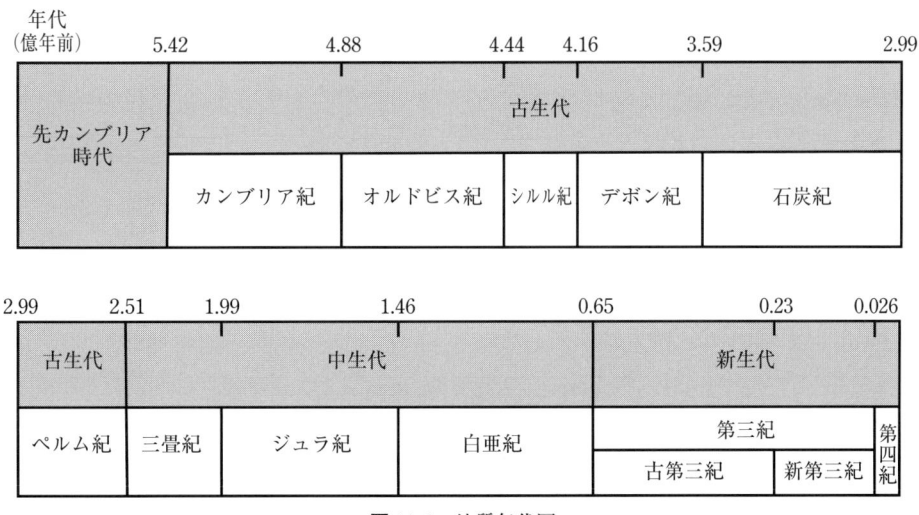

年代(億年前)	5.42	4.88	4.44	4.16	3.59	2.99
先カンブリア時代	古生代					
	カンブリア紀	オルドビス紀	シルル紀	デボン紀	石炭紀	

2.99	2.51	1.99	1.46	0.65	0.23	0.026
古生代	中生代			新生代		
ペルム紀	三畳紀	ジュラ紀	白亜紀	第三紀		第四紀
				古第三紀	新第三紀	

図11.1 地質年代図
研究の進展に応じて，年代は多少動くことがある．

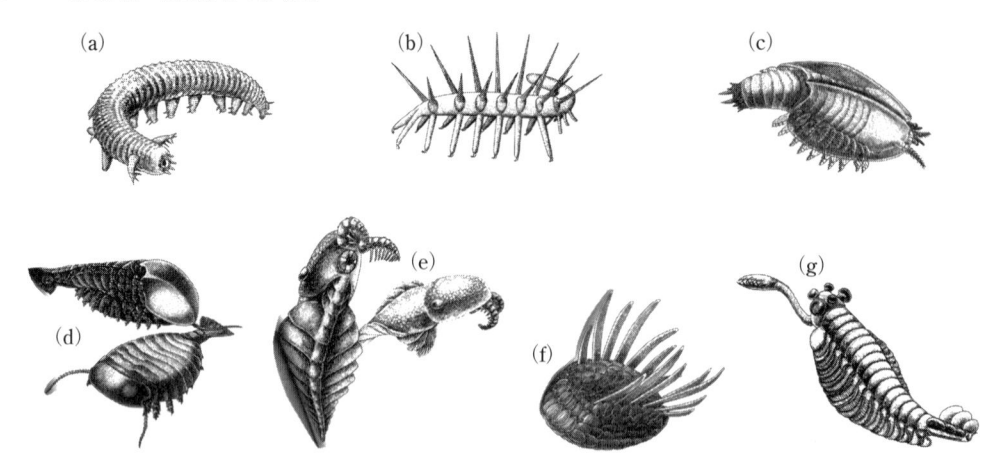

図 11.2 バージェス動物群の化石復元図
(a) アイシュアイア（有爪動物），(b) ハルキゲニア（有爪動物），(c) カナダスピス（節足動物軟甲類），(d) シドネイア（節足動物），(e) アノマロカリス（以下所属不明），(f) ヴィヴァクシア，(g) オパビニア．（大野ほか『バージェス頁岩化石図譜』，2003）

がはるかに多様であると推定される．）

　カンブリア大爆発というが，その爆発がどれくらいの時間をかけた出来事だったかも興味のある話題である．カンブリア紀以前の原生代は先カンブリア時代とか隠生代などということがあり，化石も少なく，地質年代の編年なども難しいが，それに対して，カンブリア紀に入ると化石の量が豊富になるので地質時代のこともよくわかるようになったといわれ，早くからカンブリア紀以後を顕生代と呼んでいた．しかし，詳細な編年となると，カンブリア紀に入ってもごく初期の頃の年代はなかなか決められなかった．層序学の進歩にともなって，カンブリア紀前半の層序も確認され，いまではカンブリア紀のはじまりは5億4200万年前，カンブリア紀中期は5億2000万年前にはじまるとの考えに従うと，SSFの出現がはじまってから，現在よりももっと多様な門に属する動物たちが生きていたとされるバージェス化石動物群の進化までに要した時間は2000万年余と計算される．地質年代の時間の枠組みから考えると，これはきわめて短い間の爆発的な多様化だといえる．現在にいたる後生動物の歴史全体をカンブリア紀以後の5億4200万年と計算しても，そのわずか25分の1以下の期間である．後生動物の多様化は爆発的に進行し，同時に，それが安定に向かう過程で絶滅した門さえ生んでいたという事実に，カンブリア紀の動物の進化の実体を見る．

後生動物の多様性

　カンブリア大爆発と呼ばれる事象を通じて，短期間の間に，後生動物は彼らの進化の全体像の広がりを描き出すことになる．門の階級での全貌を準備した．それ以後の進化は，一挙に多様化した門の階級の分類群のうち，地球上の生活にふさわし

くない群を消し去り，より適応的な系統を特別に活性化するという展開を示した．

　動物の門の階級の分類に定説はない．しかし，分子系統学の発展などを受けて，20以上の門に分類する現行の分類体系があり，表11.1にその一例を示そう．

　門の間の優劣をはっきりさせ，特定の門に高度化と多様化をもたらすようになった進化には，水の中の生活に限定されていた生態を，陸上や空中にまで拡大したことも深く関わった．陸上への進出については次講で，空中への展開については次項で言及する．生活圏の拡大は脊索動物のうちに脊椎動物を進化させ，陸上で両生類，爬虫類，哺乳類の，空中で鳥類の進化を見，どの系統よりも高度化した形状をもち，生活を展開する．もっとも，脊椎動物の種の多様化を現生の種数によって見るとすれば，もっとも多様なのは水中にとどまった魚類であるという事実も興味がある．節足動物も，陸上や大気圏中に生活圏を拡大することによって，驚くほどの多様性を描き出すのに成功している．昆虫の多様化には，陸上での植物との共進化によるものも顕著である．

最初に空を飛んだ動物

　生物が最初に空中へ飛び出したのは，偶発的な行動だっただろう．池の鯉が飛び跳ねて空中に姿を現すことがある．水中に生活していた動物の何かが，10億年も前に，偶発的に空中に飛び出したというようなことがあったのだろうが，そのような歴史的な展開の事実を丁寧に描き出す証拠はない．実際には，水中に生活していた生き物のうちのあるものが，直接空中での生活に移行したということはないようで，陸上に進出した動物のうちのあるものが空中に飛び出した．いまでも，トビウオのような特殊な生態のものを別にすれば，空中に長時間滞在するが陸上には生活の本拠（子育てなどの場所）をもたないという生き方をしている動物はない．生涯を空中で過ごすことはできないから，陸上に生活の本拠を置きながら，日々の生活のほとんどを空中で過ごすというのが，いわゆる空中生活者たちの生態である．

　陸上生活でもっとも成功している動物の系統のひとつが節足動物である．この系統群のうち，種数で最大の多様性を誇るのが昆虫であるが，その昆虫のうちには空中を飛ぶものがある．空中といっても，空高く舞い上がるのではなくて，多様な生物が生活している生物圏，具体的には地上すれすれを飛んでいる．厳密にいうと，地上地中で生涯を過ごすのではなくて，大地と離れた空気中を主な生活の場所として選択している．空中を飛翔する昆虫のうちで実際にもっとも早く空中へ飛び出したのは，ごく初期に陸上生活に定着したトンボの仲間だったらしい．トンボによく似た原トンボ目の昆虫は，3億年前にはすでに進化し，中生代には絶滅していたといわれる群である．石炭紀後半，裸子植物や木本生のシダ植物が大森林をつくっていた頃，その森の中を，翅を拡げると70〜75センチもあるトンボと酷似したすが

表 11.1 後生動物の門，主な綱の分類表の１例

中生動物門			双神経亜門	
桑実綱	ミサキニハイチュウ		ヒザラガイ綱	ヒザラガイ，ケハダヒザラガイ
海綿動物門			カセミミズ綱	サンゴノフトヒモ，カセミミズ
石灰海綿綱	アミカイメン，ケツボカイメン		貝殻亜門	
六放海綿綱	ホッスガイ，カイロウドウケツ		ネオピリナ綱（単板類）	ネオピリナ
普通海綿綱	ノリカイメン，クロイソカイメン，ムラサキカイメン		マキガイ綱（腹足類）	クロアワビ，ヒメタニシ，アメフラシ，モノアラガイ
硬骨海綿綱	ケラトポレラ		ツノガイ綱（掘足類）	ツノガイ，ミカドツノガイ
刺胞動物門			ニマイガイ綱（斧足類）	アコヤガイ，マガキ，ハマグリ，フナクイムシ
ヒドロムシ綱	ヤマトヒゲラ，マミズクラゲ，カツオノエボシ		イカ綱（頭足類）	オオベソオウムガイ，スルメイカ，マダコ
鉢虫綱	ミズクラゲ，イボクラゲ		環形動物門	
花虫綱	アオサンゴ，ウミサボテン，タテジマイソギンチャク		ゴカイ綱（多毛類）	ゴカイ，ムカシゴカイ
有櫛動物門			スイクチムシ綱	サガミスイクチムシ
有触手綱	ヤドリクシクラゲ，フウセンクラゲ		ミミズ綱（貧毛類）	オヨギミミズ，イトミミズ，フツウミミズ
無触手綱	ウリクラゲ		ヒル綱	ザリガニミミズ，ヒラタビル，ヤマビル
扁形動物門			ユムシ動物門	キタユムシ，ユムシ
渦中綱	コケウズムシ，クロイロコウガイビル		星口動物門	スジホシムシ，エダホシムシ，タテホシムシ
単生綱	フタゴムシ		有爪動物門	カギムシ
吸虫綱	ニホンジュウケツキュウチュウ，カンテツ		緩歩動物門	ウマクマムシ，マミズクマムシ，オニクマムシ
条虫綱	ヨウヘンジョウチュウ，ユウコウジョウチュウ		舌形動物門	イヌシタムシ
顎口綱	ハプログナチア		節足動物門	
紐形動物門			三葉虫亜門	
ヒモムシ綱	ホソヒモムシ，ミドリヒモムシ		鋏角亜門	
ハリヒモムシ綱	ヒカリヒモムシ		カブトガニ綱	カブトガニ
曲形動物門	スズコケムシ		クモ綱（蜘蛛類）	ヤエヤマサソリ，アシナガグモ，ヒトゲダニ
袋形動物門			ウミグモ亜門	
イタチムシ綱（腹毛類）	オビムシ，イタチムシ		ウミグモ綱	オオウミグモ，ヤマトウミグモ
ワムシ綱	ウミヒルガタワムシ，スジワムシ		大顎亜門	
線虫綱	センモウチュウ，シーエレガンス，カイチュウ		甲殻綱	ホウネンエビ，イワフジツボ，イセエビ，ズワイガニ
ハリガネムシ綱	オヨギハリガネムシ，カスリハリガネムシ		ヤスデ綱	ホリヤスデ，ミナミヤスデ
鈎頭虫綱	ダイコウトウチュウ，ヒメコウトウチュウ		ヤスデモドキ綱	エダヒゲムシ
動吻綱	キョクヒチュウ		ムカデ綱（唇脚類）	アカムカデ，オオゲジ
胴甲綱	コウラムシ		コムカデ綱（結合類）	ナミコムカデ
エラヒキムシ綱	エラヒキムシ			
軟体動物門				

昆虫綱	マダラカゲロウ,オニヤンマ,キイロショウジョウバエ	ヒトデ綱	スナヒトデ,イトマキヒトデ
触手動物門		クモヒトデ綱	ムカシクモヒトデ,ニホンクモヒトデ
ホウキムシ綱	ホウキムシ	ウニ綱	ガンガゼ,ムラサキウニ,ブンブクチャガマ
コケムシ綱	ハネコケムシ,ヒゲコケムシ,ハイコケムシ	ナマコ綱	マナマコ,イモナマコ
腕足綱	ミドリシャミセンガイ,ホオズキガイ	脊索動物門	43,000 種
クダヒゲ動物門		魚類	20,000 種
(有髭動物類)		両生類	3,000 種
毛顎動物門		爬虫類	6,000 種
ヤムシ綱	ヤムシ,イソヤムシ	鳥類	9,000 種
半索動物門		哺乳類	4,500 種
腸鰓綱	ミサキギボシムシ		
翼鰓綱	エノコロフサカズキ		
棘皮動物門			
ウミユリ綱	チヒロウミユリ,ニッポンウミシダ		

* 『文部省　学術用語集 (動物学編)』(丸善, 1988),『岩波　生物学辞典　第4版』(岩波書店, 1996) の付録などを中心に，いくつかの参考文献からの情報を加えた.

たの昆虫が飛びまわっていた景観を想像するのは愉快である.

　空中で生活をするといえば，鳥類で，この仲間は，飛ばないものもあるが，空中で生活するのを基本とする体制の進化を遂げている．爬虫類が地上の王者だった頃，恐竜から枝分かれした翼竜類のように空中へ飛び出したものもあった．ジュラ紀には始祖鳥の化石も知られ，鳥に進化する型がすでに生み出されていた．恐竜には，羽毛をもったもののあったことが確かめられており，恐竜は完全に絶滅してしまったわけではなくて，その系統の一部が鳥類となって進化したとも説明されている．系統的には鳥類は爬虫類の仲間の1系統というのである．最近成果を積んできた分子系統学のデータも，発生学などの成果などもこの考え方を支持している．また，空中に生きる生態を確立した鳥類は知能の進歩も進んでいて，個体間のコミュニケーションにも他の動物に見られないほど複雑な情報交流があるらしい．

　生物が空中に生活域を求めるようになったのには，それぞれにふさわしい理由があっただろう．地上の支配権を握って弱者を捕食して生きる恐ろしい動物たちから逃れるためには，空中は安全な場所だし，空中に適応すれば，飛翔力を活用して迅速な行動をすることができるし，視界を広げて採餌の自由度を高められるなど，生きていく上で基本的な条件を保障してくれる．しかし，逆に，地上を離れることは，強力な飛翔力を必要とし，日常的な休息や，より長期的には子育てのための地上での安全な場所の確保が不可欠だし，気象条件をはじめ，生活環境の変動に対応する行動の構築が期待されるなど，空中での生活に適応するためのさまざまな形質が形成されなければならない．

実際には，空中に生きることに利点があったのだろう，そこに生きるために不利な条件を克服する形質を発展させ，鳥類のように基本的には空中を生活の舞台とするように進化した系統もあるし，節足動物のさまざまな群に見られるように，地上を離れて活動するものが多様化している．もっと短期的に空間を利用する生活は，哺乳類を含めて，多様な動物群に見られる．滑走という程度の飛翔も拾い上げれば，トビトカゲなど，現生の爬虫類にも空間を利用する動物が見られるのである．

===== Tea Time =====

歴史の語り部：化石

　系統の追跡は過去に生じた事実の再現を期待する活動だから，タイムマシーンに乗らなければ実際にたどることはできない課題である．とはいいながら，すでに終わってしまった歴史的展開を跡づけるための手がかりがまったくないわけではなくて，実証的な記録を再現させることに期待をつなぐのが科学である．タイムマシーンがあったとしても，過去に戻れば一切がすぐにわかるというものではないことは，現生の生物についても科学が解明していることはまだごくわずかであることからも理解できる．

　系統を実証的に示してくれるのが化石である．もっとも，化石が語ることのできる系統の歴史はきわめて不完全なものであることも十分に認識しておく必要がある．化石に遺るのは，特別に恵まれた条件下だけで，それもたまたまその化石に行き当たるのは，偶然に支配されることが稀ではない．化石に遺りやすく，保存されやすい場所で発見され，しかも研究に恵まれた条件で資料として活用されている化石についてのデータだから，それだけの条件についての補正を加えて化石のデータを活用する必要がある．

　化石には，さまざまな変形が加わっている可能性がある．特に古い時代の化石では，地質の変動による変形など，もともとの構造と異なった表現になっている可能性について，正当な検証が必要である．

　もっとも肝要なことは，化石に遺るのはごく限られた生物だけであるという事実である．ほとんどは硬い組織しか化石に残らない．それを前提として，遺されたものからそれぞれの時代の生物の全体像を復元しなければならないのである．

　それでいて，過去の生き物の実体を具体的に実証できるのは化石だけである．本書の全体を通じて，系統を追跡し，再現する試みについて，手法や解析の過程，推論の結果やその検証のあり方など，可能な限りの科学的な手法が駆使されるものの，唯一具体的な実証を与えるのが化石であることもまた見落としてはならない事実である．

第12講

生き物の陸上への進出

キーワード：オゾン層　　酸素発生型光合成　　水生と陸生　　生物相
　　　　　二酸化炭素　　分子状酸素　　陸上生態系

　生き物は水中で最初のすがたを地球上に現した．その後，長い進化の過程のほとんどは水中で過ごしてきた．真核生物への進化も，多細胞体の出現も，有性生殖の進化も，すべて水中でなしとげてきた出来事だった．そうして，生き物は水中でかなりの程度まで多様化し，高度化してきた．そのまま水中に生き続けるものも多く，現生生物でも，水中で見られる種多様性は驚くほどである．科学がまだその全貌を知らないだけで．
　水中で多様化した生き物のうちのあるものが，地球表層に突出している陸上へ進出した．水の抵抗なしに迅速に行動できる陸上での生活に適応することで，生き物の多様化，高度化はさらに進行した．ずっと後のヒトの進化にとっても，生物の陸上への進化は必要条件だった．4億何千年か前になってやっと実現した生物の陸上への進出とは何だったか，この進化の意味と現実を取り上げよう．

陸上生物相成立の条件

　三十数億年前，地球上に生物がすがたを現わした頃，地球はまだ混沌の時期を脱し切っていなかった．地球表層が現在のように安定した系になってからだったら，現在見るような生命の発生はおそらくありえなかったとも考えられる．地球という太陽系の惑星の進化は，星の進化の通則に漏れず，地球自体が混沌の域を脱することによって安定化の方向へ向かったものだったが，地球の進化に果たす役割のうちには，地球上で進化する生物が貢献した仕事も小さなものではなかった．
　地殻変動や火山活動などが盛んで，地球表層も混沌としていた頃に，生命の発生という現象が見られた．生命の創成はたった一度の出来事だったとほぼ確実に推定されている．表層に生命を載せるようになった地球は，そこで生き物が生活を営むのに合わせるように，徐々に冷却し，地殻変動や火山活動が収束の方向に向かっていた．地球表層に生活するようになった生き物たちがそれぞれの生態系を形成し，

さらにもうひとつ別の生き物が地球上で新生する状況はなくなった．後続の別類の生き物のさらなる発生は不可能となった．

　地球が形成された頃には，球体自体が高熱の火の玉だったと推定され，地球表層のあらゆる炭素化合物が燃焼してしまったから，地球表層に分子状酸素はほとんど存在しなかった．だから，分子状酸素のない場所で産声を上げた発生初期の生物はすべて嫌気性だった．無機的な酸素形成がなかったわけではないようだが，ごく少量で目立たなかった．そこに，クロロフィルをもったシアノバクテリアが進化し，酸素発生型光合成をはじめた．この効率のいい有機物合成法を見出した生き物は早急に力をもつようになり，地球生態系における基礎生産者としての地位を確保した．そして，副産物として，ゆっくりとではあるが，地球表層に分子状酸素が形成，蓄積された．分子状酸素が利用できるようになると，エネルギー効率のよい活動が行える好気性の生き物が進化し，多様化をはじめた．好気性のバクテリアが進化し，それはやがて細胞共生を経てミトコンドリアをもつ真核細胞をつくりあげる進化につながった．真核生物は酸素呼吸によってエネルギーを効率よく利用することができ，分子状酸素が豊富に提供される地球表層で高度化し，多様化して旺盛な生活活動を展開している．

　地球上の生物の進化の過程を跡づけると，そのごく初期の頃から，エネルギー固定の方法としては葉緑素をもって酸素発生型光合成をする生物の活躍が目立っていた．それは現在でもそのままの展開を見せている．有機物合成の大多数は酸素発生型光合成によって成し遂げられた．そして，他の従属栄養の生物たちは，酸素発生型光合成によって合成された炭素化合物を栄養として摂取し，これを体内でエネルギーに変換して生活するようになった．

　陸上で多様な生物が生きている現在では，栄養の摂取は光合成産物の活用と理解され，食物連鎖は炭素化合物を軸とするエネルギーの流れととらえられる．このこと自体に間違いはないが，地球表層に生じた変化として，酸素発生型光合成によって，エネルギーの獲得に際して放出される二酸化炭素の量が増加したことがあげられる．分子状酸素の蓄積が進むと，生物が生産したその分子状酸素を活用してエネルギー代謝を行う好気性生物が進化してきた．分子状酸素の無限の増大も，行き過ぎると地球表層にとって不都合な状況が生じるので，酸素の単純な増大には注意が払われる必要がある．

　シアノバクテリアだけが酸素発生型光合成を行っていた原核生物だけの時代から，真核生物が進化し，藻類が多様化すると酸素発生型光合成の効率はさらに高まり，地球表層の分子状酸素の割合は高くなってきた．現在の地球大気圏の分子状酸素の割合は約 21 % であるが，4 億年前には 10 % 以上に達していたという推定もある．大気中の酸素濃度が上昇するにつれて，大気圏を覆うオゾン層の形成が進行し

た．数億年前頃には，オゾン層がすっぽりと大気圏を包み込むまでに発達した（図12.1）．

かつての地表には，生物にとっては有害な宇宙線が直接降り注いでいた．その地球表層を，成層圏に形成されたオゾン層がすっぽりと包み込むと，宇宙線の多くはオゾン層を突き抜けることができず，地表にまで届くことがなくなった．宇宙線が降り注ぐ地上や大気圏に出ることができず，水で防御されて宇宙線が降り注ぐことのない水中でだけ進化を続けてきた生き物たちにとって，陸上，大気圏中も生活できる場所として確保されることになった．生き物の陸上への進出の条件は整ったのである．水中で生活していた生き物の活動が，生き物の陸上進出の条件を整えたのである．

最初に陸上へ進出した生物

水中に生活していた生き物にとって，陸上へ進出することが有利な面も多いが，そのために超えなければならない条件もまたいくつか立ちはだかる．

植物にとって，光合成に必要な太陽光が降り注ぐ空中は光エネルギーを十分に受け取れる場である．ガス交換で植物体周辺の二酸化炭素や酸素の濃度が偏っても，そよ風だけでも大気中の成分の濃度の均衡を取り戻すことができる．深く潜るほど太陽光の力が減少する水中と比べると，陸上は光合成という有機物生産の活動にとって抜群に有利な場所である．また動物にとっては，水中に比べて陸上では行動のいっそうの自由が確保される．水中では行動に対する水の抵抗を減らすために，自由遊泳をするためには流線型をとるのが望ましい条件で，魚のすがたがそうであ

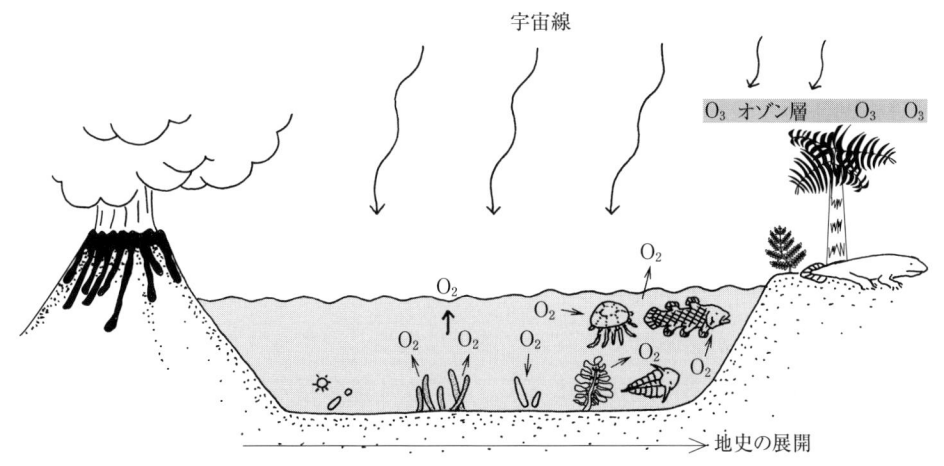

図 12.1　オゾン層の形成
左から右へ，地球表層の環境の変遷と，それにともなう生物相の変化を示す概念図．生物の活動によって大気中の分子状酸素の割合が増え，成層圏にオゾン層が形成されて，陸上生物相が成立し，現在にいたる．

り，二次的に水中に進化した哺乳類である鯨類などもすがたは魚と似ている．しかし，陸上では，空気の抵抗は水と比べてはるかに小さい．行動に必要なさまざまなかたちの器官を発達させても，空気抵抗で負担をかけられる度合いははるかに小さくて済む．

乗り超えなければならない課題として，植物では水の安定供給と，物理的な植物体の支持の問題があった．動物にとっては，降り注ぐ太陽光への対応など，砂漠に生きる動物の生活を考えれば容易に想像できるような条件が障害となる．

生活できる危険な条件が除去されたら，新しい生態的な条件により適応した方の型が進化し，生活圏を拡げてきたのが生き物の進化の歴史である．生物の生活が可能になった陸上や，さらに大気圏にまで，生き物の生活圏を拡大する進化の歴史が，オゾン層によって地表が護られるようになった4億余年前にはじまった．

最初に陸上へ進出した生き物が何であったかという問題には，個々の種や分類群が陸上へ進出したのではなくて，生態系としての陸上への進出がなければ新しい陸上生物相の形成はあり得なかったことに注目したい．生き物はいつでも特定の種や個体が単独で生きるものではない．有機物の確保などのために植物が陸上へ進出したとしても，植物の枯死体が分解処理されるためには，消費者，分解者である動物や菌類が共存しないと植物の生活場所の確保は難しい．わずかな行動範囲だけなら，水中の基礎生産者から有機物を得て陸上で飛びまわることができる動物にしても，それだけでは行動範囲は水際に限られるし，湿度が安定で太陽光を避ける被覆などがないと，砂漠に生きる動物が特殊なものに限られるように，現在の陸上のような多様な生活場所が準備されるわけではない．事実，水際には，陸上と空中を活用した大型の昆虫などの生活が展開したらしいが，それも限られた条件下だった．

本格的な陸上生物相の形成には，それを支える陸上生態系の新生と展開が必要だった．そのためには，個々の生き物たちの陸上生活への進出が不可欠であり，その話題は個別に見ていくべき課題であるが，ここでは生態系の陸上への進出とは何だったかをまとめておこう（図12.2）．

陸上での生き物の多様化

先に述べたように，陸上は水中に比べて，植物にとっても動物にとってもそれぞれに生活に適した面が見られる．実際，陸上に進出した生き物たちは，水中で暮らしていた三十数億年の間の進化に比べて，わずか4億余年の間に，爆発的に多様化し，高度化した．動物についていえば，水中ですでに現存のすべての門が分化してはいたが，脊椎動物では，両生類，爬虫類，哺乳類，鳥類は陸上大気圏での生活が確保されるようになって進化してきた群である．陸上生活にもっともよく適応し，多様で高度に発展してきた動物の門は脊索動物門であるが，節足動物門も爆発的に

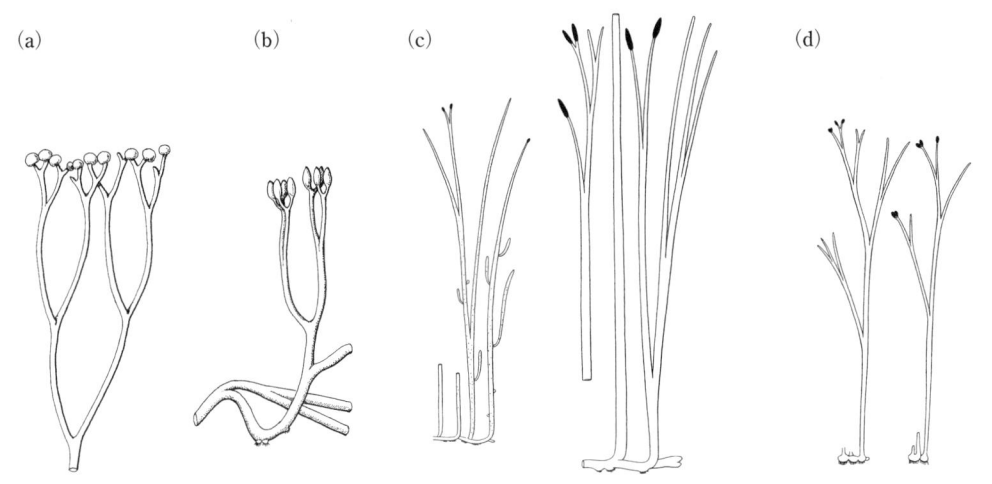

図12.2 原始陸上植物復元模式図
(a) クックソニア，(b) アグラオフィトン，(c) リニア，(d) ホルネオフィトン．
((a)(b) は Stewart & Rothwell, 1993, (c)(d) は Kidston & Lang, 1917 をもとに，一部改変)

種数を増やし，やはり陸上生活に成功した群といえる．化石で跡づけられるところでは，節足動物は約3億年前にゴキブリの仲間や原トンボ目などが陸上に定着していたらしい．水中での多様化は限られているが，陸上へ進出してからの昆虫類は，現生生物の種数の約半数が昆虫で占められるというほど多様化を行っている．現に認知されている生物種の約半数は昆虫であるが，この比率は，実際地球上に生きている生物種の推定でもよく似た値を示している．

　水中では藻類段階で多様化していた植物が，緑藻類から特殊化した陸上植物（コケ，シダ，種子植物）が，藻類段階では想像できなかったほどの複雑多様な生活を展開している（第13～15講）．陸上植物は緑藻類からの側系統と見なされ，系統としてはまとまっているが，形態的な繁栄に加えて，種数でも藻類に比べて圧倒的に多数の種が陸上植物に数えられる．

　わたしたちはしばしば生き物といえば脊椎動物を意識し，維管束植物を例示して考える．脊椎動物の場合はわかりやすいが，他の動物群でも，わたしたちが例示するのはしばしば陸上生のものである．扁形動物や線虫類は人に寄生する動物（カイチュウ［線虫類］，サナダムシ［扁形動物］など）をあげて説明するし，環形動物といえばミミズを地中から取り出す．確かに，陸上への進出に成功したことによって，生き物は多様化し，高度化した．自分たち自身もまた陸上に定着してから進化してきた種のひとつではあるものの，わたしたちが生き物の世界と短絡しがちの陸上生物相は，実は地球上の生物の進化の全体像から見れば，近々10分の1の期間に急速に多様化，高度化した範囲のものである．さらに，現生生物の種数のうちに占める水中の生き物の数は，まだ基礎的な調査が不十分ではあるものの，膨大な数

に達すると推定されている．生き物の全体像を把握し，認識しようとする際には，その事実を前提として考察することが基本である．

陸上へ進出した生物群

　生き物の陸上への進出は，生物相として進行した事象だったが，個々の生物にとっては，それぞれに陸上生活への適応進化を必要とすることだった．個々の生物種の陸上への適応が，生態系としてまとまっていたから，生き物の陸上への進出という進化も見られたのである．

　生物は水中でほとんどの門を進化させていたが，そのうち，陸上へ進出した分類群は特定のものだけである．陸上で成功した群もあるが，陸上へは進出しなかった群，陸上では他の生物を頼りとする共生生活を主とするものなど，生き方は分類群ごとに特徴的である．

　後生動物のうち，陸上で多様化に成功しているのは，脊索動物門と節足動物門である．脊索動物門では，水中では魚類までだったのが，陸上へ適応するためにまず水生と陸生を併存させる両生類が進化し，さらに，生活史を通じて陸上に生活する爬虫類以後の動物たちが進化し，陸上で繁栄している．節足動物についても，水中で多様化している群もあるが，昆虫類などは陸上での多様化が他に比べるものがないほどである．

　線虫類（袋形動物門）も多様化の甚だしい分類群とされるが，どれほど多様であるかの推定値は研究者間でも大きな隔たりがある．昆虫5000万種と同じように，線虫も5000万種生きているという推定もあるが，陸上でも結構多様化している．ただし，陸上で多様な種が認められるのは，他の生き物と共生（寄生）の生活を営んでおり，宿主の種ごとに種特異的な種を分化させているために多様な種が認められるともいわれる．動物だけでなく，マツノザイセンチュウなど有名な例を含めて，植物に寄生するものも少なくない．

　土壌動物と総称される生き物がある．土壌の中に生活の本拠をもつ動物たちである．大型のもの（ネズミ，モグラなどの哺乳類，ヘビ，トカゲなどの爬虫類，サンショウウオなどの両生類，さまざまな貝類など軟体動物，ミミズなど環形動物，ムカデ，ヤスデなどの節足動物）から，体長1ミリにも達しないワムシ（輪形動物），ケンミジンコ（節足動物）や各種の原生動物など，実に多様な動物たちが土壌中で生活している．線虫類にも土壌中に適応したものがある．

　土壌中には糸状菌など菌類もさまざまなものが見られるが，どこにどんな菌類が生きているかという基盤情報もまだ十分に構築されていない．菌類も水中に起源したことは間違いないとされているが，植物たちと同じ時期，4億何千年か前に，陸上へ進出したという化石の記録も報告されている．知られている現生種のほとんど

は陸生であるが，認知されている種数は実際生きている種の10分の1か，20分の1程度に過ぎないと推定されているので，水中の菌類ももっと知られるようになるのかもしれない．分解者としての生活ぶりから，他の生き物と共生したり，他の生き物の死骸などに依存して生活しているものも多い．

　植物の場合は，陸上への適応進化は特徴的で，藻類段階の生活から，コケ植物や維管束植物など，陸上植物と総称される大きな系統を生み出した．陸上植物の特殊な進化については，2, 3の問題について第13〜15講で触れる．藻類のうちには陸生に適応した種（スミレモ［緑藻類］）など，むしろ特殊な例もあるが，多くのものは水生生活にとどまっている．ただし，地衣類の組織でゴニジア（第25講）をつくって陸上で生活する藻類には，シアノバクテリアもあるが，緑藻類もある．独立栄養の緑藻でも，陸上で生活する時には共生体をつくることになったという実例である．

　進化の具体的な事実を追うためには，陸上へ進出した個々の生物の特異的な進化の過程を正確に追う必要があり，その情報が得られない限り正確な系統の発展のすがたを知ることはできないが，それでいて，生き物の陸上への進出は，個別の生物種の変化ではなくて生物相総体の変動であることに注目したい．ただし，いうまでもないことではあるが，生物相として陸上へ進出したといっても，現在の生物圏とよく似た構成で生態系がつくられていたということはあり得ない．石炭紀に石炭が大量に蓄積したのは，湿地帯に埋没した木材が腐敗を免れたからと説明されるが，それだけでなく現在ほど腐敗菌の活動が活発でなく，そのために安全に炭化が進んだと説明されることがある．

━━━━━━━━━━━━━ Tea Time ━━━━━━━━━━━━━

オゾン層の出現と破綻

　宇宙の進化でいえば，新生されたばかりの地球表層は，まだ高熱で，あらゆるものを焼き尽くしていたから，分子状酸素（遊離酸素ガス）はほとんど存在していなかった．無機的な分子状酸素の形成もないではないが，それはごくわずかな量で，地球表層に酸素の蓄積がはじまったのはバクテリアの活動が活発になった30億年前頃からだった．最初は海水中で縞状鉄鉱床をつくっていたが，遊離酸素ガスが海洋から溢れてきたのは大陸の浅瀬がつくられた27億年前頃からだったと推定されている．大気中の酸素の含有率は17億年前頃に10％になり，7〜8億年前になると大気中の二酸化炭素と酸素の比率の逆転が見られた．

　クロロフィルをもつシアノバクテリアが進化し，効率のよい酸素発生型光合成を行ったのは，30億年以上も前だった．やがて，分子状酸素の量が増えてくると，

好気性のバクテリアも進化し，さらに真核生物が進化して，多様な藻類が活発に光合成を行った．地球表層の酸素の比率は高まり，好気性の生物の活動がますます顕著になった．

　オゾンは三酸素と呼ばれることもある反応性の大きい単体の気体である．大気圏の高層で，酸素分子が紫外線の作用によって分裂し，酸素原子となって，それが別の酸素分子と結合することがあり，三酸素となる．このように高層で合成された三酸素の量が増え，やがて地球をすっぽり包み込んでしまうだけの量に達した．オゾンは光の紫外領域を強く吸収するため，大気圏を高層で包み込むように発達したオゾン層は，地球を放射線から保護する被覆の機能を果たしている．このように，生物のはたらきでつくられたオゾン層が，地球上へ放射線等が飛来するのを防ぐ被覆をつくり，生物の生活場所を，陸上にも大気圏（空中）にも拡げることになった．

　陸上で進化した生き物のうち，人が文化を発達させ，さまざまな人工物質をつくり出した．人がつくり出した物質のうちには，オゾン層を破壊するものもあった．フロンガスなどはその代表と指摘される．地球の大気圏を包み込んで，宇宙からの放射能などが直接生物に降り注ぐのを防ぐ被覆の役割を果たしていたオゾン層に，人がつくった物質のはたらきによって綻びが生じた．生き物が営々とつくりあげてきた地上のパラダイスは，そこで進化して，己を万物の霊長と呼ぶ人の浅慮によって，地獄に通じる場となりはじめている．今では，三十数億年営々と生き続けてきた生命を生かすも殺すも，多様な生物種の中の1種としてその生命を預かっている人の叡智にかかっている．

第13講

植物の進化
葉の起源と進化

キーワード：酸素発生型光合成　　小葉　　テローム葉　　葉隙　　葉跡　　葉的器官　　葉脈

　陸上植物は単系統か，それはどうして解析するか．陸上植物の起源を解く鍵が生命の起源の解析の場合と違う点は，生き物の陸上への進出は単一の生物が演じる系統の起源と多様化の現象ではなくて，すでに進化しているさまざまな生き物がいっしょになってつくり出す生態的な変化だったという点にある．

　水中でしか生きていけなかった生き物が，水中で展開した生活活動によって，大気圏中の分子状酸素の割合を増やし，オゾン層の形成を促して，宇宙線の地表への飛散を防ぐ結果をもたらした．有害な放射線などが大気圏に届かなくなって，陸上も空中も，水中と同じように地球に生きる生き物が生きていける場になったので，生き物の陸上への進出が保障された．

原始陸上植物の体制：維管束植物の器官の分化

　大気圏中は生き物の生活にとって有利な条件もいろいろ備えてはいたが，水の中で生活していた藻類段階の植物が陸上へ進出するに際しては，水にゆらゆら揺れて暮らす生活から空気中で直立する体制を整える必要があったし，生活に不可欠の水の安定的な供給を図らねばならなかった．

　空気中での生活は，光エネルギーの利用には好適だったが，光を効率的に受けるためには，植物体が直立する体制をとる必要があり，そのための機械的な補強が不可欠だった．地表に一面に広がる，という生き方も，選択肢のうちにはなかったわけではないが，光の有効利用を求めるとなると，地表に1枚の板のように広がるよりは，空中に立ち上がって立体構造をもつ方がはるかに効率的であるし，実際に，そのような生き方をつくることに成功した植物界は光エネルギーを活用するのにふさわしい方向への進化を重ねてきた．

　水中で光の遮蔽を受けていた植物にとって，陸上への進出の達成は光エネルギーの有効利用のために望ましい成果だが，植物が陸上で生活するためには，機械的な

支持が必要であるだけでなく，光合成を営むためにも水分の供給が必要で，乾燥に対する対応が不可欠である．植物の陸上への進出にとって，最低限それらの条件が乗り越えられる必要がある．乾燥への抵抗のうちには，有性生殖のために主要な過程を水中で営んできた植物の進化の歴史も重くのしかかる（陸上へ進出した動物たちも，生殖と次世代の初期発生のためには水中とよく似た環境を保障している）．

さらに，生き物の生活は，特定の種や群だけで成り立っているものではない．従属栄養の動物や菌類が生きていくためには，独立栄養の植物の存在を欠くわけにはいかない．植物は栄養収支だけでいえば自分だけで生きていけるので，最初に陸上に進出した生き物は植物だったと説明されることもある．しかし，その植物にしても，世代交代をし，枯死した有機物の処理まで含めて考えれば，動物や菌類がいっしょに生きていなければ生活できるはずはない．植物が不可欠だったとしても，その植物が陸上へ進出するためには，生態系を構成してともに生きる動物や菌類の相ともなった陸上への進出が必要条件だったし，いいかえれば陸上生態系の新生という新しい事象の創出なしには生き物の陸上への進出という進化の歴史の重要事件は起こらなかったのである．

陸上生態系の創出過程における植物固有の問題についてさらに詳しく見ていくと，藻類段階から維管束植物段階へ，すなわち水中生活から陸上生活への変換に応じて整えられた体制の変換には，(1) 器官レベルでは茎を形成し，葉や根などを新生したこと，(2) 組織のレベルでは，維管束を創り出し，表皮をつくってその表面をクチクラ層で覆い，さらに柵状組織や海綿状組織の分化を促したこと，(3) それに生殖器官を多細胞の構造に発展させたことなどさまざまな形質の平行した進化が認められる．

植物がいつどのようなすがたで陸上へ進出してきたかは，化石を手がかりに実証的な探索が続けられている．今では，4億何千年か前に，二叉分岐を繰り返す軸生の植物が，はじめは多湿な水際に，やがて徐々に乾燥に耐えて陸上へ進出してきたという進化の歴史がほぼ確実と確かめられている（図12.2参照）．

葉 の 進 化

植物は陸上へ進出してから，太陽光を水の屈斥を受けずに効率的に利用できるようになった．そこで，太陽光を効率的に受容しようとすれば，軸性の器官より，面的な構造の方が有利であることはいうまでもない．実際，陸上へ進出した植物が，面的な構造である葉を進化させるまでに時間はかからなかった．

陸上植物の系統分化とのかかわりで，葉の進化はどのように実現してきたものだろうか．面的な構造の進化が必然のものであったとしたら，それは一回起源ではなく，複数回起源であったとしても不思議ではない．実際，葉と一言でいっても，陸

上植物の葉がすべて（系統的にも）同じ構造でないらしいことは以前から推量されていたことだった．

　コケ植物の葉的器官が維管束植物の葉と別物であることは，葉的器官に不可欠の維管束が見られないことから，すでに19世紀には確認されていたし，今日の生物学の知見からもこれは疑いがない．コケ植物の葉的器官が配偶体につくられる構造であることも，維管束植物の葉とは異なっている点である．コケ植物が維管束植物と別の系統のものであることは確認されており，それだけに，維管束植物に見られるのと同じ茎や葉が分化していなくても不思議ではないと容易に理解される．

　20世紀の初頭までには，維管束植物の葉には大葉と小葉の少なくとも2型があることが認識されていた．リグニエ（1903）はこの違いを定義し，葉に入る維管束の分枝（葉跡）が茎の維管束から分出する際に葉隙をつくらず，また，葉跡は葉に入ってからも分岐しないので，葉脈は常に単生であるものを小葉，それに対して，葉跡が茎の維管束から分出する際には葉隙が形成され，葉跡は葉面で必ず分岐して，複雑な葉脈をつくるものを大葉とした．このように定義すると，ヒカゲノカズラ類とトクサ類の葉が小葉であり，シダ類と種子植物の葉が大葉ということになった．トクサ類の葉については，すでに1898年に，ジェフレイが輪生する性質に着目し，楔葉類と名づけて，ヒカゲノカズラ類の小葉とも違う構造だと指摘していた．また，ヒカゲノカズラ類の小葉でも，進化の初期には小葉内で葉脈が分岐し，やや不規則な複生になるものが化石のうちに観察されている．

　葉の起源についてはさまざまな説が提起されてきた．葉や花の起源を変態Metamorphoseで説明しようとしたゲーテの考えも有名である．そして，シュートからの変態の結果つくられたものとして，これまでに，大雑把にいって，小葉の起源は隆起説で，大葉の起源はテローム説で説明されるようになっている．

　テローム説　葉の進化を説明するための説であるが，20世紀初頭から部分的には語られていたこの考えをまとまったかたちに整えたのはドイツのツィンメルマン（1930）だった．テローム説（図13.1）では，陸上植物の原型を，（当時の知見でいう）リニアの地上部と似た姿と仮定する．立体的に二叉分岐する軸が，地上部にも地下部にもあると仮定し，末端の枝をテローム，それ以外の節間をメソームと呼び，1単位のシュートをテローム枝という．二叉分岐するテローム枝が一定の変形を重ね，それらが集成されて軸の集合体であるテローム枝が1枚の葉に変形すると説明する．変形の型は，基本的には，主軸の形成，扁平化，癒合，単純化，湾曲の5つのパタンに整理できるとされ，ツィンメルマンのテローム説では，小葉の進化も単純化縮小という変形を通じてかたちづくられたと説明する．もっとも，小葉の起源は，後にバワーの隆起説（図13.2）による説明の方がわかりやすいとされたが，いずれの考えもまだ確かな証拠に基づいて語られるというところまではいかな

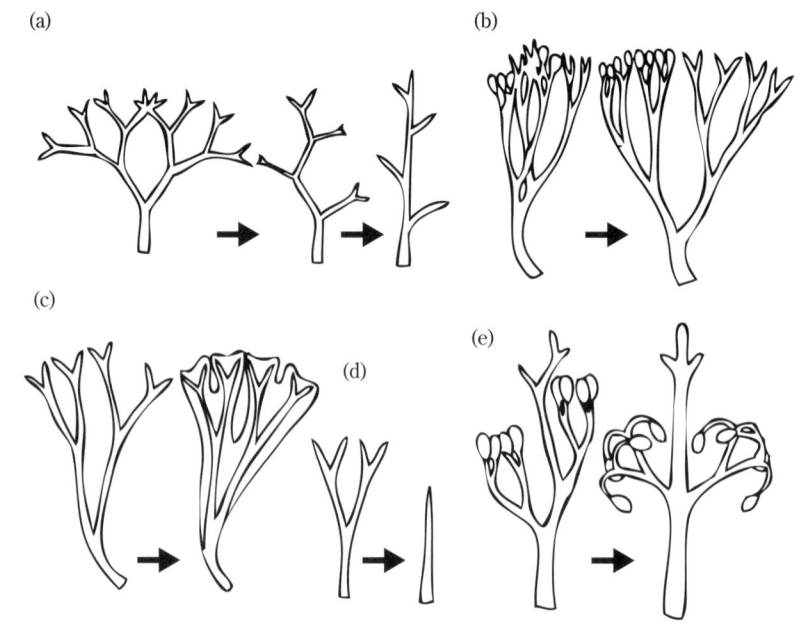

図 13.1 テローム説による大葉の起源概念図
(a) 主軸形成, (b) 扁平化, (c) 融合, (d) 退化, (e) 反曲.

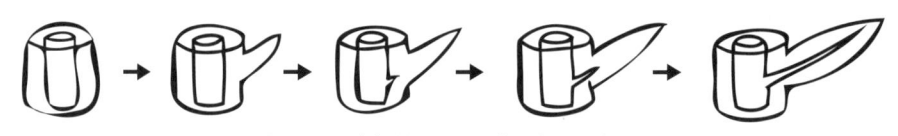

図 13.2 隆起説による小葉の起源概念図

い．説明のための仮説が上手に整備されているという状況と理解したい．

根の進化と担根体

地上部の葉の進化についてはさまざまな説が展開されているが，根の起源と進化についてはまだ知見が乏しい．根は地下で展開する場合が多く，内部構造の多様化も乏しく，見かけも単純であるため，研究者の関心を惹かないし，解析の手がかりを得るのが難しい．

小葉植物には，根の他に，根でも葉でもない担根体（図 13.3）という器官が発達することが古くから気づかれている．クラマゴケの仲間で形態的にはわかりやすい担根体という構造が，化石の観察を深めるにつれて，小葉植物の器官を根，茎，葉という大葉性の維管束植物の通念にそって理解することを否定することにつながっている．小葉植物の器官は根，担根体，茎，小葉であり，大葉性の植物の根，茎，葉（＝大葉）とは起源も進化も異なっていると考えた方が理解しやすい．維管束植物が，大葉植物と小葉植物という異なった系統で進化してきたのなら，器官の分化

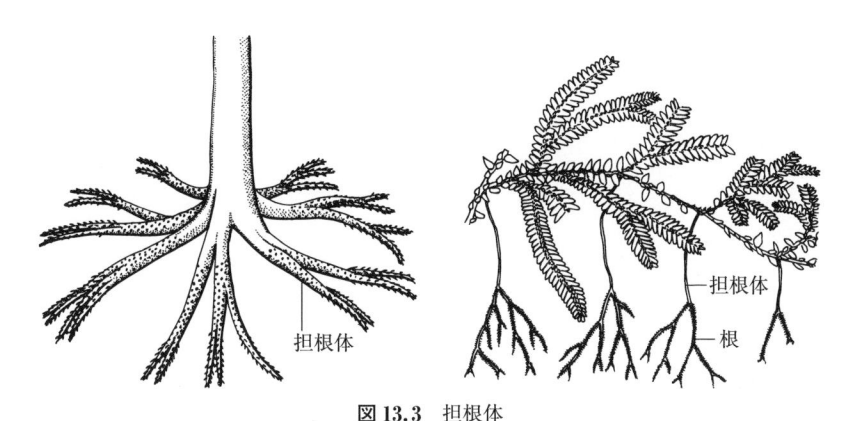

図 13.3 担根体
(a) 石炭紀のリンボクの化石（地下部はスティグマリアと呼ばれる），(b) クラマゴケ．
(Stewart & Rothwell, 1993 などを参考に一部修正)

も異なった道筋を通って進化してきたと見なすのが自然である．

　根という構造が進化してくる以前から，コケ植物に見られるような仮根が吸水（水だけでなく，水溶性の栄養分の摂取についても）の役割を分担していた．植物の場合，根がなくても，植物体の全表面から吸水や呼吸をすることができるが，根は，植物体の支持の役割を担うとともに，地中からの吸水の効率を高めるための器官として進化してきた．水から離れた陸上では，吸水なしに生きられないという現実がある．陸上では必然的に根は走地性をもつ．そのため，茎や葉と異なって，根は光とは縁を切って地中深くに水を求める．地中に伸びるために，表面に修飾物をつけたり，色やかたちで特異なすがたを示すことは稀である．内部構造も，たいていの場合単純な状態を維持している．地中では，他の動物を惹きつけたり，有害な攻撃を防御したりする必要はない．

　根の変異型としては，気根（図 13.4（a））のように空気中で生きているものが目立つが，イチジクの仲間の気根は湿度が高く，しばしば飽和状態に達する地域で旺盛に展開するのが観察される．半水生状態では，泥の中で呼吸ができなくなる根が空気中に頭をもたげる気根（形状によって膝根などと呼ばれるものもある）の例がマングローブやヌマスギなどで顕著に示される（図 13.4（b）（c））．基本的には走地性をもち，地中に向かって伸びる根という器官だが，特殊な環境に生きる時には，その環境に適応した進化を遂げているのは生き物らしいすがたである．

組織の多様化

　植物の陸上への進出にとって，光エネルギーの利用効率を高める一方で，水と離れた生活で，乾燥に耐える構造をつくりあげる進化も必要だった．根を発達させて吸水能力を高めることも対応策のひとつだった．さらに特徴的なのは，組織レベル

90   第 13 講　植物の進化：葉の起源と進化

図 13.4　さまざまな根
(a) イチジク属の気根（ボゴール植物園），(b) マングローブの膝根（カリマンタン），(c) ヌマスギの気根（アメリカジョージア州）.

での対応で，体内での水の移動を機能的にするための維管束の発達と，水の蒸散を防ぐための表皮組織の形成，クチクラ層の新生，それに水分調整をするための気孔の形成などである．それぞれの課題について，少しずつ進化の事実の解明が行われてはいるが，わかり切っているように思えるこれらの組織の形成の過程など，実証的に明らかにされているのは部分的に過ぎない．

　維管束は陸上で繁栄しているシダ植物と種子植物に発達している組織で，これらの植物群は総称として維管束植物と呼ばれる．陸上植物でも，コケ植物には維管束は発達しない．コケ植物の生活史の主相である配偶体の茎と呼ばれる部分には通導細胞ともいわれる縦長の細胞が集まり，水分の移動の通路の役割を果たしているが，維管束における導管，仮導管や篩管と比べると，形態的にも機能的にも高度化した組織とはなっていない．表皮組織は1層のもの，多層のものがあるが，系統の分化と平行して形成されているわけではない．シダ植物の表皮系には，孔辺細胞だけでなくふつうの表皮細胞にも葉緑体が含まれるが，種子植物では表皮細胞の分化

がより明確になったためか，孔辺細胞以外は葉緑体をもたない．陸上への進出には器官や組織の多様化がともなっていたが，器官の間に役割分担がはっきりしてきたように，組織の多様化が，細胞レベルで役割分担を進めることにもつながった．

維管束植物の組織では，柵状組織や海綿状組織などで，光合成に適応した細胞を進化させた．これらの細胞では，個々の葉緑体の大きさは小さく，細胞内の葉緑体の数は増加した．水中で生活する藻類段階の植物から，陸上への進出にともなって進化した形質のうちには，簡単に説明できないものも少なくない．

陸上生態系

生き物の陸上への進出が語られる際には，植物の変化が単独に論じられることが少なくない．植物が体制や機能の進化を整えながら陸上へ進出した話は理解しやすいからであるし，独立栄養の植物が陸上生活をはじめることが，生き物の陸上への進出にとって不可欠の条件として説明しやすかったからである．

しかし，4億数千万年前にもなると，独立栄養で栄養の補給は自分で責任をもったとしても，植物が単独で生きていける状態はなくなっていた．多細胞体の植物もやがて枯死し，その死骸は分解されなければならないが，植物自身は生産者ではあり得ても，分解者として働く能力をもたないのだから，分解者である動物や菌類が近くでいっしょに生活してくれなければ，植物の枯死体でただちに陸上は埋まってしまう．植物の陸上への進出は，必然的に，動物や菌類の陸上への進出をともなうこととなった．もちろん，生産者である植物が陸上へ進出するなら，動物や菌類にとっても陸上は魅力ある新天地だった．動物や菌類が相ともなって陸上生態系を形成したから，植物の陸上への進出はあり得たのである．実際，それを証明するように，菌類の化石も植物化石とほぼ同時的に陸上へ進出したことを示している．

化石の追跡によって，植物の陸上への進出は4億数千万年前と詰められている．ということは，当然，陸上生態系の形成がその時期だったことを示すのだろう．オゾン層が形成され，有害な宇宙線が地上に届かなくなった4億数千万年前，はじめは水と陸との境界付近で生態系をつくって太陽の光エネルギーを有効に利用していた生き物が，やがて水と離れて陸上に新たな生態系を形成するように進化した．水の中で生活していた魚類から，両生類が進化し，やがて爬虫類が出現するようになる動物の進化も，まさにこの陸上生態系の進化の一面として展開したはずである．

= Tea Time =

根の多様性

　維管束植物の陸上部分，茎，葉，花に比べて，根はあまり人々の関心を呼ばないようである．地中にあって，人目を惹かないせいだろうか．

　茎から識別する根の特性をあげると，先端に成長点を保護する根冠があり，走地性，負の走光性があってふつう地中に向かって伸びる．内部構造では木部と師部が独立して交互に配列する放射中心柱をもち，表面には根毛が生じる，などがあげられる．余分な修飾物などはほとんどもたないが，それでも根にはさまざまな変形もある．

　主根，側根の区別の他に，不定根があるが，これは地上地中で伸張する茎（地下茎など）から二次的に伸び出す根である．シダ植物では主根は胞子体の発生初期に消え，ほとんどの場合根は不定根である．

　裸子植物にも根の変わりものがある．ヌマスギなどの呼吸根は泥の発達する湿地で，呼吸が難しく，負の向地性をもって地上に伸び出すもので，気根の１型である．菌類と共生するものもあり，根の表面に近い組織に菌類が繁殖する外菌根が球果類に，ナンヨウスギには内菌根があり，マキ科には根粒がある．ソテツ類のサンゴ状根は地上に出，組織内にシアノバクテリアが共生し，窒素固定をしている．

　被子植物でも，気根は空中にあってガス交換，吸排湿などもし，地面にまで伸びて支柱根となる根もある．空気中で吸水に専念する根は吸水根と呼び，ランなどで発達する．呼吸根もマングローブ植物などにふつうに見られる．板根は熱帯などで見る形態で，巨木を支える構造を発達させている．着生植物が基物につく際に着生根を発達させ，寄生根は宿主の組織に入り込んで栄養分などを摂取する．塊根は栄養分などを貯蔵する根であるが，その性質を活用してサツマイモ，サトイモなどの芋類が育種され，人の生活に利用されている．

第14講

裸子植物の起源と系統
系統解析のモデル

キーワード：化石　　古生物学　　シダ植物　　種子植物　　側系統　　分子系統学　　マオウ類

　イチョウの精子の発見は，日本から発信した植物学研究に大きな成果の先駆けとなったものだった．その舞台となった東京大学植物園で，分子系統学の手法が使えるようになって間もない頃に，同じ裸子植物の系統について顕著な貢献が行われた．

　裸子植物の系統研究において，20世紀中葉で最初の大きな成果はフローリン（1951）によって成し遂げられた現生生物と化石を一体とする解析だった．系統の追跡は，入手できるあらゆる材料と解析法を駆使した総合的な研究を必要とするものであり，系統解析のモデルとしては，裸子植物くらいの系統群は巨大過ぎもしないし，適当な複雑さももっていて，格好な対象である．

裸子植物の系統

　種子植物を顕花植物と呼び，シダ植物やコケ植物を隠花植物と呼んでいた頃はともかく，裸子植物に動く精子が（最初は平瀬作五郎によって）確認された頃には，維管束植物の系統は一体であると広く認識されるようになっていた．しかし，隠花植物であるシダ植物段階から花のある植物である裸子植物への進化の道筋には不明の点が多く，裸子植物の系統については諸説が並列していた．中生代に繁栄していた裸子植物については，化石の記録が豊富になるにつれて系統の栄枯盛衰が少しずつ明らかにされ，系統そのものが単元か多元か，研究者の関心の的だった．

　裸子植物の現行の分類表では，現生の綱として，グネツム綱（マオウ類），イチョウ綱，ソテツ綱，球果綱の4綱をあげるのがふつうであるが，それに加えてすでに絶滅してしまった化石の綱が8綱ほど知られる．現生の綱でも，イチョウ綱は系統としては地質時代に繁栄していたもので，その生き残りが，現生種はイチョウ1種だけで，しかも野生絶滅の状態で生きている．裸子植物の実体を知ろうとすれば，化石から得られる情報を十二分に活用しなければならないのは当然である．

　長年裸子植物の研究に貢献してきたチェンバレインが1935年に刊行した『裸子

植物』では，現生種の比較形態学と化石から得られる情報を総合した系統関係を描き出すよう試みられた．当時の考えでは，裸子植物にはシダ状種子植物からソテツ類の方向に向かう，生殖器官が面生する系統と，コルダイテス類から球果類に発展する，生殖器官が枝に頂生する系統と2つの系統がはっきりしていると理解されていた．化石と現生種から得られる限りのデータを集めて解析したフローリンが裸子植物の系統の研究を行ったのは20世紀も中葉に近づいた頃で，彼の研究成果は1951年にまとめられている．これらの研究で，裸子植物の全体像はおおよそつかめるようになっていた．

前裸子植物

　ベックがはじめて前裸子植物を認識し，報告したのは1960年のことだった．胞子嚢をつけたシダ植物の化石のアルカエオプテリスと，針葉樹に属するとされていた材化石のカリキシロンが直接つながった化石が発掘されたのである．化石は断片の状態で出てくることが多いので，部分ごとにそれにふさわしい名前がつけられる．（ふつうは，この場合のように，化石では茎と葉が別々に解明されるので，部分ごとに名前がつけられ，organ genera などといわれる．）ところが，この場合のように両者がつながった化石が出てくると，それぞれの部分を特徴づけていた形質をすべて備えた化石植物が存在したことになる．この場合も，裸子植物の内部構造を備えた材に，シダ植物の性質をもった葉がついていたのである．化石が生きていたのはデボン紀中期で，まだ植物の生活環に種子は進化していなかった頃である．

　前裸子植物はその後他にもいくつかの組み合わせで化石が発掘され，裸子植物の性質を備えた材とシダ植物段階の葉が一体となった植物が生きていたことが明らかにされた．材に基づいてみれば，現生の裸子植物につながる系統がデボン紀中期にはすでに分化していたのであるが，生殖器官はまだシダ植物段階にある植物である．系統は分化していたが，進化の段階はひとつ前の状態にとどまっていた，とでもいおうか．もともと，次の石炭紀に繁茂していた最初の裸子植物のシダ状種子植物は，葉の構造はシダとよく似ており，その葉に種子をつけていた裸子植物であることが，オリバーとスコットによってすでに1904年に確認されている．そこで，これらの化石を詳細に比較してみると，デボン紀のアルカエオプテリスの仲間はやがて裸子植物に進化する前段階の植物だったと確認され，前裸子植物と名づけられたのである．そういう目であらためて詳細に観察すると，アルカエオプテリスの葉と見られていた部分は，シダの葉のような展開をしている構造体ではなくて，葉をたくさんつけた茎の集まりであることが確かめられ，整理をすれば，アルカエオプテリスはすがたも内部構造もシダ植物に似た裸子植物の前駆体であることがわかったのである．化石の比較の上でも，前裸子植物は系統から見ても，やがてシダ状種

子植物に進化する前段階の植物だった（図 14.1）．

種子の起源

　葉緑体をもつ真核生物（広義の植物）と菌類は生殖細胞として胞子や配偶子をもつ．胞子が発芽して配偶体をつくるが，配偶体が胞子体の組織の中で発生し，胞子をつくった組織の一部といっしょになってつくる特殊な構造が種子で，種子をもつ植物が種子植物（裸子植物と被子植物）である．雌性の生殖器官である胚珠が受精後成熟すると種子になるが，胚珠には中心に珠心とそれを取り巻く珠皮の部分がある．種子の起源をたずねるとすれば，胚珠がどうやってつくられてきたかを跡づけることが必要であり，珠皮の形成がひとつの焦点となる．種子は一回起源で進化した形質か，多元的に進化してきたか，まだ完全な結論は出ていない．

　小葉植物ではあるが，異形胞子をもつイワヒバの系統に，化石植物のレピドカルポン（図 14.2）が石炭紀に記録されている．レピドカルポンの大配偶子嚢内での有性生殖の状況を胚珠と比べると図 14.3 のとおりである．イワヒバの大胞子が胞子嚢から飛び出さないまま発芽成長して雌性配偶体を形成すると，大胞子嚢内につくられる配偶体上の（雌性配偶子嚢内の）卵細胞に，外から運び込まれた小胞子由来の小配偶子（精子に相当する）が受精する．その場で次世代の胞子体が発生をはじめると，種子と同じ構造が導かれることになり，そこで休眠すると生活環からは種子と同じ構造が得られる．レピドカルポンの化石は受精卵が発生をはじめて若い胞子体が形成される段階には至っていないので，種子段階には達していないと整理される．

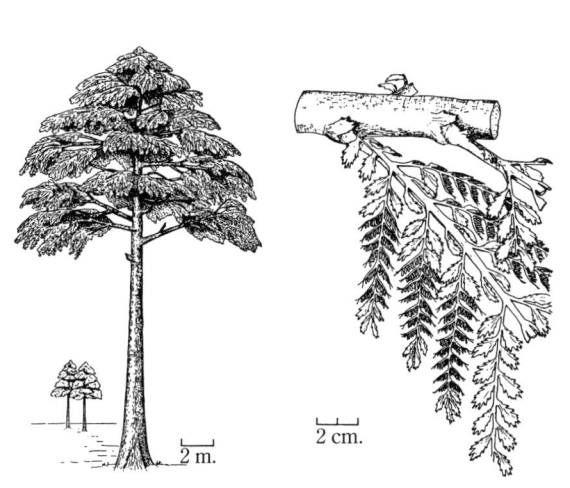

図 14.1　前裸子植物のアルカエオプテリス復元概念図
右は葉態枝．植物は二次肥大成長するが，胞子繁殖をしていた．
（Beck: *American Journal of Botany*, vol. 49, 1962）

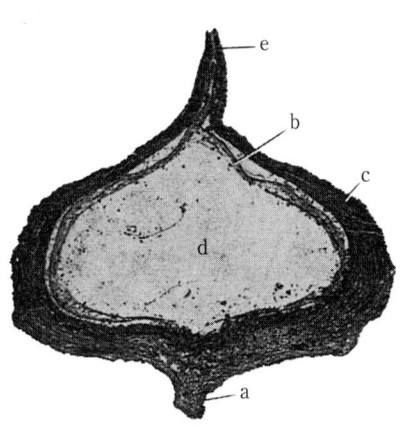

図 14.2　レピドカルポン化石
(a) 胞子嚢托, (b) 胞子の細胞壁, (c) 胞子嚢壁, (d) 大胞子（すでに卵割が進み，配偶体になっている），(e) 胞子嚢の開口部．
(C. A. Arnold: An Introduction to Paleobotany, McGrow-Hill, 1947)

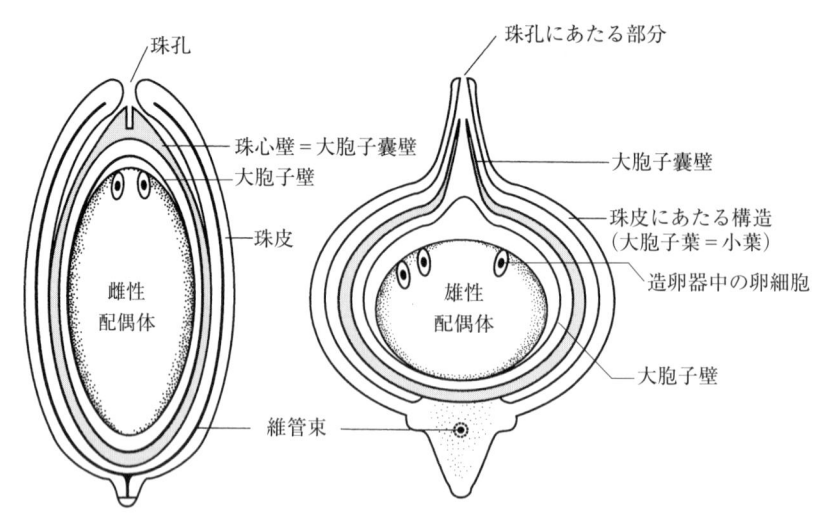

図 14.3 種子とレピドカルポンをクラマゴケの配偶体世代に置き換えて見て比較する クラマゴケの大胞子が放出されず，大胞子嚢中にとどまったまま雌性配偶体に育ち，造卵器に卵細胞をつくったら，レピドカルポンと同じ状態になる．図の左は種子の概念図，右は上の状態を想定して，レピドカルポンの諸部分をクラマゴケの用語で説明した．（加藤（編）『植物の多様性と系統』，1997 を一部改変）

だから裸子植物段階に進化した植物とは考えず，異胞子性の小葉植物に分類する．

　種子が形成されたのは大葉性の植物の系統であり，レピドカルポンは種子形成の過程を具体的に実証する化石とは考えられないが，形質進化としては相似の過程を示していると見られる．図 14.3 に見るように，レピドカルポンでは大胞子嚢壁を包んでいるのは小葉であるが，大葉性の植物で，この部分がどのようにして珠皮に進化したのか，その過程を示す証拠はまだ得られていない．裸子植物は最初の種子植物だから，裸子植物の進化の過程で，裸子植物にいたる系統で，種子という構造の形成が見られたのは確かな事実であるが．

　だいぶよくわかるようになってきた化石の記録から，種子の起源の時期を求めるとすれば，まだ前胚珠と呼ばれる段階で休眠も確立していなかったシダ状種子植物のエルキンシアやモレスネチアなどの例があげられ，これらは 3 億 7000 万年前に生きていた．シダ状種子植物はデボン紀後期に前裸子植物から進化し，当時繁栄していた小葉植物（リンボクやフウインボクの仲間）やトクサ類（ロボクなど）と競合しながら，古生代後期の陸上に森林を形成する優先種の主要な要素に育っていった．種子の形成は，やがてやってくる乾燥の時期にも生きていける適応的な力の源となり，植物の繁栄を支えることにつながった．

分子系統解析

　系統解析に，分子レベルの形質が有効に使えるようになったのは 1980 年代に入

ってからである．いまではDNAの読み取りもシーケンサーなどの機器が普及し，業者に委託して解析することさえできるようになっているが，初期には手仕事で読み取っていたので，時間のかかる作業だった．DNAの対比によって分子系統解析がはじめられた初期に，被子植物の大規模な比較はキュー植物園に本拠を置いたチェイスを中心に，欧米の研究者が共同して推進した．シダ植物も，日本人が大きな貢献をした国際的な研究グループが成果を発表したが，1995年に国際的な協力に基づいて発表されたシダ植物の分子系統の論文の第1著者は長谷部光泰だった．

　裸子植物の分子系統解析も東京大学の研究グループが中心になって進めたが，分子系統学だから当然のことながら，現生の4綱が対象となる．その場合，イチョウが野生絶滅の状態であっても現に生きて栽培されているのは研究を進める上でたいへんありがたいことである．東京大学植物園のイチョウは，裸子植物ではじめて精子が動いていることが観察され，日本の植物学が明治時代に世界に発信した大きな成果となったものだった．裸子植物の分子系統解析は，結果として，裸子植物の起源は単元であると証明することになった．

　その頃までに，マオウ類の3属（グネツム属，マオウ属，キソウテンガイ属）は単系統であるかどうかに疑問がもたれていたし，この仲間に，重複受精，被子性，虫媒が記録され，被子植物との類似が強く示唆されてもいた．しかし，分子系統解析の結果，3属が単系統でグネツム綱を構成することも，グネツム綱も含めて現生の裸子植物4綱は一回起源で進化してきたことも確かめられた（図14.4）．

　形質の進化のうちには，葉緑体やミトコンドリアの起源や後生動物の体制の進化のように慎重な研究に基づいて形成の過程が確認されているものもあるが，並行的な進化による相似の形質も多い．マオウ類に見られる重複受精はTea Timeで述べるように，被子植物の重複受精とは並行的に進化した相似の形質と見なされるし，被子性といわれるものも，生殖器官が苞葉に包まれているものの，被子植物のように構造的に安定したものではない．グネツムとキソウテンガイの葉は網状脈で，真正中心柱の二次木部には導管がある．これらの形質も被子植物に対比されるが，マオウ類の進化の程度の高さを示すものではあるものの，平行進化の結果見られる形質で，マオウ類と被子植物の系統の類似を示すものではないことが確認されている．

═══════════ Tea Time ═══════════

系統の多様化と形質の進化段階

　分子系統学の成果が系統の異同をはっきり示すようになってから，系統が分化したために生じた差と，形質が進化の段階を進めたためにつくり出した差がしっかり

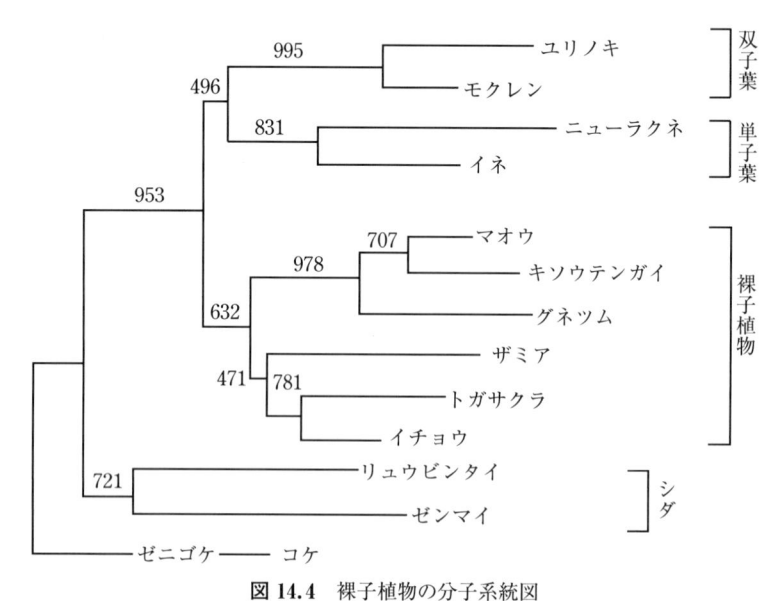

図 14.4 裸子植物の分子系統図
近隣結合法によって描いたもの．数字は 1000 回繰り返したブーツストラップ確率．(Hasebe *et al.*, 1992 を一部改変)

識別されるようになった．科や属の階級ででも，長い間系統の差を示すとされ，指標として重用されてきた形質が，平行進化したもので異同を指標しているものでないことがわかった例も珍しくない．

　高次の系統の差を指標する形質として，裸子植物で重複受精と見なされた形質は，その事情を説明するのにわかりやすい例かもしれない．被子植物の場合，いくつか変形も知られているが，主流となるものでは，胚嚢に 8 核が形成され，そのうちの 1 個が卵細胞，2 個が極核と呼ばれる核になる．胚嚢に向かって伸びる花粉管を通じて 2 個の精核が送り込まれるが，1 個は卵細胞に受精して次世代の植物に育ち，もう 1 個は 2 個の極核に受精して胚乳を形成し，次世代植物の発生初期の養分となる（図 15.2 参照）．

　裸子植物のうち，マオウ属で重複受精が見られると報告された．マオウ属の胚嚢は造卵器をつくるが，造卵器には頸の部分とその下の大きい中央細胞があり，中央細胞の核が分裂して 1 個の卵核と 1 個の腹溝核になる．送り込まれた 2 個の精核のうち，1 個が卵核に，もう 1 個が腹溝核に受精する．これが被子植物の重複受精と同じだというのである．同じような現象が球果類のいくつかの属でも観察されるという．ただし，胚嚢のつくりは被子植物のものと違っているし，腹溝核と呼ばれるものが被子植物の極核と相同である証拠は何もない．見かけは似ているが，マオウ属のこの受精の様式が被子植物に普遍的に見られる重複受精と相同であるという証拠はない．両者が系統的にも独立であることが示されると，受精の様式も平行して進化してきた別の特性であると見なすのが正しいだろう．

第15講

重複受精と被子植物の多様化

キーワード：共進化　　多様性　　単為生殖　　適応放散　　虫媒　　被子性　　陸上植物

　種子植物が進化したのは，種子の起源の時期から見れば，3億7000万年くらい前であるが，はじめは裸子植物の段階だけだった．裸子植物が多様化し，そのうちのひとつの系統から被子植物が側系統として進化してきたのがいつか，はっきりした年代をいうことはできない．子房が胚珠に包み込まれるいわゆる被子状態や網状脈などはともかく，重複受精となると化石で出現の年代を決めることは絶望的に難しいからである．被子植物と同定されている最古の確実な化石は白亜紀のものであるが，白亜紀に入ると被子植物のほとんどの群が化石で知られ，新生代に入ると爆発的な多様化が見られ，地球を覆う緑の主要な要素となる．

　被子植物への進化は被子性を創り出した胚珠の起源に置き換えることができるが，この系統の特性としては生殖機構としての重複受精の成立があげられる．重複受精の起源を化石で究めることは難しいが，さらに，裸子植物にも重複受精に準ずる現象を示す例があることもわかってきた．重複受精という特性の形質進化も，系統としての被子植物の進化と平行して関心をもたれる問題である．

　子房が胚珠に包まれ，重複受精を行うようになった被子植物は，現在陸上生態系で優勢に生きている．緑の地球をつくっている森林の広い範囲は被子植物に覆われているし，森林の構成要素の多様性を演出しているのは被子植物といえる．現生種が二十数万種知られている（実際には30〜50万種と推定される）被子植物の多様化は，どのようにして導かれたものか．

裸子植物から被子植物へ

　被子植物の特徴となる形質はいずれも適応的に進化したものであり，重複受精という特性が一回起源と推定されることから，この巨大な植物群はひとつの始源型から進化してきた系統であると推定され，分子系統のデータからもその考えは支持される．植物化石の記録では白亜紀に入ってから確認されるが，花粉分析などの資料

からはジュラ紀には出現していたと見なす証拠もあるし，さらに起源は三畳紀にさかのぼるという意見もある．その頃，裸子植物のある系統から分化したものだろうが，裸子植物のどの群から進化してきたのかについても，まだ確たる証拠は得られていない．さまざまな傍証をもとに，裸子植物のグロッソプテリスの仲間かカイトニアの仲間に祖先を求める意見があり，マオウ類から分化してきたと考える人もあったが，この考えにはいまでは否定的な見方が多い（第14講）．中生代に多様化していた裸子植物についてはまだわかっていないことも多く，被子植物の祖型はいまはまだ未知の群だった可能性も否定しきれない．

被子植物に見られる特徴を裸子植物がもっている形質と比べると，木部の導管，葉の網状脈，花器官の被子性，重複受精，虫媒などがあげられる．これらのすべてがマオウ類にも見られるが，マオウ類に見られる形質は，いずれも並行的に進化してきた相似の特性と解釈され，系統の同一性を示唆するものではないと考えられる．ただし，裸子植物のうちでも，ある系統では被子植物段階にまで進化した形質を備えていることが，これらの特性について伺える．

木部に見られる導管は被子植物の特徴とされるが，被子植物にも導管をもたないものがあるし，マオウ類に導管をもつものがある他，シダ植物のうちにも導管をもつ例が散見される．導管は進んだ段階の通導細胞ではあるが，特定の系統に固有のものではなくて，いろんな系統で並行的に進化したものらしい．

被子植物の葉は網状脈をもっていることで特徴づけられるが，マオウ類でも，グネツム属とキソウテンガイの葉で網状脈が顕著である．この性質も，シダ植物段階で，ウラボシ科の単葉の種に，ほとんど被子植物と同じような網状脈をもつものがあり，より進んだ段階の形状ではあるが，特定の系統に固有の形質ではない．

グネツム属でガによる虫媒が観察されたのは最近のことであるが，ソテツやザミア属では甲虫による虫媒が知られており，化石のキカデオイデアやシダ状種子植物でもすでに虫媒が見られたという推定もなされている．進んだ虫媒としては，ザミア属でコガネムシ類との共進化が進んでいる．多様な裸子植物の系統で虫媒が認められることが，この特性もまた並行的に進化してきたという推定を可能にする．

被子性の起源：胚珠の進化

被子植物は，その名の示すとおり，胚珠が心皮に包まれるという性質で包括的に定義される大きな群である．もっとも，オウレンの成熟した果実では，種皮（心皮が変化したもの）の最外部の接着部分がきっちり接着せずに開いており，種子が肉眼でもはっきり見えるが，このように被子性の希薄な例もあるし，逆に化石植物のカイトニアは裸子植物に分類されるが，胚珠が苞葉に包み込まれている．生き物の示す現象は，この例に見るように，例外をいくつでも見せてくれるが，いずれも例

外であることがわかりやすい．

　被子植物の名前の元にもなった特性である被子性は，胚珠が心皮に包まれることと定義されるが，これは上述のように見かけ上のすがたで，変形の実例には事欠かない．被子性の確立によって，被子植物に見られたいくつかの変化を取り上げてみよう．胚珠が子房の中で保護されるため，胚珠がまだ未熟な段階で開花し，受粉する．この現象は，受精後の胚乳形成によって栄養供給が確保される重複受精の成立とも相関しているだろう．また，被子性が確立されたために，花粉（小配偶子）は柱頭に着き，花粉管の発芽（配偶体形成のはじまり）は子房の外であるが，やがて柱頭，花柱の組織の中を伸長して胚嚢に到達する．完全に花器官（胞子体）の中である．このため，配偶体の細胞は胞子体の組織と相関関係をもちながら伸長し，その間に自家不和合性が働き，結果として集団の遺伝子多様性を高めることにつながったと説明される．

　被子植物の繁栄に貢献した被子性（図15.1）の意義については，上に述べたことをはじめ，多様に考察されているが，被子植物の定義に使われるこの特性の出現については，裸子植物段階のいくつかの現象と対比される．しかし，被子植物の珠皮は原始的なもので2枚でできているが，裸子植物は珠皮を1枚しかもたない．2枚あると記載されるものでも，2枚目は被子植物の外珠皮とは異なっているらしい．古生代末から中生代初頭の裸子植物の化石から，被子植物の外珠皮につながるような形質の探索が行われているが，結論に達するには至っていない．考えてみると，裸子植物のほとんどの群について，被子植物の先祖に擬せられたことがあるが，たいていの人々を納得させる傍証と論理は得られていない．

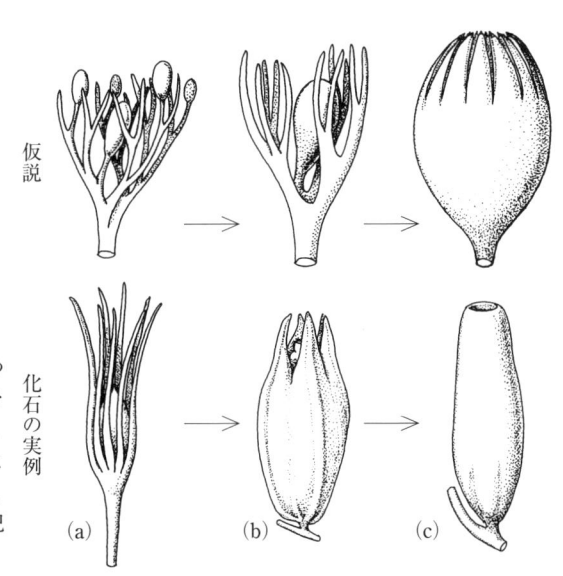

図15.1　被子植物種子の被子性の起源概念図
上段は仮説で，二又分岐したシュートの先端に胞子嚢がついていた状態から，異胞子性に進化した胞子嚢が胞子嚢をつけない枝に包み込まれ，被子性が進化すると推定する．下段は実際に知られる化石の証拠を上の化石に合わせるように並べたもので，(a) ゲノモスペルマ，(b) ユーリストマ，(c) スタムノストマで，いずれもスコットランドの石炭紀に産する．（Andrews, 1961・Rothwell, 1986 を参考に作図）

重複受精

　被子植物の受精は植物界でも特殊な展開を示す．被子植物では，配偶体が極端に単純化している．小（雄性）配偶体は花粉管である．花粉（小胞子）がめしべの柱頭に着き，花柱の中を伸びて花粉管（小配偶体）となるが，これには1個の花粉管核と2個の精核がつくられるだけである．

　大（雌性）配偶体は子房の中で胚嚢細胞（大胞子）が分裂（発芽）してつくられる胚嚢であるが，基本的なかたちについて見ると，8個の細胞（核）がつくられる．そのうち1細胞は卵細胞になるが，造卵器はつくられず，卵細胞にくっついている2個の助細胞が造卵器の退化したものと解釈される．卵細胞と対立する側に3個の反足細胞があるが，これが配偶体細胞だろう．残りの2個は胚嚢の中央付近にあり，遊離核の状態にあるので極核と呼ばれる．胚嚢の形態にはいくつか変形が知られているが，この基本形からの由来であることは明らかである．

　花粉管（雄性配偶体）から胚嚢（雌性配偶体）へ送られてくる2個の精核のうち，1個は卵細胞に受精し，2倍体の次世代植物のもととなる．もう1個は2個の極核が合体した中心核に受精し，3倍体の胚乳核をつくり，後に胚乳となる．胚乳は次世代植物の初期発生の栄養となる．2個の精核が同時的に受精するこの現象を重複受精と呼び，被子植物には普遍的に観察される（図15.2）．

　裸子植物のうち，マオウ属で被子植物と同じように2個の精子による同時的な受精が観察されており，裸子植物の重複受精と報告されている．しかし，マオウ属の場合重複受精した腹溝核が被子植物の胚乳のような栄養貯蔵機構に発達はせず，被子植物の重複受精と相同の現象と見なすのは無理とされている（第14講 Tea Time）．被子植物に見られる普遍的な特性である重複受精は，被子植物に進化した系統で特異的に起源したものと推定される．

　被子植物の重複受精がいつ頃進化したか，その起源の時期についてはわかっていない．受精の様式などは化石に遺りにくいので，化石から時代を跡づけることは難しく，起源の時代を探る手がかりは得られていない．

　被子植物の重複受精の適応的意義については，裸子植物と比較して，受精後の栄養供給の有効性，受精卵間の競争が胚珠間で行われるために早期に胚珠を廃棄できる，3倍体の胚乳の倍数強勢，胚の栄養環境の強化など，いくつかの仮説が提唱されているが，結論が出るにはほど遠い．配偶体の単純化が，裸子植物段階に比してさらに極端化しているが，胞子体に依存した有性生殖世代が有性生殖を胞子体内で遂行することになって，乾燥に対する適応性が高まったことが被子植物の陸上での多様化に有利だったという説明は説得力がある．いずれにしても，他に見られない特殊な機構である重複受精が，新生代に爆発的な多様化を示している被子植物に普

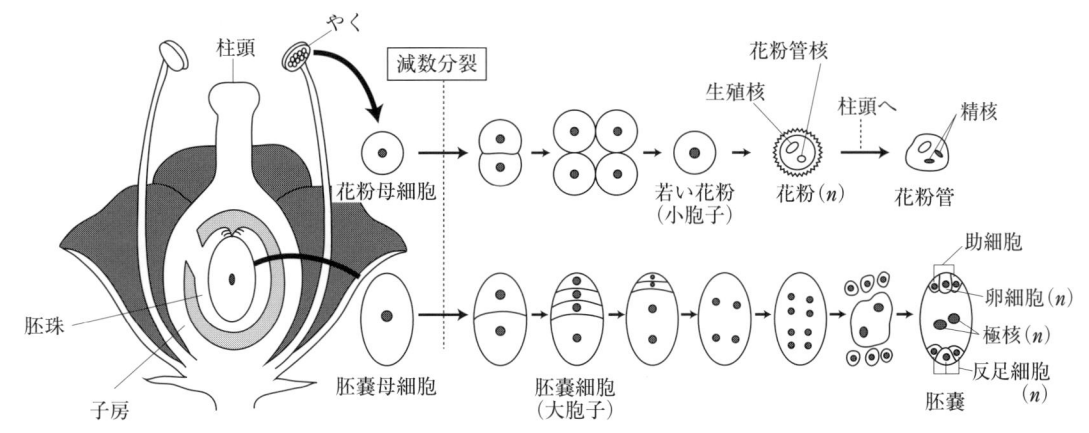

図 15.2　重複受精模式図
2個の精核は花粉管を通って胚嚢に送り込まれ，1個は卵細胞と，別の1個は2個の極核（が合体して中心核となる）とに受精する．

遍的に見られる事実は，被子植物の単系統性を支持する有力な傍証であると同時に，この系統の適応的な形質のひとつである点は見落とすことができない．

被子植物の適応放散

　新生代に入って被子植物が爆発的に多様化し，植物界でもっとも繁栄する群になった．被子性や重複受精は，陸上の乾燥に耐えて生きていく上で，確かに適応的な形質である．白亜紀の造山運動以後の陸上の地形の多様化に応じて，配偶体上の有性生殖を前世代の胞子体の組織内で遂行する種子植物の生殖様式は適応的であり，多様な環境に対応して多様性を形成していったと解釈される．しかし，だからといって，それだけで爆発的な多様化を導く理由になるだろうか．

　多様化を考える上では，昆虫など，受粉を助けてくれる動物たちとの共進化が重要な意味をもつ．虫媒はすでに裸子植物段階でも見られるが，被子植物の花の構造，とりわけ重複受精をするようになって若い子房を解放する開花の促進が見られ，虫媒の効率は高くなった．被子植物のうちにも風媒など動物の助けを借りない受粉が結構広範囲に見られるが，送粉動物の行動によって受粉の効率が高められたことが，被子植物の多様化を促進したことは間違いない．被子植物の多様化は，現象として，昆虫の爆発的な多様化と関連がある．送粉動物を惹きつけるために，花粉に栄養分を蓄えて，花粉球への関心を高め，花色や香りで動物を呼び，さらに特定の動物種との相関関係を発展させて花の構造と受粉動物の体型などとの関係性，同一性を深め，花と送粉動物との共進化が成立する．

　進化の機構から見れば，遺伝子突然変異を積み重ねることによって生じた小さな変化を集積し，環境の変動に応じてより有利な形質が選択されて適応的な生活を発

展させるものであるが，現生生物の適応的な形質の形成過程を追う際には，どうしても現在の生活に適応していることから話がはじまってしまう．被子植物が裸子植物のどの系統からいつ頃どのようにして分化し，多様化してきたか，まだ正確に語れるだけの情報を科学はもっていない．

================= Tea Time =================

生活環の特殊化と進化

　後生動物は海綿動物のような形態から哺乳類までずいぶん広範囲な形質を包含しているし，他の生物群には見ないほど膨大な数の種への多様化を行っている最大の系統群である．しかし，その生活環をみると単純な複相生物で，特殊な動物群で特殊な修飾は見られるものの，生活環が系統分化と平行して多様化するようなことはない．それに対して，植物や菌類では生活環の多様化が目覚ましい．

　植物は基本的に単複相生物であるが，単相あるいは複相の世代を欠いて，複相生物としての生活環を定常状態としたり，単相生物として生きるものもある．水中で生活している植物とその類似の生物たち，広義の藻類には，生活環が多様化しているものがあり，系統を追跡し，定義する際に生活環の型が指標になることがある．

　植物のうちでも，陸上へ進出してからのコケ植物と維管束植物には，典型的な単複相生物の生活環が見られる．ただし，ここでも，コケ植物では単相世代の配偶体が優先し，複相世代の胞子体はそれに寄生するかたちの生活環を示し，シダ植物では，配偶体と胞子体はともに独立して独立栄養の生活を送るが，配偶体は極端に単純化して目立たない構造になっている．さらに，種子植物では，配偶体の世代は雌性が胚嚢，雄性が花粉管で，被子植物では単純化が極端に進むために胚嚢は基本的には8細胞に，花粉管は3核になって，ともに生涯を前世代の胞子体の特殊な構造（花部）に寄生している．だから，種子植物は，種子によって親の世代から次の胞子体の代に引き継がれるように見えるが，実際にはこの間に1世代挟まる生活環を営んでいるのである．

　菌類の生活環はまた複雑な様相を呈するものである．菌類の系統としての独立性が確かめられるまで，菌類は植物の亜群と見られていた．陸上植物に対して，葉状植物が菌類と藻類であると認識されていたのである．菌類の生活環は，藻類のそれと対比されることが多かったが，同じ胞子といっても菌類の胞子の動きは藻類のそれと異なったところがあったし，担子菌類の菌糸が，菌糸同士の合体によって2核性の二次菌糸になるなど，藻類の常識にはない生活環を見せていた．菌類を藻類の系統から離して比較することによって，菌類の一見複雑に見える生活環もそれなりに整理できている．

第16講

発生と進化

キーワード：系統樹　系統発生　個体発生　三杯葉性　体制の進化
　　　　　　中胚葉　二杯葉性　ヘッケル

　後生動物は地球上でもっとも多様に分化した群である．そのうちでも，特に昆虫や線虫の種の多様化は驚嘆すべきものである．それぞれ5000万種を超える巨大な数の種に多様化しているという推定さえされている．
　それでいて，後生動物が単一の系統群であることは疑えない．その後生動物がいつ頃何から進化してき，どのように多様化をはじめたのかについては，まだ解明されていない事実が少なくない（第10，11講）．
　一方で，動物体がどのようにつくられ，その動物体に多様性が見られる機構はどのようなものなのか，遺伝子のはたらきと，その制御に基づく個体の発生の機構が，生物の多様化とのかかわりも含めて，徐々に解明されつつある．動物の系統発生を理解するために，形質の進化傾向を個体発生の機構から解こうという試みは伝統的に重視されてきた．分子生物学の手法が広く用いられるようになって，進化（エボリューション）を発生（ディベロップメント）の視点から解明しようというエボデボの研究が注目される．

進化を分子生物学で追う

　生き物の科学にとって，進化は，生きているとはどういうことかを問う基本的な課題の中核にある．20世紀後半になって，分子生物学の技法が生物学の解析の中心に位置づけられるようになったが，分子生物学の技法を適用することによって進化の研究はどのように推進されたか．
　いちばんわかりやすい成果は，分子系統学の進展にともなって，多様な生物の間の系統関係が科学的に詰められるようになったことである．これまで，形態形質を手がかりにした解析を中心にし，出来上がった形質の比較だけでなく，形態形成の比較まで含めて相同と相似を見分けようと務めたり，分子レベルまで含めた構成物質の比較を通じて異同の識別を確かめたり，さらに染色体の比較によって系統の類

似を追跡することも試みたりしてきたが，いずれも遺伝という現象を制御する実体に迫ることはできず，ある意味では影絵から実体を推測していたもので，実証的な比較対比にならないもどかしさを解消することができなかった．分子レベルのゲノム解析の方法の開発にともない，系統群の間の遺伝的距離を推測する可能性が具体的に追究されるようになった．もちろん，基盤情報の確実さは日ごとに検証が進んでいるところであるし，読み取りの方法が完璧に出来上がっているわけではないので，科学的な正確さに向けてさらなる研究の構築が必要であることは，さまざまな研究手法に共通の課題ではあるが，その事実を踏まえて，必要な情報の構築を推進し，多様な生物の間の系統関係を確かめる作業を進めることが期待されているところである．少なくとも認知されており，解析のための材料を揃えて入手できる系統群については，系統的な距離，分類群の階級を推定することは，そう遠くない将来にやり遂げられることだろう．ただし，まだ科学が認知していない系統群がもし認知しているものの10倍から100倍あるという推定が正しいならば，それを認知し，資料を揃えて系統関係を追跡し終えるのにどれくらい時間がかかるか見当もつかない話である．現在地球上に生きている生物多様性の間の系統関係を，分子系統を手がかりに確認するというのはそのような作業である．

　分子系統学の進展によって，生物多様性の現況はより正しく認識されようとしている．この事実は，生物多様性と人々の生活とのかかわりを考えてみると，とりわけ生物多様性条約のような国際条約で生物多様性の持続的利用が図られる必要が訴えられている現在では，このような知見の深まりが人類の今日の生活に有益な貢献をなすという点で注目に値する．しかし，ここではその問題を論じるのではなくて，分子のレベルの解析が進化や系統の解析にどのように生かされるかを考える．

　進化の現状は生物多様性のすがたで認知できるし，その現状を，分子系統学の手法を用いて系統間の異同にまとめあげることは，三十数億年の生物の歴史を跡づけるために必要な科学的な解析である．しかし，生きているとはどういうことかをたずねる科学の解析は，進化の歴史がもたらした現状を理解するだけで終わるものではない．むしろ，科学の課題としては，そのような多様性がどのようにして，なぜ生じることになったのかを問うことに関心がある．

　遺伝子の形質制御についての知見が深まってきた．第13講で葉の進化について紹介したが，葉が形成され，花が咲くようになる進化も，それを制御する遺伝子の進化が支配する．花を咲かせるためには，葉から変形した萼，花弁，雄蕊，雌蕊の形成を制御する遺伝子の進化が必要だった．この遺伝子の進化は，ABCモデルと呼ばれる遺伝子群の進化によってきれいに説明されたが，この遺伝子群はすでに藻類段階にその祖型が見られ，陸上への進出にともなってさらに進化してきたと詰められている（図16.1）．

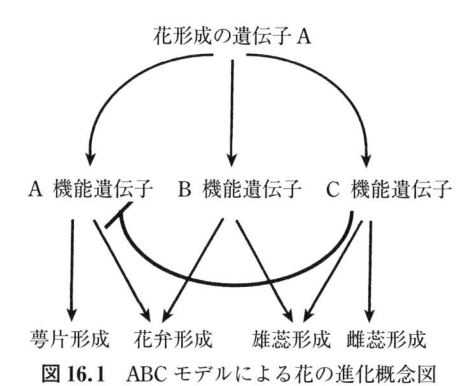

図 16.1 ABCモデルによる花の進化概念図
花形成の遺伝子には3つの機能遺伝子が分化し，Aは萼片（外花被），AとBとで花弁（内花被），BとCで雄蕊，Cが雌蕊の形成をそれぞれ支配している．

発生学と進化論

　進化が演出する現象を説明するために，進化論のごく初期から，発生過程の比較は重視されてきた．ヘッケルが反復説（Tea Time 参照）などで個体発生の過程を進化の説明に適用してきたことも影響があった．分類学者が生物多様性を分類群に整理する際にも，すでにリンネが"*Systema Naturae*"という著書の表題に示しているように，自然の体系を目指すのがふつうだった．単に自然界にある体系を求めるだけでなく，リンネも科の定義の明確化に向けて，自然な分類群とは何かと追究している．もちろん，現在の知見からいうと対象に関する科学的認識に差はあるが，リンネの定義した科には，natural なものを追究していた実例が少なくない．進化論が生物学の課題になるより前に，すでにそのような傾向ははっきりしていたのである．

　分類群の定義を妥当なものにするための努力の一環として，個体発生の比較によって形質の相同性を確かめようという試みが行われていた．ヘッケルの提唱よりすでに半世紀ほど前に，進化論とは直接の関係なしにではあったが，反復説が提唱されていた．形質の相同性の理解は，それと定義されることがない時代から，分類群の異同の定義に適用されていた．少なくとも，動物発生学の知見は，それが蓄積されるのと並行して，分類群の定義に活用されていたし，進化の説明に有効に利用されてきた．進化の証拠には，化石の証拠と並んで，形態の比較が取り上げられてきたが，この場合相同と相似の認識が，個体発生上の異同に基づくことがふつうに行われてきたことである（図16.2）．

　発生学は個体発生の過程を実験的な解析を含めて追究してきたが，分子生物学を適用できるようになって，遺伝子の制御が具体的に形質発現にどのように働くかの追究にも対応できるようになった．動物のボディプランの形成が，系統群によって

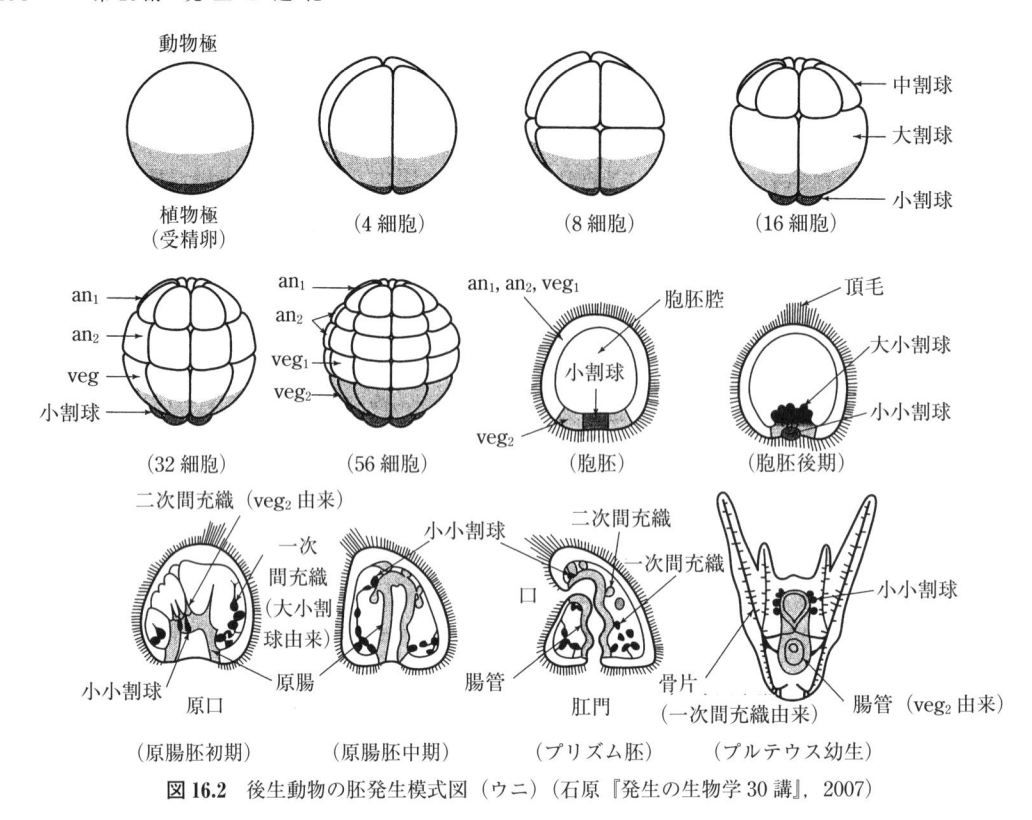

図 16.2 後生動物の胚発生模式図（ウニ）（石原『発生の生物学 30 講』，2007）

どのように類似しており，どのように異なっているかも識別できる手がかりが得られるようになった．個体発生の過程が具体的な遺伝子のはたらきとその結果で読み解ける見通しが立ってきたからである．

総合説で進化を跡づける

進化の事実に関する情報も日進月歩で増大する．化石の知見も日ごとに膨大になるし，現生生物の多様性も基礎調査の成果が徐々に蓄積される．進化の過程がどのようなものだったか，科学的好奇心を満足させる事実の解明がひとつまたひとつと成し遂げられる．個別の事実が解明され，新しい解析法が適用される度に，蓄積される知見は大きく展開する．

それでいて，現生生物の多様性については，どこにどんな生き物が生きているかの基盤情報さえまだ 100 分の 1 程度しか知られていないとさえ推定される．化石は，すぐに解析しきれないほど膨大な量の発掘が行われているとはいえ，遺されたものが限られているのだから，長い歴史を示す資料としては全部の研究が完了したとしてもごくごく一部しか指標できない．だから，それらを手がかりにして進化を追うとすれば，得られた部分的な情報をいかに総合的に活用するかが問われること

になる．進化の総合説といわれるように，進化の実体を追うためには，あらゆる情報を有効利用し，そこから読み取れるものを正しく学びとる必要がある．

　進化の総合説は生物学のあらゆる成果を基盤とし，可能な限りの解析方法を活用して進化という現象を解明しようとする．自然選択説を柱とするダーウィンの進化論と遺伝学の成果とを総合し，生物多様性の知見，個体発生にかかわる既知の情報，古生態学で得られた成果，化石が語る過去の生き物の実体など，すべての科学的な情報が取り上げられ，総合的に評価され，生き物の過去の生活が部分的に解明され，またその生活がどのようにつくりあげられ，展開してきたかを解明しようとする．結果としての生き物の系統の進化と多様化も，科学的好奇心をかき立てるテーマであり，その成果は進化の総合説に寄与する貴重な資料となる．進化という現象は，生き物の生活のすべてを包含するものであり，だから生き物の属性のすべてを対象としなければ理解できないものだと認識するのである．

　進化の総合説によって得ようとする知見とは何だろうか．進化論が進化学と呼ばれるようになり，科学的な解析には実証性がともなうようになった．それでいて，たずねられているのは生き物がどのように進化してきたかで，進化がどのように展開してきたかの道筋をなぞることに重きが置かれる．もちろん，まず経てきた事実を正確に認識することが必要である．しかし，その先にある課題は，生き物が多様化することによって，生きているという事実をどのように発現しているかをたずねることである．進化という事実に向けて科学的好奇心が注がれる目は，生きているという事実が多様化という現象にどのように映し出されているかを知ることだからである．

動物の発生と進化

　進化の研究に分子生物学の手法が参画するという点で，分子系統学の次にくるものが何か，分子系統学を育ててきた仲間がすでに関心をもっていたことである．進化学と発生学を，分子遺伝学の手法を用いて一体化させる進化発生学であり，エボデボというカタカナ用語で取り上げられた研究領域である．かつて，発生学の進化への貢献は，ヘッケルの反復説をなぞって，発生の過程の多様性を整理することで目立っていた．発生という現象は，遺伝子が制御する展開と，その個体が生きている環境との相克にあることを解明する点で，見事な成果を積んできた．分子生物学の発展，とりわけDNAをキーワードとする解析が技術的に可能になってから，特殊な機能をもった生き物のかたちをつくりあげる機作が解析され，進化を実験的に追究する可能性が出てきた．もともと形質の形成過程を追いながら，ヘッケルの提起に対応して形質の進化と系統の関連を追おうとしていた比較形態学の解析に，分子生物学が実証を加える可能性を見せてきたのである．生き物のボディプランのつ

くられ方が，ホメオティック遺伝子のはたらきを追うことによって，きれいに確かめられる例などがどんどん明らかにされている．

分子系統学は集団遺伝学の成果に基づき，多様な生物の間に見られる関係性を系統関係として跡づけている．進化の過程は何であったかを正確に描き出すためには，その基盤となる現生生物の間の関係の整理が不可欠である．分子系統学の展開がエボデボと統合化されれば，その関係性は明らかにされると期待され，現にその成果は出はじめている．

進化の結果が跡づけられ，経てきた道筋が確かめられると，そこで演じられた進化の要因を知りたくなるのは好奇心の当然の展開である．そこで，生き物の生活を変えたものが何であるかに科学的好奇心が向かう．生活を変えると，生き物のかたちと機能に変化が生じ，その変化を把握するためにはかたちを手がかりとする．かたちという表現を，形態に限定せずに，はたらきをもつ構造といういいかたをすれば，そのかたちをつくりあげるには遺伝情報のはたらきが基本で，遺伝情報が生き物の内外の環境と対応しながら制御するはたらきがかたちに結果する．結果だけから見れば，遺伝情報の変換が，進化に結びつくことになる．

生き物の発生，かたちづくりは遺伝子のはたらきと当該生物の内外の環境の相互作用によって遂行されると理解される．遺伝子だけでかたちがつくり上げられるものではないし，環境が遺伝子のはたらきに変更を強いることはない．両者が統合されて，生き物のすがたは創り出され，生活は演出される．発生生物学は遺伝子にはじまり，個体がどのようにつくりあげられるかを追う．その関係性を，分子生物学の手法を用いて解析することにより，遺伝子が形質発現をどのように制御し，その関係は進化の階梯を上ることによってどのように積み上げられてきたかを，遺伝子の側から語ることが徐々に可能になっている．

生き物の進化の過程でも，同じように遺伝子のはたらきをきっかけにして生き物のすがたがつくり出され，機能が育てられ，生活が生み出されてきた．遺伝子には変異が生じたし，環境の変動に応じて生き物の世界には進化という現象が認められた．進化の研究に関心をもつ人たちが，遺伝子の制御に応じてつくり出される個体のかたちを追い，遺伝子の変換がどのように個体のすがたを変えてきたかを跡づけようとする．発生生物学の成果と進化学の展開を一体化しようとするものであり，それが生物多様性を生み出す原理の解析に迫っている．

= Tea Time =

ヘッケルの反復説

　ヘッケルは後生動物の系統発生と個体発生の相似関係について，個体発生は系統発生の短縮された反復である，と喝破した．1866年のことである．反復説と同じような形質の発生の理解は，分類群の比較に応じて，19世紀前半にも提唱されていたことがあったが，進化論に結びつけて，個体発生，系統発生という定義を明確にしながら形質が整えられる過程を対比させ，整理したのはヘッケルが最初だった．それ以後，ヘッケルの反復説が発生学の分野ででも，進化論の発展の過程でも，いろんな意味で取り上げられ，形質の形成過程の理解にとって一定の役割を果たしてきた．ただし，反復説を定理であるかのように信奉したり，勝手にそう思い込んで批判したりする見解もあったが，生き物に普遍的に見られる現象には，普遍的に観察している人だけが示唆できる見方もあるものである．

　いうまでもないことであるが，今日の科学の成果に基づいてみれば，系統発生を支配しているものと個体発生を支配する遺伝子の制御とは相同ではないのだから，ヘッケルの定義をそのまま科学の結論にすることなどあり得ない．しかし，形質の発生過程を追い，進化の過程を理解する上で，系統発生と個体発生を対比させてみることは，現在でも，それなりに意味のあることである．

　ヘッケルははっきり限定はしなかったが，個体発生という用語を受精卵からはじまる個体の形態形成と限定すれば，この説が通用するのは後生動物についてである．維管束植物の個体発生に，ヘッケルがいった表現をそのまま当てはめることはできないが，それは後生動物の初期発生の過程と維管束植物のそれとが異なったものであり，形態形成のあり方が違うことを明確にしないと，維管束植物にとってはヘッケルの反復説は無意味になる．ただし，維管束植物の器官の形態形成の過程を追うと，部分的にヘッケルのいい方を適用することができる．維管束植物にとっては，茎頂や根端の一次分裂組織では，胚的な性質を生涯失うことはない．後生動物における胚発生から個体の体制の形成過程の比較に有効なように，維管束植物の場合も，個体発生というよりは形態形成の過程の対比にとっては，反復説をなぞることに意味があるといえるのである．

　ヘッケルの反復説を藻類や菌類の個体発生，あるいは形態形成に適用するとどうなるか，複雑な生活環の対比によって，藻類や菌類の進化を理解するよい手がかりになることもあるのかもしれない．

第17講

菌類と呼ぶ生き物

キーワード：菌糸　従属栄養　生活環　増大胞子　分解者　ホイタッカー　有用菌類

　自分で動かず，細胞には細胞壁があり，胞子による生殖を行うなどの性質をまとめれば，生物の世界を動物界と植物界に二分していたかつての理解に従えば，菌類は植物の側にくっつけられる．実際，20世紀中葉まで，菌類は植物の1群として取り扱われていた．南方熊楠が変形菌類（粘菌類）を動物と植物の中間的な生き物と考えたことが話題になるくらいだった．

　ホイタッカーは1969年に，菌類を植物から切り離し，独立の系統と認識し，動物を加えた3界を並列させようと，5界説を提唱した．すでにさまざまな情報から見直す必要が迫られていた生物界の最高次の階級の分類群の認識は，これをきっかけに形式的にも改められ，さらに検討が深まることとなった．

　もっとも，菌類については，とりわけ微細なものについて，種の階級の多様性の記相をはじめ，まだまだ基盤的な調査研究さえ遅れている．門や綱の階級の高次分類群をどのように認識するかについても，定説が得られるにはほど遠い．わかりやすい話題を部分的に紹介するのが現状では精一杯である．

菌類とは何か

　菌類の系統としての独立性は，やがて分子系統のデータでも確認されるようになるのだが，ホイタッカーが根拠としたのは，栄養摂取のあり方を指標としてだった．植物が光合成を行って独立栄養の生活を行い，生産者として生きているのに対して，動物は有機物を餌として摂取し，それを分解してエネルギーを獲得して生活する．菌類は基本的に従属栄養であるが，エネルギー源とする有機物を摂取するために，基質の表面に固着して広がり，そこに菌糸を発達させて体表面を最大限にする．分解者としての菌類の生活は，生産者としての植物の生活とは異なり，植物とは違った方向への進化を遂げてきたと理解するのである．そして，従属栄養で，固着生活をし，生活環のどこかで細胞壁をもつ生き物と，それになぞらえるものを菌

表17.1 　地衣類分類表

子嚢地衣類	10) トリハダゴケ類*
核菌類	11) ダイダイキノリ類
1) サネゴケ類	小房子嚢菌類
2) アナイボゴケ類	12) ホシゴケ類
盤菌類	13) クロイボタケ類（ニセサネゴケら）
3) ピンゴケ類	14) キゴウゴケ類
4) モジゴケ類*	担子地衣類
5) サラゴケ類*	1) アンズタケ類（ケットゴケら）
6) チャシブゴケ類	不完全地衣類
7) ズキンタケ類（センニンゴケら）	1) レプラゴケ属
8) パテラリア類	2) ヒメキゴケ属
9) ツメゴケ類*	

注) 　表示されている群はおおむね目の階級で認められる大きさのものである．
　＊を付した類（目）では，属するすべての種の菌糸が地衣菌となる．

類とやや漠然と定義する．

　20世紀後半以降，生物の系統についての知見は格段に進んできた．分子系統学の進展がとりわけさまざまな情報を提供するようになった．それまで研究者も少なく，多様性の認識さえほとんど進んでいなかった菌類の研究は，菌類のもつ人の生活にとって有用な遺伝子の可能性とのかかわりもあって，急速に推進されるようになった．

　そうなると，あらためて，菌類とは何か，という問題が取り上げられる．茸やカビの仲間を整理すれば，担子菌類，子嚢菌類として積み上げられてきた情報を理解し，真菌類という群を認識することは難しくない．真菌類には，ツボカビ類，接合菌類，地衣類などが加えられ，よくわからないが真菌類だろうとされる不完全菌類もこの仲間に加わる．不完全菌類と呼ばれ，生殖器官が観察されない菌糸も，分子系統解析で系統的な位置を確かめることができる．

　研究が進むと，変形菌類や細胞性粘菌と呼ばれる仲間は真菌類の系統には属さないことがはっきりしてくるし，細胞性粘菌はアクラシスの仲間とタマホコリカビの仲間が系統的にはかけ離れた群であるというデータが出てくる．サカゲツボカビ類，ラビリンツラ菌類やネコブカビ類も所属が定まらない，などの問題が生じてくる．はっきりしてきた真菌類を菌類としてひとつの系統群と認め，従属栄養で細胞壁をもち，固着生活をするその他の生き物を，ひっくるめて偽菌類と呼んで整理をはじめた．そして，藻類といわれてはいたが二次細胞共生などを経て独立栄養の生活をしている生き物のうちにも，偽菌類と包括される生き物のうちのあるものと系統的なかかわりをもつものがあることもわかってきた．

　かつては，広義の菌類には，細菌類（＝バクテリア）も含まれていたが，この仲間は原核生物として識別されることが確かめられているし，ここには藍藻類と呼ば

れる独立栄養のシアノバクテリアも含まれる．

偽菌類の実体

　偽菌類は原生生物に含められる．原生生物と呼ばれている群は，いまでは系統のよくわかっていない生物群の仮置き場の様相を呈している．実際，偽菌類には変形菌類（粘菌）と細胞性粘菌と呼ばれてきた仲間，サカゲツボカビ類，ラビリンツラ菌類，ネコブカビ類などが置かれているが，それぞれの群が単一の系統群として認識されているというのではない．

　変形菌類と細胞性粘菌のタマホコリカビの仲間はアメーバなどと同じ原生動物肉質虫類と系統的に関連があるらしい．これらの偽菌類では，生活環の主相でアメーバ運動をする変形体をつくる．むしろ，アメーバと呼んでいる原生動物は，変形菌類などの生活環から胞子形成の時期が欠失したものと推定する見方さえあるが，系統関係を確定する証拠はない．生活環のうちにアメーバ状運動をする細胞をもつ生物はさまざまの系統で知られており，これらの系統関係はさらなる検討を要する．

　細胞性粘菌の1群とされていたアクラシスの仲間は，タマホコリカビと区別されたが，タマホコリカビを外した残りもさらに多系統である可能性があり，何と関係づけるか結論はまだない．タマホコリカビなどが形態形成の研究のためのモデル生物として活用され，細胞性粘菌も注目を集めたが，この群全体の進化と系統についての知見はまだ不十分である．

　ネコブカビ類は30種ほどが記載されている寄生菌で，原生動物鞭毛虫類に近縁と推定されている．

　ラビリンツラ菌類，サカゲツボカビ類，卵菌類（ミズカビの仲間）は遊走子の鞭毛が2本（ふつう前方に向かう長めの羽形鞭毛と，もう1本の短めのむち形鞭毛）あり，藻類の不等毛藻類などと酷似している．他の形質も指標として，両者を併せてストラメノパイルと呼ぶ系統を設けようとすると，原生動物のうちビコソエカ類などもこの系統に収まることがわかってきた．不等毛藻類は二次細胞共生によって葉緑体をもつようになった群である．ビコソエカ類はこのうちまだよくわかっていない黄金色藻類のうちの葉緑体をもたない（二次的に失った？）群と見なされることもあったが，分子系統解析の結果は，光合成能を獲得する以前のもっとも古いストラメノパイルだったと推定することになった．ストラメノパイルという群には，菌類，藻類，原生動物に分類されている群を寄せ集めることになったが，系統的には単一の群が，二次的な細胞共生によって葉緑体を得たことなどもあって，分化と収斂を重ね，分類群としての認識が遅れていた．褐藻類や珪藻類のような多様性に富んだ群も含まれており，既知の種数は珪藻だけで，化石種を含めて2万といわれる．珪藻は硬い殻に包まれているので化石に遺りやすく，1億8500万年前の化石

も知られている.

上に簡単に触れたように, 偽菌類に分類されている生物は, それぞれの系統について十分の研究成果が出ていないということもあり, 自信をもって何らかの系統に割り振りすることがまだできない群であると理解し, 研究の進展を期待したい.

子 嚢 菌 類

真菌類といえば, カビ (黴), キノコ (茸), 酵母 (イースト) などが思い浮かべられる. しかし, これらは古来使われてきた一般用語で, 生物学的に定義されたものではないので, 生物学的に見れば定義は曖昧で, 特定の系統群を指す言葉にはなっていない. 広義の菌類について使われるが, 先に述べたように, 菌類という言葉自体が単一の系統群を指すものではないのだから, これらの言葉が意味するものを生物学で論じると正確さを欠くことになる.

子嚢菌類は常識的にはカビの仲間であるが, カビと呼ばれるのは, 子実体 (キノコ) をつくらない菌糸が広がっているのが肉眼で認められる状態であり, 表面から多量の胞子を撒布する状態で気づくことが多い. 食品を駄目にしたり, 住いや衣服を傷めることが多いので, 嫌われものであるが, 資源として有用なものも少なくない (Tea Time 参照).

菌糸, あるいはそれに似た形態を示すものを広くカビというので, カビは子嚢菌類だけでなく, 担子菌類の分生子世代のもの, 不完全菌類, 狭義の菌類以外でも変形菌類や細胞性粘菌など, それにストラメノパイルの卵菌類 (ミズカビ) などにも

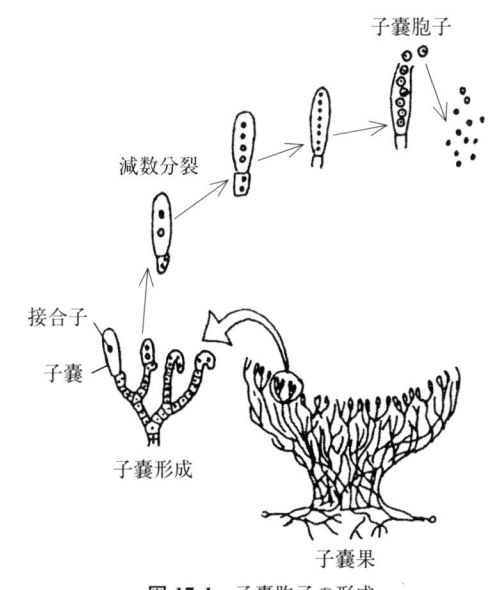

図 17.1 子嚢胞子の形成
成熟した菌糸が集まって子嚢果をつくり, 子嚢の中で子嚢胞子がつくられる.

カビとよばれる状態のものがあり，和名にカビがつくものがある．一般用語を借用した表現では，生き物の様態を示すのには便利であるが，さまざまな系統から並行的に進化してきたすがたをひっくるめて呼んでいることが多いので，系統的な理解を妨げることになる．

系統群としての子嚢菌類を見ると，これははっきりした群で，生活史のうちで，胞子嚢である子嚢をつくり，その中で胞子母細胞が減数分裂をしてふつう8個の子嚢胞子を子嚢内に形成する（図17.1）．体制は菌糸が広がるだけのカビで，なかなか目にとまらない微小なものから，単細胞の酵母のかたちをつくるもの，子実体を形成し，キノコとなるものまで多様である．菌類のうちには，菌糸だけが知られており，生殖細胞が観察されないため系統的な位置が確認されないものが多く，まとめて不完全菌類とされているが，これらのうちには子嚢菌類が多いことが，分子系統解析で得られたデータなどを指標として，徐々に明らかにされている．藻類との共生体をつくる地衣類の菌糸にも子嚢菌類のものが多い．

担子菌類

前項で述べた一般用語を使えばキノコには担子菌類が多い．キノコは菌糸が寄り集まって種に特有の形状を示す子実体を形成した場合の呼称であり，キノコのすがたで人間生活にかかわり合ってきたことからわかりやすい表現になってはいるが，担子菌類でも子実体をつくらないものがあるし，子嚢菌類にも子実体をつくってキノコになるものがある．子実体も，すがたが目立たないものはカビにひっくるめてしまうことがあり，キノコとカビの差も，典型的なものはわかりやすいが，目立た

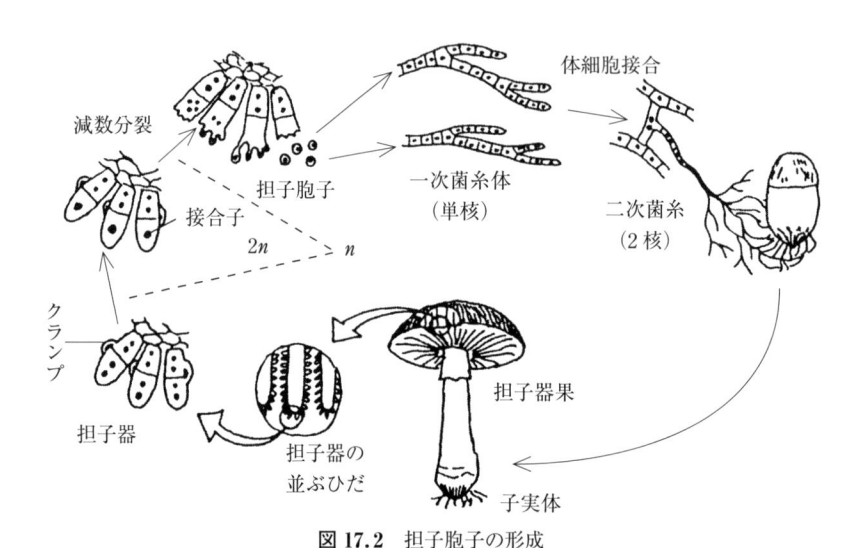

図17.2 担子胞子の形成
二次菌糸の先端でクランプがつくられ，2個の細胞の間で，1核ずつがクランプを通って交換され，やがて接合，引き続き減数分裂が見られて4個の担子胞子がつくられる．

担子菌類も生活史を見ると系統的なまとまりがはっきり定義できる．担子胞子が発芽すると一次菌糸を生じるが，これは単核性である．やがて菌糸同士が接合し，異なった菌糸由来の2個の核が細胞内に共存する二次菌糸がつくられる．二次菌糸が寄り集まって子実体となる．子実体上で，二次菌糸の細胞同士が特有の過程（図17.2）を経て核を融合させ，この系統群に固有の特殊な胞子嚢である担子を形成し，融合した核をもつ細胞が減数分裂して，ふつう4個の担子胞子を担子に外生する．

=== Tea Time ===

菌類と人類

広義の菌類と人との付き合いは太古にさかのぼるが，菌類と意識した記録は意外に不明瞭である．キノコは食用として利用されてきたし，毒キノコも怖れられてきた．食用に貴重だった狩猟採取の時代と違って，最近では茸狩りは地域の文化を示すすがたとされている．トリフが子嚢菌類でマツタケが担子菌類のキノコであることなど，美味を嘆称する際には系統的な異同などはあまり意識されない．

人に災いを与えるのは，毒キノコだけでなく，菌類に広く見られる現象である．カビという言葉はあまりいい印象では受け取られない．季語としてもカビは夏であるが，梅雨の頃，積み上げていた衣料や冷蔵庫に入れておいた食料まで，カビに襲われることがある．最近では強力な薬品で追い払われるが，壁面など住いのあちこちもカビにやられて閉口することがある．

細菌と同じように，直接人のからだに取りつくカビもあり，皮膚病を引き起こすことがある．ペットの皮膚病にもカビが寄生するものがある．栽培している植物は細菌やウイルスの感染で病気にかかることがあるが，糸状菌に冒される例も少なくない．クロボキン，サビキンなどは植物に寄生して胞子をつくる担子菌であり，子嚢菌にも寄生性のものが少なくない．

人にとって好ましくない菌類が早くから用心されているのと並行して，人のためになってきた菌類も少なくない．キノコは食用になるだけでなく，薬用にも活躍した．製薬の技術の進歩とともに，さまざまな菌類が薬に活用されている．アオカビからペニシリンが発見されて以来，ストレプトマイシンなど多くの抗生物質が見つかっており，日本からもメバロチン（脂質異常症治療薬）の発見などの貢献がある．未知の種から期待されるものを含め，今後ますます菌類の有用遺伝子が活用される可能性は高い．

菌類といえば醸造に不可欠であるし，パンを焼くのにイーストを欠かすわけにはいかない．洋の東西を問わず，菌類が人の生活と深くかかわり合っている事実を忘れるわけにはいかない．さらに，菌類は研究が遅れている群で，既知の種は約8万

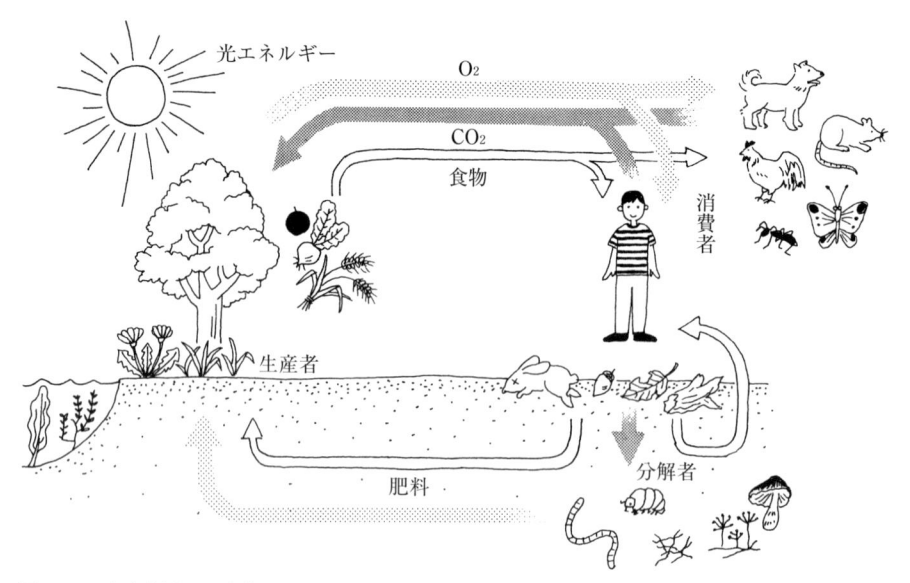

図17.3 地球表層で，生物界の3界は生産，消費，分解の役割を分担した生態系をつくっている

種と概算されるが，実際に地球上に生育している種数は100万から150万と推定される．今後同定され，特性が解明されるべき種が，現に名前をつけられているものの10倍以上ある可能性がある．そのうちには，人にとってたいへん有用な種もあるに違いない．研究の進展が期待されるところである．また，菌類は培養しないと研究も難しいし，せっかくの有用性を活用することもできない．発見し，培養することが認識の第一歩であり，調査研究には肉眼で容易に認識される生き物たちとは違った難しさがある（図17.3）．

第18講

化石を手がかりに系統を追う

キーワード：印象化石　　恐竜　　古生物　　三葉虫　　実証　　生痕化石　　微化石　　復元

　生物の系統を語るのは古生物学であるとするのが常識である．古生物学とは，地質時代に生きていた生物について研究する領域だから，現生生物の多様性を解析する分類学が直接扱う分野ではない．しかし，生物多様性の研究は生命の歴史性を多様性から解析するという側面をもっているし，生物多様性の全体像は生き物の進化の歴史を無視して理解できるものではない．だから，生物多様性の研究は，現生生物の多様性に見る相互関係の解析と，系統を跡づけるためのさまざまな手法による解析とを総合して推進する．当然のことながら，化石の同定のためには，現生生物の多様性についての該博な知見を必要とする．古生物学者は生物多様性の研究者であり，生物多様性の研究者は古生物学の成果を活用することで現生生物の多様性の由来を知る基盤とする．系統学の発展の歴史を振り返ると，現生生物と化石を同等に扱った研究の成果が大きく輝いていることを想い出しておこう．

系統を実証する

　地球上の生き物は単元だったが，出現したその瞬間から多様化を演出してきたと，折に触れて述べてきた．多様化は，個体変異の創出にはじまったかもしれないが，やがて種分化を促し，系統の差を創り出した．多様な生き物は，それぞれの系統に属し，多様な種のすがたで地球上の生を謳歌している．

　現生生物が変異を創出するのは，遺伝子突然変異をきっかけとしてであることは生物学の常識になっている．だから，小さな遺伝子多様性がやがて種分化につながり，独特の生き方を展開する種が，やがて近縁種との種差を拡大し，独特の群を形成し，属として独立する．

　系統という用語を使うのは，種や属のレベルの話題でもいいのではあるが，実際には門や綱などそれらより高次の階級について語る場合が多い．その，門や綱の分化は，種や属の分化の積み重ねで生じるという見方に疑問を呈する向きもある．種

や属の階級で見るような差を積み重ねただけでは門や綱の階級の差を定義するような違いがつくりあげられるとは考えられない．門や綱の階級の差を示すような形質に違いが生じる機作はいったい何なのか，系統を追跡する過程で明らかにさせたい課題である．門や綱の階級で識別される系統の差が，長い時間をかけてつくりあげられたものであることは間違いないことだろうが，高次の階級の分類群の差が形成される過程はまだ確定されているわけではない．

どのような階級の系統であれ，跡づけられた系統を実証するのは化石である．さまざまな解析を通じて，系統を再現し，推測することは可能であるが，すでに消滅してしまった過去へ戻れない以上，過去を記録するものに証拠を求めるとすれば，系統に関しては化石が唯一実証的な資料ということになる．

化石の研究史

ギリシャの時代には，化石を過去の生物の姿と考えた人もあったが，アリストテレスが具体的な化石の例について石の中に生まれた像と説明したことから，その後長い間化石の実体が正確に認識されないでいた．近代科学の方法ではじめて化石の研究を行ったのはキュビエで，化石のゾウを現生のゾウと詳細に比較し，化石を過去の哺乳動物と理解し，マンモスと名づけた．間もなく，シベリアの永久凍土からマンモスが発掘され，キュビエの観察の正しさが確認された．化石の近代的な研究の嚆矢となったものであり，これ以後過去に生きていた生物としての化石の研究が進み，その成果が進化論の進展につながった．皮肉なことに，キュビエ自身は反進化論で一貫しており，キュビエの説明では，神はさまざまな生き物を創造し，ノアの洪水などで何度も絶滅させたという．

化石の研究は生命の歴史を知る上で唯一実証を与えるものとして取り組まれており，本書でもいくつか紹介しているように，さまざまな知見をもたらしている．生命の起源についても，最古のバクテリア化石が西オーストラリアの34億6000万年前の地層から見つかっており，それより前であることは確実とされている．

化石の研究は，いうまでもないことであるが，研究技法も進み，近隣領域との情報交流にも成功し，飛躍的な進展を見せている．化石は過去の生物の断片的な記録ではあるが，すでに発掘されている化石は膨大な量に達している．まだ研究が行き届かない地域，時代，生物群も多く，今後の発掘，研究も期待される．すでに得られた情報は一部はデータベース化され，系統をはじめさまざまな推測に有効に活用されている．

化石は地質時代の生物のすがたを示すものであるが，堆積物としては地質時代の区分の指標としても役立てられる．古生代，中生代，新生代などの時代区分も化石を指標として定められる．放射性同位体によって地質年代を定めることができるよ

うになるまでは，化石が地質時代を指標する唯一の頼りとされていた．地質時代を示す化石を示準化石というが，三葉虫やフデイシが古生代，アンモナイトが中生代，ビカリアが新生代を指標するなどはその典型例である．また，生息していた頃の環境を物語る化石を示相化石ということがあるが，広義には化石は何らかのかたちで彼らが生きていた頃の地球環境を示してはいる．

さまざまな化石

　化石は過去に生きていた生き物についての記録であるが，化石に遺りやすい生物群，遺りにくい群があるので，過去に生きていた生物が均等に化石に遺るということはあり得ない．軟らかい組織は化石に遺りにくいのに対して，硬い殻などは化石になる割合が高い．また，化石になるためには死後の分解からの防御が必要で，たとえば河川の洪水で一斉に土砂に埋まってしまったような場合に化石になる機会が多いと推定される．化石を指標にして過去の生物の生き様を推定するためには，それらの条件も慎重に考え合わせなければならない．

　具体的な化石には，さまざまな形態のものが含まれる．もっとも望ましいのは軟質部も残っている遺体であるが，多くのものは硬い部分だけが化石となる．他に，岩石などで置換したもの，岩石などに跡を遺した印象化石，さらに変形してしまった化石燃料なども広義の化石である．さらに，過去の生き物が生きていた跡が岩石などに刻みつけられた生痕化石も過去の生物の生き様を部分的に再現してくれる．

　軟らかい部分まで遺されて実体が再現される化石は，生命の歴史を語るもっとも確実な化石である．エディアカラ生物群は，まだ硬い殻をつくっていなかった動物群の化石と推定されている．ただし，ほとんどが扁平な化石であるなど，時間とともに変形が加わった可能性も否定できない．軟らかい組織だけで長期間岩石の中に閉じ込められていると，生きていた時の様子を維持しているとは限らない．新しい時代の遺体には，生物の死体のように組織が遺っているものもある．第四紀の植物遺体のメタセコイヤや，キュビエのところで述べたマンモスなど，その例といえる．系統の復元についても，このような化石で形態まで詳細に遺されているものが大切な役割を果たしていることはいうまでもない．

　硬い殻の部分などが化石になるのは，貝殻，骨，角，歯や，琥珀に含まれる昆虫など，植物だと炭化したものなどが例である．組織の詳細がわからない場合もあるが，量的にたくさん出てくる場合があり，示準化石などで有用な情報を提供してくれる場合がある．アンモナイトや三葉虫，フズリナなど有名な化石にはこの種のものが多い．貝殻や骨，樹幹などで，そのまま岩石に置き換わっているものもある．

　観察の精度が高くなると，肉眼で見えないような化石も研究対象となる．SSFと呼ばれ，組織片が観察されたり，花粉や胞子，珪藻など，硬い殻に包まれて化石に

遺りやすい細胞が，大量に出てくるところに目をつけて，量的な変動を追う指標として有効に活用される場合もある．

印象化石は，生物のからだが押しつけられた像が岩石などに遺されたもので，そこから関係する時代に当該生物が生きていたという証拠は得られるものの，その化石から生物の形質について詳細な情報が得られることはまずない．過去の生き物については限られた情報しか得られないことを考えれば，印象化石の情報もたいへん貴重ではある．

実体のある化石だけでなく，このような生痕化石も貴重な資料である．化石となった生物が生きていた時代にその生物が生きていた事実を示し，その生物の生活の一断面を示してくれる．動物の蠕動の跡がよく話題になるが，足跡，巣穴なども有力な化石だし，食物，糞，卵などの化石も関連の情報を提供する．

シアノバクテリアが層をつくって遺っているストロマトライトなどは化学化石と呼ばれることもある．いろんな色素が同定されることもあるし，琥珀も化石関連の資料であるが，これにはしばしば昆虫や果実など実体のある化石がともなっている．化学化石といえば，最近では化石からアミノ酸，タンパク質，核酸などまで同定する技術が開発され，ジュラシックパークで描かれたような夢も追われる．

太古の生物と現在人とのかかわりの象徴である化石燃料は，地球温暖化とのかかわりで生物多様性の消長にもかかわりがあるが，現在の人の生活に不可欠のものである．生物の遺体に起源する石油から，人造繊維など，現在人の生活に不可欠なさまざまな物資が供給されていることは周知の事実である．また，石炭の採鉱は，化石の研究にもおおいに関係があり，炭鉱からの化石が古生物学に貢献した点も少なくなかった．

化石の物語る生命の歴史

系統の研究はもっとも理想的には化石を対象とすることである．しかし，三十数億年の生き物の歴史を再現するためには，化石はあまりにも限られた点でしか出土しない．いきおい，系統の研究は，現生生物の多様性から復元した情報を，点で手がかりとなる化石の断片的な情報で確認するという進め方になる．分子系統学が進展すると，過去に生じたことを情報から推測する確からしさも増えてはくるが，それにしても情報の正確さを具体的に確認できるのは化石という実物によってである．

情報の確認のための唯一の手がかりだとすると，化石の認識は系統を知る上でたいへん大切なことになる．せっかく得られた化石の同定に誤りがあれば，系統の認識が根本的に揺らぐことになる．実際に手に入る化石は断片ばかりである．生き物のからだのひとかけらから全体を復元し，それが何であったかを確かめる．時代の正確な考証も必要である．化石の研究とはそういうことである．

古生物学の発展によって，生命の歴史が少しずつ明らかにされている．しかし，科学が知ることのできた事実はまだ限られているということを，この分野ははっきり示している．しかも，さらに研究が展開すればぐんとよくわかるようになるとも期待できない，すでに滅んでしまった生き物が研究の対象だからである．不可知論が完全になくなったわけでもない．それだけに，限られた情報から全体像を掴むことの意味を認識しておく必要がある．古生物がそうであるように，系統を対象とする研究そのものがそういう限界のある領域なのである．しかし，いまはまだそのことにこだわる時ではない，化石についても，まだまだ解析されることが山ほどあり，それらが究め尽くされた上で手法の限界をどう乗り越えるべきかを論じればいいことなのだから．

============ Tea Time ============

恐竜発掘

　わたしは自分で古生物学の研究をしたことはないが，系統に関する研究をする立場から，古生物学近傍で研究活動に関与していた．それが，ひょんな都合で，化石についてぐっと身近に感じる機会に接することになった．

　兵庫県立人と自然の博物館（以下「ひとはく」と略称する）に関与するようになってしばらくして，2006年夏に，県下の丹波市で恐竜の化石が発見され，ひとはくがその発掘にかかわることになった．恐竜化石はメディアの人たちの飛びつく話題でもある．化石がいいものだったし，発掘の過程も順調に進められたこともあったが，それ以上にメディアに取り上げられることが多く，あちこちで話題にしていただいた．

　丹波市の人たちはその化石に丹波竜（図18.1）という名をつけ，街おこしのきっかけにしようと，話題づくりに真剣である．ひとはくを中心とする発掘，もち帰った材料の慎重なクリーニングなど，研究関連の新知見も多様に展開している．それも，ニュースで報道されるだけでなく，科学的な検証を経て学術的な報告も進められている．まだ発掘が続いているし，最初の発見場所の下滝だけでなく，篠山層群と呼ばれる地層全体を対象とする研究に展開しつつある課題だから，研究の展開には相当の時間をかける覚悟が必要である．

　ところで，この化石の埋まっているところが，丹波市であり，わたしは現在の丹波市で生まれ育った．生まれた地区も育った地区も，化石の産地からは少し離れてはいるが，幼い頃わたしはこの化石の発掘される場所を，その真上を踏みつけたかどうかは定かでないが，歩いているのである．それは，下滝地区のすぐ上流に，川代公園という桜の名所があり，幼い頃にそこへ花見にきたことがあったからである．幼いわたしが，福知山線下滝駅をおりて，川代公園へ向け，よちよちと歩いた

図 18.1 丹波竜化石（「ひとはく恐竜化石プロジェクト中間報告書」, 2011）

その足元に，一億何千年前から恐竜の化石が眠っており，いまそれがわたしが関係しているひとはくの研究者らを中心に掘り出されているというのである．嬉しい気分になるのは，その化石が科学研究の材料として優れたものであるという科学者としての喜びに上乗せした何かがあるといってもおかしくないだろう．

第19講

生き物の多様化
多様性に支えられる生命

キーワード：生き物の体系　　遺伝子突然変異　　環境変動　　生物の多様化
　　　　　　適応進化　　普遍性

　1980年頃には，私たちが生物多様性の研究が大切だと主張しても，生物学の世界でもその主張は素直には認めてもらえなかった．科学の研究とは，自然界を支配している普遍的な原理原則を追究するもので，生物がいかに多様であるかを記述しても，生きているとはどういうことかをわからせる意味では貢献することがない，などという声の方が強かったからである．1992年にリオデジャネイロで開催された環境サミットで「生物多様性条約」がまとめられてから，生物多様性に向けての社会的な関心が高まることとなったが，それはちょうど生物学の世界ででも，生物の種多様性研究の重要さが少しずつ認識されるようになった頃でもあった．種多様性を科学的に追究する技術が，生物学の発展にともなって展開してきたからだった．20世紀の最後の頃になって，生物多様性の生物学的意味が，DNAをキーワードとする現代生物学の手法を用いてずいぶん詳しく解析されるようになった．しかし，それでもなお，生物多様性が普遍的な原理に支配される現象であることを認識する人は多くはない．生物多様性の研究者も，そのような意識に推されて研究を進めている人たちばかりではない．

　生物多様性の研究は，結果として多様になった生き物たちを個別に見比べようとするものではなくて，系統という背景を意識し，ひとつの体系にまとまった多様性が演出されているという実体を意識しながら解析すべきものであることは，今さらあらためていうまでのことではない．系統進化の研究は，生き物にとってもっとも大切な特性のひとつである種多様性を科学的に解析する基盤であり，多様な現象に通底する普遍的な原理を追求するために統合的な研究手法を必然とする研究領域の典型例である．

DNA の二面性

　生命現象の示す多様な側面と普遍的な法則性とは，生き物が生きていく上で不可

欠の縦糸と横糸のような関係にある．第1講で述べたように，生きているという事実は生物界に普遍的な方法で，DNAに担われた遺伝情報が複製され，世代を超えて伝達されるし，伝えられた遺伝情報は生物界に普遍的な転写の過程を経て子供の形質として発現され，生命の若さを不断に維持している．生き物にとってもっとも特徴的で重要なこの普遍的な原理は，DNAの同型複写という特性と形質発現のための情報制御の特別な方式に従って演出されている．生き物が生きている事実はこのようにしてDNAを媒介として連綿と引き継がれ，演出されてきた．

　DNAの性質にとって注目すべきことは，正確に同形複写する性質と平行して，恒常的にごくわずかな変異を生じるという性質も併せ備えている点である．この変異は分子を構成している塩基の配列順の複製に不正確さを生じる現象であるが，塩基の配列が乱れても，DNA分子はそれだけで簡単に崩壊することはない．変異を生じた分子も，もとの型と同じように存在し続けることができる．

　自己再生産の際に生じる変異は，生物種やDNAの部位によって一定してはいないが，平均して100万回に1回から1億回に1回くらいの頻度であると観察されている．しかも，その変異は中立的に生じ，何かを目的に誘導されたり，適応的な方向に変異するものではないことが確かめられている．ただし，放射線などの刺激が加わることで変異の生起率が高まることも知られている．

　DNAの塩基配列に見る変異は転写されるRNAの塩基配列に影響するので，生じた変異は直接的にはコドンの構成に変化をもたらす（図22.1参照）．コドンが違う構成になると，制御して生み出すアミノ酸は別のものになることがあり，その結果，合成してつくられるタンパク質が違ってくる．アミノ酸が揃わず，子どもの形質発現に必要なタンパク質がつくられないこともあり得る．

　DNAに生じた単純な変異はその後の形質発現の過程における大きな齟齬につながり，次世代の子供が生きていくことができないくらい生命物質の生産に大きい影響を与えることがある．このような場合，変異は致死的な結果をもたらす．もちろん，変異のうちには次世代の死につながるようなことのない微小なものもある．コドンの変化がアミノ酸の産生に影響がない場合だとか，異なったアミノ酸をつくり出しても，生きていく上で特段の問題がない場合などである．

　有性生殖をする生物では，DNAの塩基配列の変異が2本の染色体のうちのひとつに生じても，変異型が劣性遺伝子として片方の染色体上に存在するだけなら，子どもの形質はもうひとつの染色体上のDNAの制御によって発現し，結果としては変異は成体に成長した子ども世代の形質には関係ないまま後継世代に伝達される．このようにして次世代以降に伝えられる微小な変異が積み重なり，長い年月の間集団内に遺伝子の変異として浮動し，遺伝子多様性を生み出す．この多様性は時とともに拡大する．時間を経て，この集団の生きている環境にも変化が生じ，集団内に

浮動していた遺伝子の変異型の方が，その時の集団の特性となっていた形質よりさらに適応的な性質を示すような状況が生じたら，たとえ劣性遺伝子であってもホモになった場合に形質を発現し，適応的な形質が生存に有利に働いて，その変異型は急速に集団内で増殖し，やがてその集団の属性に置き換わる．集団を構成する個体の間で何らかの差異が生じると，変異した方の小集団はもとの小集団と違った生き様を示し，遺伝子多様性が集団内の変異として現れる．そのような小集団の間に隔離が生じたり，環境との適応性に差が見られたりすると，やがて種が分化したり，新しい種への変貌が見られたりする．種分化，種形成などと呼ばれる用語には，多様化する場合も，種そのものが大きく変化してすがたを変えるものが含まれる．

　DNAが正確に同型複写をする性質が，ウリの蔓にはナスビはならぬ，とたとえられる種の性質の恒常性を導く．しかし，平行して生じる一定の頻度の無方向な遺伝子突然変異が，進化と，その結果としての生物多様性をもたらす．このDNAの恒常性と不断の変異の創出は，多様なすがたを示す生物界に普遍的な現象であり，生物多様性を創出し，維持する基本的な原理である．

環境変動と適応

　生物の種特異性は，DNAの正確な複写によって世代を超えて伝達される．もし，その生き物が生きている環境が不変だったら，それで'めでたしめでたし'である．しかし，宇宙も，その構成要素のひとつである地球も静止したものではない．地球上の無機環境も，最近では'進化'という表現を借用して説明されるように，一瞬の休みもなく展開を続けている．ある生物種の生活環境も，たとえその種を取り巻く生物環境が変わらなかったとしても，無機環境だけでも常に変動を刻み続ける．今では，生物の活動が地球表層の環境変動に大きな影響をもってもいる．環境の変化の幅は時間とともに大きく積み重なる．生き物は特定の幅の環境に生きることができるように適応しているので，少々の環境の変動は問題でないが，環境が大きく変化してしまえば，ある閾値を超えてからの新しい環境には生きていけなくなる．結果は種の自然界における絶滅をもたらす．

　もしDNAに絶対に変異が生じないか，変異したDNAが生存につながらないのなら，生物の型は発生した時から永遠に不変であったはずである．その場合，地球上に現れたたったひとつの型の生き物が，親子代々完全に同じ形質を備えて生き続けたことになっただろう．しかし，現実には，生物が不変でも，地球環境には変動が見られたはずである．その結果，発生，成長した始源型の生き物は，その型が生存を許容される環境とは違った地球環境に遭遇した際に死滅し，予備軍ともいうべき代替生物がつくられていない地球上の生命の歴史は，それで終わりになったことだろう．

現実をみると，DNAは基本的には正確に同型複写されはするが，恒常的に変異を生み出す性質をもっており，もとの型と違った生き物がつくり出され，生物には多様性が導入される．変異型遺伝子は集団の中に保全されている．環境に変動がもたらされた際，もとの環境より新しい環境により適応的な生物が準備されていることもあり得る．徐々に変化する環境に，徐々に適応して変異した形質もあっただろう．無方向に生じた変異を保持して，集団内に劣性の変異型として浮動させていた型が，変動して新しくなった環境にはよりよく適応することになった場合もあっただろう．より適応的な型は生命力を旺盛に発揮し，多くの子孫を産み，育てる．そのような新型遺伝子が集団内で急速に優勢になれば，新しい変異型の形質がつくり出され，新種形成が見られる．

　DNAのもつ二面性は生物が生きていく上で望ましい条件を満たしていた．だから，三十数億年前に地球上に出現した生命体は，途中で断絶することなく，その後旺盛な展開を示し，多様なすがたに発展してきた．生命体の歴史的な展開の機作と，その結果生じた多様な生物の性状が，系統進化と呼ばれる研究領域が明らかにしようとする生き物の演じてきた実体である．

多様化と生命の普遍性

　20世紀を通じて，生命が正確に親の世代から子の世代に引き継がれる現象を支配する原理が，メンデルの法則に基づいて，科学的に解析され，証明されてきた．そして，世紀末が近づいた頃までに，生物の多様化という現象が，どのような普遍的な原理に支配されているものであるかが，徐々に解明されてきた．

　生物の多様性という現象は，大昔から人の知的好奇心の対象だった．生物多様性は人間生活に不可欠の資源としての意味もあり，実利的にも多様性を知ることは必要だった．食物資源としては，いかに生産性を高めるかが問われていたし，有用，有害などの属性を備えた種の識別も人の生存にかかわる問題だった．だから，有史以前から，生物多様性は重要な研究課題だったのである．

　科学としての生物学が発展してきた20世紀にもなると，多様な生物種の特性が記載されるだけでは満足しない生物学者の間で，「枚挙の生物学」に対する非難が加えられた時期もあった．生物多様性のもたらす実利的な側面から，多様な生物の基本的な形質の分析，記載も推進されはしたが，多様性の生物学的意義を知りたいという科学的好奇心も深まってきた．遺伝学の進歩にともなって，生物多様性をもたらす原理についてもさまざまなことがわかってきた．その原理に従って，具体的な生物の多様性が，生物学の手法に従って解析もされてきた．

　生物多様性の実証的な解析としては，細胞遺伝学の原理に従って多様化した種間の系統の解析をもってその嚆矢とする．木原均らによる小麦の起源を追跡する研究

はその典型例だった．6倍体のパンコムギの核型分析によって，もとは2倍体であるヒトツブコムギと別の野生種との交雑，倍数化によって生じたリベットコムギが，さらに別の2倍体野生種と交雑し，倍数化してつくり出されたものであることが突き止められた（図19.1）．

　核型分析の手法によって栽培型と野生種の関係が追跡され，人類による遺伝子資源の活用の歴史が明らかにされるのと平行して，さらなる有用品種の作出が細胞遺伝学的手法を用いて推進され，育種の手法は遺伝学によって確からしさを飛躍的に高めることとなった．さらに，分子遺伝学の発展にともなって，バイオテクノロジーの展開が見られており，これは科学の社会への平和的な応用の典型的な展開ともいえるだろう．

統合的な生命観

　ここまでに，系統進化は生命に秘められた生物界に普遍的な原理を，歴史を通じて見られる生物の多様性を手がかりに追究するものであると述べてきた．だから，研究の対象は，地球上に生命が現れて以来三十数億年の生命の歴史と，地球上で数千万，多分億を超えるほどの種数にまで多様化している生物界のすべての生き物たちを包含するものになるはずである．個別の研究における解析の対象は個々の現象であり，どのように種が分化するか，より高い階級の分類群の分化にはどのような原理が働いているか，地質時代を刻んだ時期には生物に何が生じていたか，真核生物が生じたり，多細胞体が出現したりしたのはどのような経過によるものだった

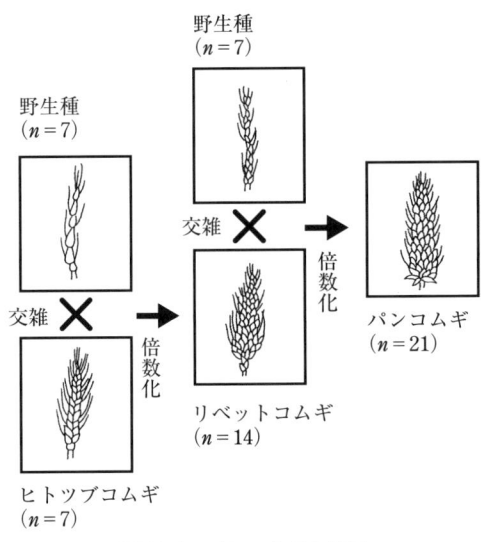

図19.1 パンコムギの作出
6倍体のパンコムギは，交雑，倍数化の染色体突然変異を経て現在のすがたに進化した．

か，それらの事象が，さまざまな生物群でそれぞれどのような現れ方をしたか，個別の研究課題は個別に解明を必要とする．個別の研究課題が，科学的好奇心をそそるたいへん興味深い課題であることも確かである．しかし，特定の断面を切り取ってみても，それで系統進化の解明をしたということにはならない．系統進化は，あくまで三十数億年の生命の歴史の総体を指すものであり，地球上に生きるすべての生物を包含した現象を意味して，はじめて生きているとはどういうことかという問題に対応するからである．

地質時代に見られた歴史上の事象は，実際には再現不能であるし，現生の生物にしても，億を超えるほどの数の種に分化して生きているという推定もあるというのに，現に認知されている種数は百数十万に過ぎない．それでも，系統進化というのは三十数億年の生き物の歴史を総覧し，億を超えるかもしれない種のすべてを包含した真理を明らかにしようという課題である．個別に示される現象を，ある断面で切り取って解析することが，科学的な真実に迫る過程で不可欠の課題であることはいうまでもないが，過去に生じた現象など，今から再現できず，解析の対象となりにくい場合もある．そのため，系統については完全に再現することは不可能であるとする不可知論が昔から声高に語られることもある．しかし，科学的な再現性は難しい課題かもしれないが，逆に不可知論が立証されたわけではない．いずれ，第25講，30講などでも言及するように，不可知であることが立証されるのでなければ，課題に立ち向かうのが知的好奇心というものだろう．

具体的な事実についての知見がごく限られた範囲のものでしかない，という現実に対する対処の仕方にもいろいろな場合があり得る．知り得た事実から，その背後にある真理に迫るというのは科学の正道であるが，事実についての認識が限られていると，それを統御する真理に迫るのがきわめて困難である．しかし，系統進化のような領域に関していえば，すべてでなくても多くの事実に対する知見を蓄積するのにも，まだまだ何百年という時間を必要とするかもしれない．だとすると，わたしたちは自分の目の黒いうちに系統進化についての真実を知ることができない，と証明されてしまいそうである．そのため，限られた範囲の情報を取りまとめて，その奥にある真実を見通すために，統合的な考察の必要が説かれることになる．系統進化のような領域の科学では，その必要性が喫緊の課題として迫ってくるのである．

═══════════════════ **Tea Time** ═══════════════════

種分化と種形成

系統は歴史的な実体を指す言葉であるが，系統をある時点で見れば，その切り口

が種多様性という像になる．種多様性は，種を基本的な単位として，生き物の世界にある体系を表現するものである．もっとも，その基本的単位である種が，現在の科学ではまだ定義不能のものであることは，第22講 Tea Time で述べるとおりである．

脊椎動物や維管束植物などの動植物では，種の寿命は数千万年くらいと計算されることもある．有性生殖をする分類群では，新しい種が形成されるまでに100万年単位の時間を要すると第22講で述べるが，これは環境の変動などに対応するような新種形成ができるまでの時間である．ところで，新種形成といわれる事象には，ある種が2つ以上の種に分化する進化と，ある種についてもともとの性状とまったく別種と呼んでいいほど別のものに変貌する進化がある．後者の場合生物相を構成する要素に変動は生じても，当該地域の生物相に多様化は生じない．

そこで，新しい種が生じる現象を，かつては種分化という用語で総括して表現していたが，分化は多様化を意味するということから，種形成という用語でいいかえることが多くなった．種形成には，分化による多様化を含むことになる．

ある種が生存している場に適応するかたちで生活していても，地球環境の変動にともなって，その種の生存に最もふさわしい状態でない事態がやってくることがある．地球環境が静止していることはないのだから，何らかの変動が生じるのは当然である．種に平均的な寿命があるというのも，地球表層において環境変動が生じることも要因に含まれる．その場合，広分布種の一部に顕著な環境変動があり，その地域でこれまでの種の性状と違った形質が育ってくると，他の地域であまり大きく変動しない集団と，異なった型を生み出すことになり，種分化が生じる．一方，分布域の全域で同じような環境変動の影響を蒙り，同じような型を生じる，あるいは急速に新しい型に置き換わってしまう，という進化が生じれば，以前の型から新しい型への移行が見られ，種そのものに新種形成が見られることになる．

いずれにしても，遺伝子突然変異を出発点とする新種形成には，よく似た過程を経て新しい型を生じるが，元の型と並列する場合と，元の型と置き換わってしまう場合が，多様化と変貌との違いということである．

第20講

メンデル遺伝学から分子遺伝学へ

キーワード：アカパンカビ　育種　エンドウ　ショウジョウバエ　殖産　人工交雑　大腸菌　統計学

　メンデルの遺伝学の再発見は 1900 年のことであり，20 世紀の生物学は遺伝学が中核となって発展してきた．それまで現象を観察し，解釈することを主軸としていた生物学に，仮説検証を可能にする物理化学的原理に基づく追究法が定着したのである．分子遺伝学として展開してきた分子生物学が，基礎生物学の基盤を固めるようになったのはその 20 世紀も後半に入ってからだった．

　この展開は，しかし，生物学の歴史として跡づける話ではなく，自然科学の流れの中で，生きているとはどういうことかを追究する課題の必然の発展のすがただったともいえる．技術的に，分子レベルの解析など思いもつかなかった頃には，生き物の演出する特性を観察記録して無生物との差を理解しようとする一方で，多様な生物を記相し，生き物の特性を多様性の認知を通じて知ろうとしていたものだった．しかし，多様な生き物が種特異的に演出する多様な現象に振り回され，記相に追われていたのが現実だった．解析技術の進歩が，生物体を構成する分子レベルの構造や機能を解明する糸口を得るようになると，生命現象に見る普遍的な原理を，分子レベルで把握しようとするのは当然の成り行きだったのである．

　生き物の特性を，地球上で生命が発生してから三十数億年の間連綿と生き続けてきた生命の連続性から見ようとすれば，当然のことながら，連綿と生き続けてきた機作を明らかにしようとする．いのちが親から子へ伝達される機作は，遺伝と呼ばれてきた．蛙の子が間違いなく蛙になるのはどのような遺伝現象に支配されてのことであるか，これは知的活動をはじめた人が早くから抱いていた知的好奇心が解を求める課題だった．

19 世紀の遺伝学とメンデル

　数学や物理学に秀でていたメンデルは，遺伝現象を理解するために，実験材料を統計的に扱うことをはじめた．異なった系統を人為的に交雑させて雑種起源の新品

種を作出する育種は，19世紀中葉には広く農作業に応用されていた．メンデルは，実用的なその成果が，どのような原理に基づくものであるかに関心をもった．この際，メンデルが殖産に貢献しようとしてブドウの品種改良の根拠を求めたのかどうかは，彼の研究の展開に直接関係のあることではない（Tea Time 参照）．

統計的な解析を行うためには，それにふさわしい材料を実験，観察に用いる必要があり，材料の選択に慎重でなければならない．多年草であるブドウなどが遺伝の原理を追究する実験材料として不適であることはすぐに理解できる．そこで，次世代に現れる現象が早く見られる材料で，容易に認識できる対立的な形質が複数あり，栽培が容易な材料が求められ，エンドウが注目された．慎重な予備的観察を行ってからは，一気に長期間継続の栽培，観察に入る．何しろ，7年間かけて栽培し，交雑を重ね，そこで得られたデータを量的に取り扱って結果を出そうというのである．たとえのんびりしていた時代だったとしても，材料が不適でした，で7年間を無駄にするわけにはいかない．

もちろん材料の選定だけではない，データの取り方も，さらに大切なのはそのデータの処理についても，メンデルは時代を超えた研究法を展開させた．19世紀初頭のメンデルの研究の展開を跡づけることは，時代を先駆ける研究とは何かを考える上でも貴重な学習となることだろう．メンデルの『雑種植物の研究』は科学に関心をもつ人が是非一度読んでみるべき古典である．

メンデルの行った研究は，その時代の生物学の知見に基づいて割り引く必要があったとしても，全体の流れは今から見てもすばらしいものである．ただ，あまりにも時代を先取りしすぎていた．だから，当時の生物学者に，論文の意味がよく読み取られなかった．たとえば，当時の植物学の第一線にいたネーゲリは，材料の選定についてはメンデルと有意義なやり取りを行っているが，メンデルの論文を見て感動したような記録はない．そして，メンデルの死後まで，遺伝の法則は学界では認められなかった．ただし，1900年になって3人の科学者が独立に再発見するように，メンデルの論文は広く読まれ，その意味を理解していた人たちもあったのだった．メンデル自身が自分の研究に強い自信をもっていたのも当然だったのかもしれない．

20世紀前半の遺伝学から分子遺伝学へ

再発見されたメンデルの法則は一挙に生物学の世界を席巻したといってもよい．いまと比べれば，すべての出来事がゆっくり進行した20世紀初頭という時期に，瞬く間にメンデルの業績の評価が広がったのである．メンデルの法則が再発見されて間もなく，1902年にはシントラーのメンデル伝の初版が出版され，1906年にはロンドンで最初の遺伝学会議が開かれている．この年，メンデル像を造ろうと募金

図 20.1 メンデル記念館のメンデル像

がはじめられ，1910年には記念像がブルノに建立された（図 20.1）．発表されてもすぐには受け入れられなかった論文が，再発見された時には，生物学の世界でこの法則が普遍的に理解される状況が整っていたのである．法則の意味するものを理解すれば，これが生き物についての普遍的な原理であることが受け入れられ，生き物の演出する遺伝の機作を，この法則をもとに解析しようとする方向性が確認されたのである．生きているという事実は，生き物の間に世代を超えて引き継がれる法則に支配されていると共通に理解された．世代を超えて引き継がれる生命の遺伝に共通の法則性があると知ることは，生きているとはどういうことかを知る上できわめて大切なことと広く認識される時代になっていたためだった．

遺伝の法則をさらに生物学のうちで追究しようとすれば，当然の発展段階として，その法則性を支配しているものが何かをたずねることになる．生き物は細胞の集合体としてつくられていることは知られており，細胞分裂によって細胞の継代がどのような機作で進行するかもすでに知られていた．細胞の継代，細胞分裂にとって，核の分裂が生物界に共通の過程を経て進行することも明らかにされてき，核を構成する物質が染色体という構造体となって細胞分裂を円滑に進行させていることもわかってきた．母細胞から娘細胞に引き継がれる染色体が，遺伝物質の担荷体であると推定されるようになったのである．

メンデルはエンドウを実験材料としたが，その後実験に使われる生き物の選択肢が広がった．1920年代にはモーガンがキイロショウジョウバエを材料にして研究を展開し，遺伝物質が染色体上にあることを確かめ，1933年にはノーベル賞を受賞した．ショウジョウバエは遺伝学研究のモデル生物としてその後もずっとさまざ

まな業績を生んでいるが，放射線照射によって突然変異を誘起する実験で1941年にノーベル賞を受けたマラーも，ショウジョウバエを実験材料としていた．

他にはアカパンカビも遺伝学の実験材料としては重宝された．ビードルとテータムはアカパンカビを用いて1遺伝子1酵素説を確立した．

20世紀も中葉となって，大腸菌が実験材料として使われるようになった．併せて，生物学の研究技法の進歩にともなって，分子レベルの解析が可能となってきた．1953年に発表されたワトソンとクリックのDNAの構造モデルは，遺伝の機作の説明につながり，それ以後は生きているとはどういうことかをDNAをキーワードとして語ることに生物学の焦点がしぼられてきた．遺伝の機作も，分子レベルで解析し，理解されるようになり，実験材料も主流は世代の移行が早く，分子レベルの取り扱いに便利な大腸菌やファージになり，生き物の研究の主流が分子生物学の時代といわれるようになった．

遺伝学と生物科学

分子遺伝学が分子生物学と呼ばれるように拡大発展してきたのは，生命現象を分子のレベルで捉えることが可能になったからであり，実際，DNA修飾酵素などを駆使してDNA分子を操作できるようになるなど，遺伝子組み換えの技術の利用もでき，生産にも活用されるが，生物学の解析技術としても広範囲に適用されるようになった．バイオテクノロジーと呼ばれる生物学の近代的な技術の展開である．ただし，この問題，いわゆるバイオハザードと裏腹の関係にあり，研究の展開に必要な規制が敷かれている．

そして，この段階になると，もはや遺伝学の枠のうちに収まる話ではなくて，生物学そのものになる．生物学が，生物科学とか生命科学とか呼ばれるようになったのも，古典的な生物学と違うことが強調されるためだが，その古典的な生物学自体が，技法として扱いやすくなったDNAをキーワードとして展開している．

20世紀後半に入る頃までは，分子遺伝学の研究のモデル生物は大腸菌など原核生物だったが，生き物の示す多様な生命現象を解析するためには，真核生物を対象とする研究も進展した．モデル生物として，菌類ではイーストが広く使われる他，細胞性粘菌のタマホコリカビも形態形成の研究に貢献した．動物では線虫の*Caenorhabditis elegans*が広く扱われるようになり，植物界ではシロイヌナズナが，また脊椎動物でもマウスがさまざまな解析の材料とされ，モデル生物と呼ばれる．DNAをキーワードとする解析が広く展開するようになると，生物界に普遍的な現象だけを対象とするのではなくて，多様な生物の間に見られる異なった表現を追うことによって，生きているとはどういうことかを見通し，生命の意味を探ることができるのである．ここでは，もう，分子生物学などという表現さえ皮相なものとな

り，生きているという現象を解析する科学＝生物学が，分子レベルを含めてあらゆる手法を駆使した解析で成果をあげると説明することになるだろう．

== Tea Time ==

メンデルのブドウ

　東京大学附属（小石川）植物園にメンデルのブドウと呼ばれているブドウが植えられている．何の変哲もないブドウ棚に見えるが，由緒あるブドウの分株である．

　1913年にウィーンで開催された植物生理学会議に出席した東京帝国大学の三好学教授はウィーン大学教授だったモーリッシュの招聘を受け，ブルノを訪問した．モーリッシュはブルノ出身で，メンデルの薫陶を受けたことがあるが，1898年に日本を訪問したことがあり，その際まだ植物園にあった東大植物学教室を訪問しているので，多分三好とも面識があったのだろう．ブルノで，三好がお土産にもらった品々のうちに，修道院に植えられていたブドウのシュートが含まれていた．船の長旅になる当時のことだから，さらにヨーロッパのあちこちを廻った三好とは別に，ブドウのシュートはシベリア鉄道を通って東京へ送られた．そのシュートが植物園で挿し木され，その後生き続けているのが植物園にあるメンデルのブドウである．モーリッシュはその後，第一次大戦で疲弊したウィーンで研究の継続に苦しんでいた時に，徳川義親から50ポンドの研究助成を受けているし，後に1922～25年の間，新設された東北大学植物学教室の主任教授を務めている．帰国後，ウィーン大学総長やオーストリア科学アカデミーの副総裁などを務めた．

　殖産に貢献するためにと，メンデルはウィーンなどあちこちから研究用にブドウを集めていた．そのメンデル蒐集のブドウは，彼の死後も栽培されていたらしいが，ブルノの修道院は第二次大戦で戦火に遭い，またいわゆるルイセンコ旋風で迫害を受け，その際ブドウも焼き尽くされたらしい．いま修道院の敷地に生えているブドウがメンデルゆかりのものかどうかは確かめられない．ただし，東大植物園のメンデルのブドウはメンデルゆかりのブドウをクローン栽培したものに間違いない．メンデル記念館長（当時）オレル博士からの要請を受けた時，小石川植物園から，メンデルのブドウのシュートを，今度は航空便で送り返したことはいうまでもない．

第21講

多様性のゲノム生物学

キーワード：DNA　生き物の科学　遺伝情報　ゲノム解読　指標　多様化　表現形質

　生物が生き物であるのは，生き物特有の物質でつくられているというより，特定の物質で自分のからだをつくり，その物質を系統立てて動かして生きるという現象を演出しているからである．有機物は生命体を構成する物質ではあるが，それらの物質そのものが生きているのではない．有機物を核とするとはいえ，量的にはもっとも大量に無機物である水を利用する．生きるという特殊な演技をする有機物のかたまりをつくり，生命が生まれ育ってきた過程にならって，水に浮遊した状態で生きるという現象を演出する．その物質のかたまりは，DNAと呼ぶ高分子の制御によって種によって特異なかたちにつくりあげられ，生命現象を演出する．

　親から子への世代の移行とは，DNAをいかに正確に複製し，伝達するかにはじまり，伝達されたDNAの制御に従って，いかに正確に，同種の次世代個体である物質のかたまり（＝生物体）をつくり出し，動かすかの過程である．生きるという現象を演出する基盤には，生命の永続的な伝達を司るゲノムのはたらきがあると理解される．

遺伝の機作と進化

　生物は親から子へと世代を移行し，個体を新しくすることによって，生命体の単純な老化からの脱却を図っている（第29講）．生きている状態を制御する情報は，DNAに書き込んで，親から子へほぼ正確に伝達される．ほぼ正確，といういい方をするのは，ごくわずかの変異を常に生じているからであり，その変異を起源とする進化が生命現象にとって重要な側面となっている．しかし，変異は，ヒトの細胞の場合で平均して100万〜1億回に1回生じる程度だから，それ以外は正確に複製されており，ほぼ正確，という表現が許される．

　親から子への継代は，はじめ母細胞から娘細胞への細胞分裂で完成された．やがて，生物には，複数の細胞が一体となって1個の個体（＝多細胞体）をつくる進化

が見られた．多細胞体をつくる生物は生殖細胞を形成し，次世代に引き継ぐ遺伝子群を生殖細胞を通じて伝達するようになった．生殖細胞を通じての継代には，多細胞体の発生の制御も含まれることになった．多細胞生物の継代の機作は，その役割を完遂する遺伝の機構を進化させて確立された．

　ほぼ正確に伝達されるのだから，生命現象を支配する情報は原則として不変であるといえる．ヒトの子はヒトであり，ライオンの子はライオンであるという事実がこのような機作に従って維持される．種の性質を正確に伝達し，個体の出発点である単細胞体（＝受精卵）から発生成長するにつけ，親から引き継いだ遺伝情報に制御されて種の性質が徐々に，正確に発現される．

　DNAの複製の機作はワトソンとクリックによって説明されたし，具体的にどのように同型複写されているかが詳しく観察されている．ごくわずかの比率で生じる変異（＝遺伝子突然変異）は，生殖細胞だけに見られる特殊な現象ではなくて，体細胞分裂の際にも生じるのだから，1個の受精卵から出発するひとつの個体を構成する細胞のうちにもある割合で変異したDNAをもつ細胞があるはずである．ヒトの場合，成人は60兆個の細胞をもっているのだから，ひとつのかたまり（＝個体）となって生きている状態の細胞についての単純計算でも，60万〜6000万個の細胞は変異型のDNAをもつ計算になる．細胞がどんどん新陳代謝することを考慮すれば，変異型のDNAをもった細胞は計算上膨大な数に上る．それはすべての種の生物に当てはまる事実であり，遺伝子多様性という表現で認められる現象が生物界に普遍的に見られるのである．遺伝子多様性は古典的には個体変異という用語を用いて把握されていたが，その現象は遺伝子突然変異の集積によって表現されるものであることが示された．

多様性を解析する科学

　生物多様性の研究は，普遍的な原理を追究するものでないと誤解されていたことがあった．多くの分類学者が，多様な型の記載に忙殺され，生物界に見られる体系に注目することを忘れがちだった頃には，生物の多様性はバラバラに多様な現象を個別に記述しているだけだと切り捨てられたこともあった．しかし，生物多様性の科学は，単純な母型から多様化してくる過程を追究し，多様な現象の底流に実在する普遍的な原理を体系として把握しようとしていることが，研究の実績を通じて示されるようになって，徐々にまっとうに理解されるようになっている．

　生物は地球上に出現したときは，たったひとつの型で出発した．しかし，出発すると同時に多様化をはじめた．多様に進化した今も，多様化はすべての瞬間に進行している．だから，多様性は生物のもっとも基本的な属性のひとつであることが確かである．生きているとはどういうことかを解明するためには，そのもっとも基本

的な属性のひとつである多様性が解明されなければならないのは理の当然である．単系統の生き物が多様化して，現に多様な生き物が実在しているのだから，多様性はひとつの体系にそったものであり，バラバラに多様なのではない．

生物の多様性には階層性がある．階層性は，基本的には分化の順序によって規定される．早い時期に分化した差は，その後に分化して生じた差よりも階層性が高い．種分化については，そのような階層性を分類群の階級によって示す．種の階級の分化よりも，属の階級の分化の方が歴史的に古い現象だったと理解するのである．だから，生物界では，界が分化し，門が分化し，綱が分化し，目が分化し，科が分化するという順序で多様化が進んだと規定する．少なくとも，分類群の階級をそのような原則に基づいて認定する．

階級づけされた分類群は，指標形質で定義され，区別される．しかし，具体的には指標形質を頼りに，この形質で異なっているのだからこの階級で違うと認識されるのがふつうである．認知される分類群の間の差は，別の指標によっても確かめられるべきであるが，実際にはそのような確認がなされる例は珍しい．

分類の指標となる形質は，はじめは外部形態など，一見してわかりやすい形質ばかりだった．経験的に分類群の差を指標するとされた形質が普遍的に解釈されて，自然の体系が追究できると考えられていた．しかし，外部形態の機械的な比較だけでは，自然の体系を正確に把握できるかどうかについて，疑問になる事実がいろいろ示されるようになった．形態形質を評価するために，器官や組織の形成過程を追うなど，さまざまな試みもなされてきたが，この指標形質だけでは実証的な成果を得ることはできなかった．

染色体突然変異が種分化にとって大きな意味をもつ場合があることが知られてからは，とりわけ植物界では，種間の系統の追究に染色体突然変異の過程を追う手法が有効に使われるようになった．木原均らがコムギの起源を究める研究を，コムギ属植物の核型分析によって推進したのはこの分野における初期の研究の優れた実例である．当然のことであるが，染色体突然変異にもいろいろのパタンがあるので，どのような機作が関与しているかを確かめながら，この型の種分化の解析が多様な現象について進められる必要がある．

外部形態に大幅に依存する研究に，染色体突然変異の解析を含めて，生き物の系統を追究する研究が成立するようになったと判断し，バイオシステマティックスというような呼び名が1930年代頃から使われるようになり，実験分類学と，実験を加えた系統分類学を構築しようという動きが出てきた．種分化のうちには，交雑による異種間の染色体の交流，核型の倍加による減数分裂の円滑化などが働いている現象が結構あり，そのような過程を実証的，実験的に解析することによって，生き物の動的なすがたを解明する動きが強まり，細胞分類学と呼ばれることにもなっ

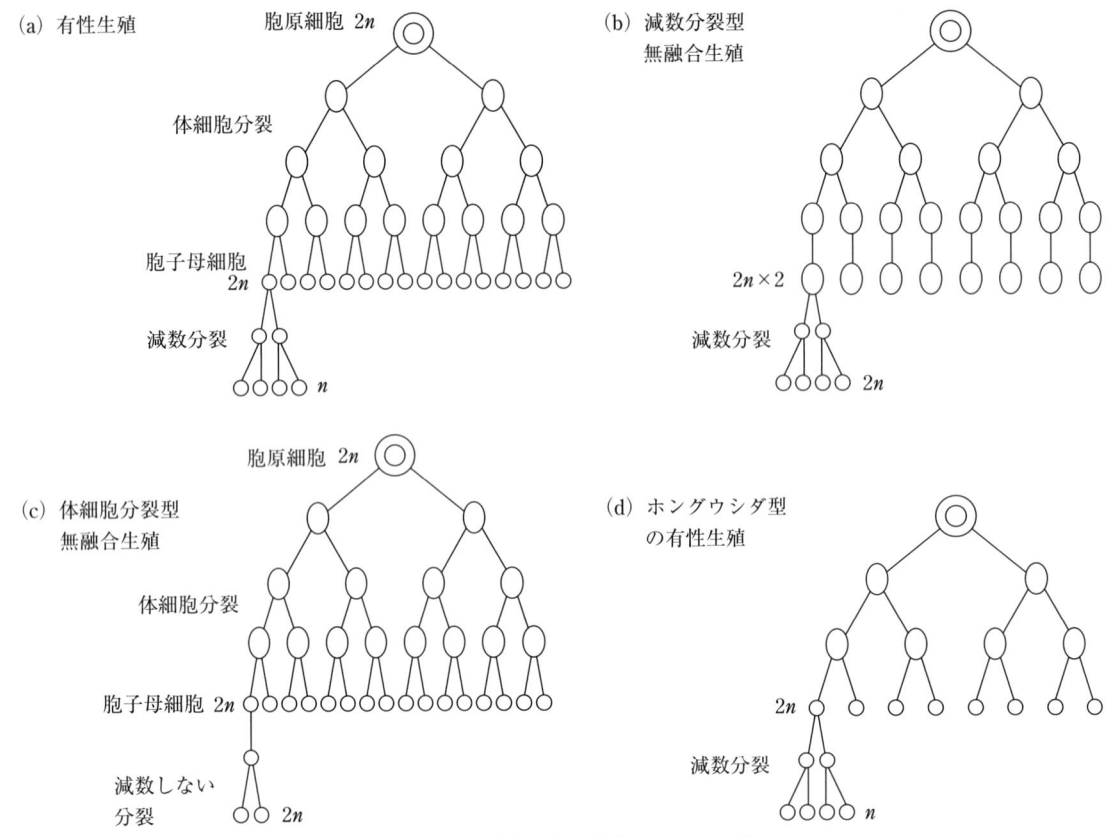

(a) 有性生殖　　　　　胞原細胞 2n　　　　　(b) 減数分裂型
　　　　　　　　　　　　　　　　　　　　　　　　無融合生殖

体細胞分裂

胞子母細胞
　　　2n　　　　　　　　　　　　　　　　　　　2n×2

減数分裂　　　　　　　　　　　　　　　　　　減数分裂
　　　　　　　　　n　　　　　　　　　　　　　　　　　　　2n

　　　　　　　　　胞原細胞 2n
(c) 体細胞分裂型　　　　　　　　　　　　　　(d) ホングウシダ型
　　無融合生殖　　　　　　　　　　　　　　　　　の有性生殖

体細胞分裂

胞子母細胞 2n　　　　　　　　　　　　　　　2n

減数しない　　　　　　　　　　　　　　　　　減数分裂
　分裂　　　2n　　　　　　　　　　　　　　　　　　　n

図 21.1　シダ植物の胞子形成のいくつかの型
胞子嚢内に形成される胞原細胞から胞子になるまでに減る経路は多様である．基本的な型は (a) の有性生殖型であるが，(b)〜(d) の 3 型の変異型が知られる．結果として，1 胞子嚢中に，(a) では 64 個の半数体胞子が，(b) と (c) では 32 個の 2 倍体胞子が，(d) では 32 個の半数体胞子がつくられる．

た．バイオシステマティックスは生き物の系統学という意味であるが，分類学が，生き物の死骸である資料標本の比較に基づいて，多様なすがたを記相しているだけであると批判し，これでは科学とはいえないといわれたのである．もっとも，死物である資料標本から生きている状態を解析する研究は，シダの無融合生殖型（図 21.1, 23.2）の認定（第 23 講 Tea Time 参照）などで示されるように，材料が生きているかどうかということだけでなく，その材料から何をどのように読み取ろうとするかが問われている課題であるのももうひとつの事実である．系統進化のように，歴史的な過程を研究対象とする際には，その問題はますます重要になってくる．

　細胞遺伝学的な手法を用いるようになると，標本に基づいた研究を死物によるものと批判したように，分子レベルの形質で実証的なデータが出ると，染色体の観察などを古い研究と決めつける人たちがある．しかし，細胞遺伝学的な解析には，染色体を指標とすることが不可欠である．分子レベルの研究が進んで，ますます標本が重要なはたらきを演じているように，多様性の研究は単一の研究技法ですべてが

解明されるというものではなく，古くから使われている手法や材料も，現在的な手法や視点から生かされる必要がある．

　指標形質として，生物体を構成する物質の分子レベルでの比較による研究も進められた．生物体の構成要素のより低いレベルにまで研究手法を掘り下げることによって，確実な科学的基盤を整えようと期待するのである．分子レベルで，比較的捉えやすい二次代謝産物の比較が，このような意図から広範囲に押し進められ，化学分類学などと呼ばれた．ただし，ここでも取り上げられた化学物質の比較が，機械的な対比に終わることが少なくなくて，期待された意図が高度に推進されたとはいえなかった．化学物質の場合，形質の進化は種の進化と独立に進展するものであり，個別の指標形質の形質進化の過程を上手に統合すれば進化を追跡するよい資料になるはずであるが，この領域の研究のすべてがそのような解析につながったとは，残念ながらいえなかった．同じ分子レベルでも，変異を主導する核酸や核タンパク質の解析が分子系統学に発展していく話題は第16講で詳述している．

ゲノム生物学

　生き物の多様性に関する科学的な因果性を追究するためには，総体としての外部形態の比較よりも細胞レベルでの比較の方が，細胞の比較よりも染色体の比較の方が，染色体の観察よりも化学物質の対比の方がより正確で実証的な資料を提供すると先見的に考えてしまうことがある．物質が基盤となって演出している生命現象の解析などについては，確かに物質レベルで演じられていることを明らかにすることによって，表面に現れた現象が確かめられる場合が多い．しかし，多様性を示している原理の解明については，何が多様性をもたらすのかという本質に切り込まないと事実関係に迫ることはできない．そこで，多様性を演出する機作，それをつくり出す原理に直接触れることを求める．

　多様性を生み出すのは，正確な遺伝現象から踏み外す変異を生じ，それを拡大し，維持する機構である．その根本的な事実とは，親から子へ，母細胞から娘細胞へ，生き物の特性をいかに正確に伝達するかの機作から逸れることであり，その伝達と逸出を制御するのがゲノムのはたらきである．

　ゲノムははじめ遺伝を支配する総体ということで，染色体のセットと見なされ，2倍体種ではゲノムを2組もつと規定された．このような定義に基づいて，染色体の構造を手がかりにゲノム解析が行われ，たとえばコムギの系統の追跡も染色体を指標として行われた．分子遺伝学の発展にともない，ゲノムは生物のもっている遺伝物質のすべてと見なされ，染色体に限らず，親から子へ遺伝される遺伝物質の総体を意味するようになった．実際には，種特異性のあるDNAのすべてをゲノムと認識し，DNAの全遺伝子配列の解読をゲノム解析というようになっている．

ゲノム生物学は，ゲノムに基づいて生き物の示す特性を解析しようとする．生物多様性の解析には分子系統学のような展開もあるが，広義にはゲノミクスと呼ばれ，ゲノム情報を系統的に取り扱い，遺伝子情報から生物の特性を解析しようとする全分野を包括する．わかりやすい領域としては，基礎的な分野よりも，ゲノム創薬とか食品の開発など，実用に結びつく分野への広がりも大きい．

ゲノム生物学のうち，多様性の解析はむしろもっとも基礎的な科学として展開している．分子系統学は多様性の解析にも華々しい成果をもたらしたが，さらに進化の過程を追跡するためにも，ゲノムの情報のもたらす可能性は大きい．生物学の現状では，ゲノム情報も限られた範囲のものだから，現状はモデルとしての系統論が成り立つ程度である．基盤情報の拡大に応じて，この分野で実証的なデータが積み上げられ，進化の全貌を解明する基盤となる可能性はたいへん大きいと期待される．

= Tea Time =

分子進化の中立説

分子進化の中立説は1968年に木村資生（もとお）（1924 ～ 1994）が発表した進化の機構を説明する説で，中立進化説ともいわれる．進化は突然変異と遺伝的浮動が主因となって起こるとする説で，ダーウィンの自然選択説を批判している．もっとも，木村はこの貢献により，進化生物学の分野で評価の高いダーウィン賞を受賞している．

木村は最初植物細胞学を学び，その後木原均のもとで遺伝学の研究に従事，29歳の時にウィスコンシン大学に留学，クロー教授のもとで集団遺伝学の研鑽に励んだ．当時この大学には集団遺伝学の草創期の大家ライト教授もいて，木村はこれらの先輩のもとで研究に励み，1968年に分子進化の中立説を"*Nature*"に発表した．

生物進化は，その頃までは進化論という表現で語られ，当時は進化の総合説が主要な流れだった．木村は遺伝的浮動を数学的に解析し，中立的な進化が前適応や遺伝的多様性の原因になると考えた．分子進化の中立説にそった考えは木村以前にも発表されたことはあったが，木村によって大成された理論であるといえ，また木村の共同研究者やその他の集団遺伝学者がこの理論にそってさまざまな理論的実験的成果を積み重ねたことによって，いまではこの説は遺伝学の中核を占める重要な理論と理解されている．

ちょうど10年先輩であり，個人的にも教えられることの多かった木村教授は，常に理論的に尖鋭な対応をする人であり，整った論理で自説を強く主張した．電話で議論を吹っかけられることもたびたびあり，それも早朝が多かったが，1時間以上も話し合うことがしばしばあったものである．まだ活躍中の急逝はたいへん残念なことだった．

第22講

変異の起源と種形成

キーワード：遺伝子多様性　　遺伝子突然変異　　種多様性　　種内変異　　新種形成　　染色体突然変異

　生物の多様性は種を単位として認識される種多様性という側面が理解しやすい．地球上には，単一の型の生き物だけではなくて，さまざまな生き物（＝種）が生活しているということである．現に150〜180万種認知されているとか，実際には数千万種か億を超える数の種が生活しているとかいわれる種多様性は，種という分類の基本的単位をもとに数えられ，比較され，推計される．

　地球上に生きている多様な生物の実体は，まずどこにどんな種が生きているかを知ることから認識がはじまる．上述のように，実在すると推定される種のうち，現在までに科学が認知している種は限られた範囲にとどまる．さらに，種とはどういうものであるかの認識も，科学的に確定しているわけではない．定義できない曖昧な概念である種を単位にして，生物多様性は認知されているのである．

　三十数億年前に地球上に生き物がすがたを現したとき，生き物はたったひとつの型を示していた．それが現在見るような種多様性を見せているのだから，歴史を通じて生き物は多様化したはずである．その歴史的展開が進化と呼ばれる生き物のもつ特性である．生き物は現在もなお進化を演じ続けており，進化は生命現象の特性の重要な一面である．その日常的な進化を，生き物は種内変異を創り出し，新しい種を生み出すことで演出している．

種と変異：遺伝子多様性

　三十数億年の進化の歴史を経て数多くの種がつくられてきた．しかし，地球上にはまったく同じ構造をもった種はない．70億人のヒトが生きていても，まったく同じ2人はいないのと同じ事実である．

　種の性質は遺伝子に担われて親から子へ引き継がれる．ウリの蔓にはナスビはならぬ，といわれるように，自然の条件下ではすべての生物は親が自分と同じ種の子をつくる．親の細胞の中で，DNAが正確に同型複写をして母細胞と同じDNAを

つくり出し，娘細胞の核に伝える．娘細胞の核は伝えられたDNAの制御に従って親と同じ細胞を産み出し，親と同じ個体をつくり出す．多細胞生物では，DNAの制御に従って数多くの細胞を積み上げ，親と同じ多細胞体をつくりあげる．このようにして，生物は世代を更新していっても，同じ種の性質を引き継いでいる．

DNAの複製には，ごくわずかな比率で変異を生み出す．（複製のエラーという表現が使われるが，これは進化のきっかけであり，生物にとってもっとも大切な現象である進化の最初のきっかけとなる現象をあやまちと表現することは好ましくないので，エラーという表現は極力避けることにしたい．）この変異は中立的に生じ，変異そのものが適応的に生じることはない．種や部位によって生起する割合は多少異なるにしても，一定の割合で生じている．生じた変異を遺伝子突然変異という．

変異を生じ，母細胞のものと異なった構造になっても，つくられたDNA分子はすぐに崩壊することはない．DNA→RNA→アミノ酸→タンパク質と転化されていくうちに生存できなくなる場合があり，転化そのものがうまく進行しないことはあるが，とりわけ有性生殖をする生物の細胞のうちなどではDNAの変異型も原型のDNAとともに，変異型のままのすがたで残される．

遺伝子突然変異は，無性生殖集団では，生じた個体にそのまま具体化される．新しいDNAの制御に従って新個体がつくられるからである．だから，たとえ個体に育ち上がったとしても，育ってきた変異体が生存に不適なものだったら，生存には耐えられない．個体として生存が可能であっても，相対的に生きる力が弱いものは，集団の中で敗者となり，すぐに淘汰されてしまう．それなりに複雑な構成をもって適応的な生を維持している生物にとって，部分的に中立的に生じる変異のほぼすべては，エラーといういいかたをされるように，現状よりも劣ったかたちとなるので，生じた変異のほとんどすべてが次世代に引き継がれずに終わる．そして，ごくごく稀に，生じた変異が，それまで生きている型と同等あるいはわずかでもそれ以上に適応的な場合があり得る．わずかでも有利である場合には，変異型は急速に個体数を増やし，もとの型に置き換わる．無性生殖で継代する生物の間で具体的に進化が認められるのは，このようにごく例外的な場合のみである．初期の生物に，進化がほとんど認められなかったのは，生じる遺伝子突然変異が中立的であって適応的ではなく，適応的な効果を示す例がごく限られていて，それくらい進化の速度が遅かったからである．混沌の中で誕生した生き物が地球表層の環境に適応し，その地球表層の環境が安定してからは，だから，生物の進化も遅々とした展開を見せるだけだった．

生物界に有性生殖という現象が進化してくると，事情が少し違ってきた．有性生殖をする生物では，体細胞のうちに相同染色体2本が共存する．次世代のからだつくりに貢献するのはそのうちの優性の遺伝子だけである．劣性になった側の対立遺

伝子となる DNA 分子は，次世代の個体づくりには有為な貢献はせず，実際に活性をもてば致死に至る変異型であっても，細胞のうちにそのまま維持される．このようにして，ごくわずかの比率で生じる DNA の変異型が世代を超えて生き続けるために，同じ種であっても，同じ個体の異なった細胞間でも，DNA は完全にすべてが同じというわけにはいかず，かならず多少の変異を含むことになる．同じ種であってもからだをつくる DNA を詳細に見ると微妙に異なったものが含まれているという実態も，広義の遺伝子多様性の表現である．同じヒトという種であっても，すべてのヒトの DNA は少しずつ違っており，さらに同じ個体を構成する細胞間でも，60 兆個もある細胞では，DNA に変異が見られるはずである．

　生物多様性には，さまざまな種が認知される種多様性の他に，個々の種に種内変異のある遺伝子多様性が認められる．遺伝子多様性が生き物のすがたに具体的に発現されると種を構成する個体には少しずつ差異が生じることになり，すべての種で，種を構成する個体の間に個体変異が認知される．

遺伝子多様性：遺伝子突然変異と染色体突然変異

　ひとつの種と定義される個体群にも，まったく同じ 2 個の個体はなく，すべての個体はそれぞれ独立の性質（＝個体の特性）を備えている．種内での遺伝子多様性による．種内に生じる変異は種の生活にとって必要不可欠の特性であるが，この特性はやがて種の分化（種形成）につながることもある．

　種内変異をつくり出す機構はさまざまであるが，主要な柱は遺伝子突然変異と染色体突然変異である．

　遺伝子突然変異（図 22.1）は，直接的に遺伝子多様性をかたちづくる基盤になる．有性生殖をする生物もしない生物も，異なった個体間でまったく同じというものはないが，これは DNA の複製の際に一定の割合で変異が生じることに起因する．もっとも，生じた変異は次世代に引き継がれるので，現実に生きている生き物たちの示す種内変異は，自分たちの世代になってからつくり出した変異によるよりも，集団内に蓄積されてきた変異を引き受けている部分が大部分であることはいうまでもない．

　生物の多様性を生み出す根本義は，遺伝子の多様性にもたらされており，それはDNA の複製の際に生じる変異を出発点にしている．生じた変異は，それに制御されて成体となる生き物が生存可能であれば，世代を超えて保存され，成体を維持することができない場合は分子として存在することもできなくなってしまう．ただし，有性生殖の機作が確立し，生き物が 2 倍体をつくり出してからは，劣性遺伝子としてはたいていの DNA の変異型が維持されるようになった．遺伝子多様性は，種の多様性に表現されるかどうかには関係なく，集団の中で維持されることが可能

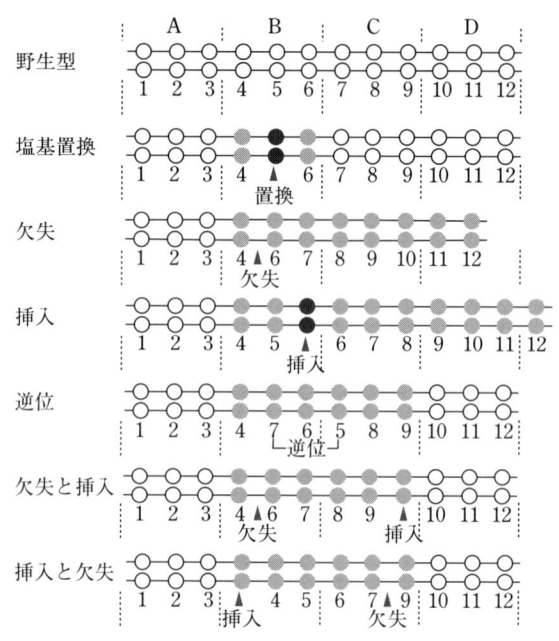

図 22.1 遺伝子突然変異とコドンの変化

野生型に対して，それぞれの型の突然変異が生じると，塩基に影を入れた部分のコドンが変化し，結果として親の形質が正確に子に伝わらないことになる．（岩槻『多様性からみた生物学』，2002 を一部改変）

となったのである．

　染色体突然変異（図 22.2）は，いうまでもないが，核膜に包まれた核という構造体をもたず，細胞分裂が無糸分裂である原核生物には縁のない現象である．有糸分裂をする真核生物では，細胞分裂の際の核分裂で，染色体の配列などに変異を生じることがあり，染色体突然変異により，親の世代と異なった子どもの世代を生み出すことがある．核分裂の際の異常には，倍数性の出現，交雑の結果としての異なった種の遺伝子の混合などの現象も見られる．細胞分裂や有性生殖は個々に独立の現象で，同じ種に属するからといってすべて同じように進行するものではないので，当然ながら，種内に個体変異をもたらすことになる．

種　形　成

　DNA の変異型が生物界に維持されて，遺伝子に多様性が見られるようになったが，遺伝子の制御によって生物体が形成されるので，遺伝子の多様性は生物の個体の多様性を生み出すことになった．個体の多様性は個体ごとにバラバラに多様化を推進するのではなく，その時のある場所の地球環境に適した個体はより強い生存適性をもち，個体の数が増えることから，よく似た遺伝子をもつ個体群がまとまって生き，種と呼ばれる個体の集まりを構成した．地球上に生きる種にも多様性が導か

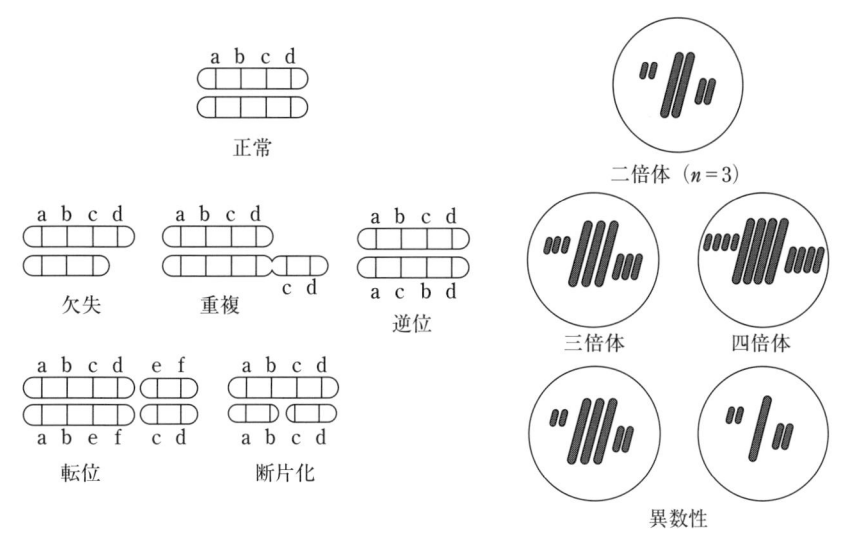

図 22.2 染色体突然変異
交雑や倍数化など，染色体組そのものが変化する場合と，個々の染色体の構造に変化が生じる場合とがある．（岩槻『多様性からみた生物学』，2002）

れることになったが，もともとは単型であった種が多様化するのは，種分化（種形成）が見られるからである．

　生物は地球上に出現してから長い間無性的に増殖していたから，種分化は無性生殖集団に見る型のものだった．生命を演じるだけに地球環境に適応した構造や機能を備えた型を整えたことが地球上における生命体の出現につながったが，それだけに整った型に完成されていた．その生命体の遺伝を制御する DNA に中立的に変異が生じるとすれば，変異体のほとんどはいわゆるエラーであって，生存には適しない．だから，生じた変異体はほとんどが淘汰されたに違いない．しかし，ごくごく低い割合で，より適応的な変異が生じることも稀にはあっただろう．現在でも，ウイルスの変異型が新しい病原性ウイルスとなって猛威を振るうような例が稀ならず生じている．

　真核細胞が進化してからは，細胞分裂が染色体のかたちで現れる核分裂に主導される有糸分裂となった．染色体を通じて，正確に母細胞の状態が娘細胞に引き継がれるのであるが，ここでも，引き継ぎに異常を生じることがある．この現象を染色体突然変異と呼ぶ．染色体突然変異は偶発的に起こることもあるが，外部環境によって誘導されることもあり，倍数化のように人為的に導きやすい現象もある．染色体突然変異については次講でも紹介する．

　しかし，地球上の生物の初期の進化の速度を見てみると，このような型の種形成はきわめてゆっくりと進行したようである．原核生物から真核生物へ，単細胞生物から多細胞生物へ，無性生殖をする生物から有性生殖をする生物へ，生物の進化は

より高度化した生き方を育ててきた．そして，有性生殖をするようになってから，種分化の速度はきわめて速くなっている．

　有性生殖を行う種の場合も，遺伝子突然変異が生じる機作は無性生殖種の場合と同じである．ただし，中立的につくられた変異型は，それが生存に有利であろうと不利であろうと，劣性遺伝子となった場合は細胞のうちに維持され，有性生殖を通じて，世代を重ねるうちに集団内に広がる．無性生殖種の場合，変異型がつくられた時にそれが生存に有利な効果をもたらさなかったら，すぐに捨て去られることになるが，有性生殖集団の場合，長い時間をかけて集団内に維持され続け，環境の変動に対応してその遺伝子がより適応性が高いという機会が訪れれば，劣性遺伝子がホモになった場合に成体でその特性が表現形質となり，旺盛な生存力をもたらし，その遺伝子が爆発的に増数し，集団内に拡散，定着する．その遺伝子は徐々に落ち着いて，新しい型の生き物のかたちを導く．有性生殖という生殖方法が確立してから，このような型の種形成が，百万年単位の時間で進行するようになったのである．有性生殖が確立してから，生物界の進化の速度は加速され，現在見るはなはだしい多様性がもたらされることになった．

==Tea Time==

種——生物界を通じての定義

　私たちは日常ふつうに（生物の）種類が同じとか違うとかいっている．ヤマザクラとソメイヨシノは種が違うという．同じカラスでも，ハシブトカラスとハシボソカラスは種が違うという．しかし，コシヒカリとササニシキは違った米の品種だけれども，同じイネという種に属する．地球上で150万から180万種の生物を認知しているといい，実際には億を超える数の種が生活しているといいながら，数える根拠の種を定義してみろといわれると，生物学者は，種とは何かは究極の研究テーマで，それに答が出るのはおそらく生物学がすべてのことを知り尽くして科学の幕を降ろす時だろう，などとうそぶく．多様性を示す単位だといいながら，定義ができていない「種」とは一体どういう単位なのか．科学的な定義ができていないのだから，くどくどと説明する必要があるのだが．

　種は生物分類の基本単位とされる．しかし，生物界に共通の定義を与えようとすると困難に直面する．ふつうに用いられるマイアの生物学的種概念では，同所的な集団内で相互に交配し合い，他から生殖的に隔離されている集団と定義される．しかし，これは有性生殖をする動植物などには有効な定義であるが，有性生殖をしない多くの生物群には適用できない．無性生殖種については，有性生殖種の差を基準に適用することになる．ジョン・レイによって使いはじめられ，リンネによって大

成されたリンネ種の概念は，基本的には形態学的種概念に基づいている．その後，生物学の進歩にともなって，進化学的種概念や系統学的種概念などと呼ばれる概念が取り上げられてきた．しかし，種は進化している実体であり，種分化の過程は種ごとに特異的であるため，生物界に共通する言葉で種を定義することは難しい．それぞれの種について，どのような過程を経てどこまで種分化が確立しているかを認識し，種の実態を把握することがまず求められることであり，種の数だけある実態を総括してはじめて種とは何かが正確に定義されることになるだろう．今日適用される種の定義は，種の認識が不完全であることをわきまえた上で，仮に定義されているものであり，仮の定義を基盤としてより正確な種の認識に至ることを期待しているところである．

　最近では，生物学的種概念に基づいて同定されている種を基準に，種間の差をDNAの配列に見られる差で指標しようとされることもあるが，遺伝的な差も分類群によって大きく振れることがあり，生物界に普遍的に適用できる数字を定めることはできない．

　遺伝子突然変異が種の生活に有利な結果をもたらす場合も，集団内に一律に有効になるというよりは，特定の生態域で効果が見えることが多い．必然的に，生じた変異には集団内でも傾斜が見られることになる．種分化が生じる際にも，うまく切断され，別個の集団となって変異が片方だけに集積される場合はわかりやすいが，変異の傾斜をある変異域で区別するような場合，種差は漠然とすることがある．種差が確立されていないが変種では区別できる，とする植物の種の定義の場合など，こういう例で理解しやすい．種差は形質の変異に切断が見られることで認識されるが，連続して移行する小さな変異の集積の先に見られる切断には，数学の世界でデデキントの切断と定義されるもので説明できる現象も見られる．

第23講

細胞遺伝学と分子系統学

キーワード：遺伝子突然変異　　核型分析　　3倍体　　種分化（種形成）　　種内変異　　染色体突然変異

　1900年にメンデルの遺伝の法則が再発見されてから，メンデル遺伝学が生物学の基本的な理論として認められるようになるまでの時間はきわめて短かった．1906年にはベーツソンらの提唱で遺伝学会が開催され，1910年にはメンデルの記念像が除幕，1912年にモーガンがショウジョウバエを用いた遺伝学の研究で染色体説を発表し，1932年にはノーベル医学・生理学賞を受賞する．

　生物多様性への遺伝学の応用としては，染色体突然変異を指標とする種分化の解析が行われるようになったのは1930年代からだった．細胞遺伝学が種分化の解析に実証的な根拠を与えた成果は大きく，やがて実験的な解析によって生物の種多様性の解明に向かおうとするバイオシステマティックスの研究の展開につながった．

　DNAをキーワードとする生物学が展開するためには，ワトソンとクリックによるDNAの構造モデルの確認が理論的根拠を与えることになったが，この理論が完成するためには生物科学全体の底上げがあったことはいうまでもない．そして，DNAをキーワードとして，系統の追跡にも大きな進展が見られるようになった．

染色体突然変異と種分化

　メンデルの法則が確認されると，それにともなって，法則性が確かめられた遺伝現象を支配している実体は何かという探索がはじまった．親の性質を子の世代に伝えるためには，細胞分裂によって正確に次世代に伝えられるものが遺伝の性質を担っていると考えられるので，細胞分裂の過程が詳しく観察され，細胞核が果たしている役割が大きいことが早い段階から推測された．19世紀の末には，真核生物の核の分裂の過程で，核物質は染色体のかたちで次世代に引き継がれることが確かめられ，真核生物の細胞分裂が，真核生物のすべてについて普遍的な現象であることもおいおいに観察されてきた．だから，遺伝を担う構造として，染色体が注目されたのである．それが，モーガンによる染色体説に発展するのにそれほど時間はかか

らなかった.

　メンデルの交雑の実験に象徴されるように，交雑という現象を活用した育種は19世紀にはむしろふつうに利用される技術となっていた．そこで，交雑の生物学的意義が明らかにされたのだから，この現象を手がかりに，育種が広く推進され，種分化や系統の追跡に励みがついたのである.

　染色体の行動を指標とする種分化の追跡は，バイオシステマティクスと呼ばれた実験分類学の提唱を核とし，細胞分類学と呼ばれて広くデータが集積された．とりわけ，維管束植物の場合，自然界でも染色体の倍数化や自然交雑の現象は特殊なものではなく，さまざまな属について，種間の関係が染色体を指標とする核型の解析によって明らかにされた.

　さらに，自然界に生じる倍数化と交雑が組み合わさって，単に母型が発展して複数の分化型を生み出すだけでなく，2つの母型が合体した収斂型の進化もあることが確かめられ，属内の多様な種の関係が網状進化というかたちで整理される例も見られる．ワグナー（1954）の北米東南部のチャセンシダ属植物の研究（図9.2参照）はこの領域でのわかりやすい成果の例で，収斂を含んで網状に展開する系統の進化の像が示された.

　染色体突然変異には，染色体の構成に変化の見られる現象もあるが，染色体そのものに異常がもたらされる場合もある．染色体の構造の異常としては，分断，融合，欠失などの現象も見られることが，徐々に明らかになってきた（図22.2参照）．これらの現象がさらに新しい型の生き物を生み出すことが，実験的にもいろいろ示され，細胞分類学の成果は生物多様性の研究に実証的な成果をもたらした．しかし，染色体を手がかりとした種分化などの解析には染色体の行動は有為な根拠となったが，属以上の階級の進化の解明には実証的なデータとしては限界があった.

　自然界における生物多様性の実態を明らかにする上で，染色体を指標とする解析はたいへん大きな貢献を重ねてきた．さらに，生物の多様化の原理を確かめる研究の延長として，当然のことながら，この多様化の原理を活用して直接的な社会貢献を行おうという研究も推進された．実際，豊富な経験に基づいて感覚的に交雑による育種を試みる例（ミチューリンやバーバンクの貢献も大きいが，江戸時代の日本の育種にもすばらしい成果が見られる）もふつうに利用され，成果をあげていたが，その線を拡大した科学的な育種が展開することになったのである.

　わかりやすい育種の例は3倍体の誘導による種なしスイカづくりであり，これも木原研究室で成功した例である．コルヒチンで意図的に誘導される4倍体ともとの2倍体を交雑すれば3倍体がつくり出され，これは3倍体だから花が咲いても減数分裂を行う際に核分裂が正常に進行せず，子房が膨らんでスイカのかたちがつくられても，花粉がつくり出す精核と胚嚢の中に形成されるはずの卵細胞が受精して生

図23.1 種なしスイカをつくる

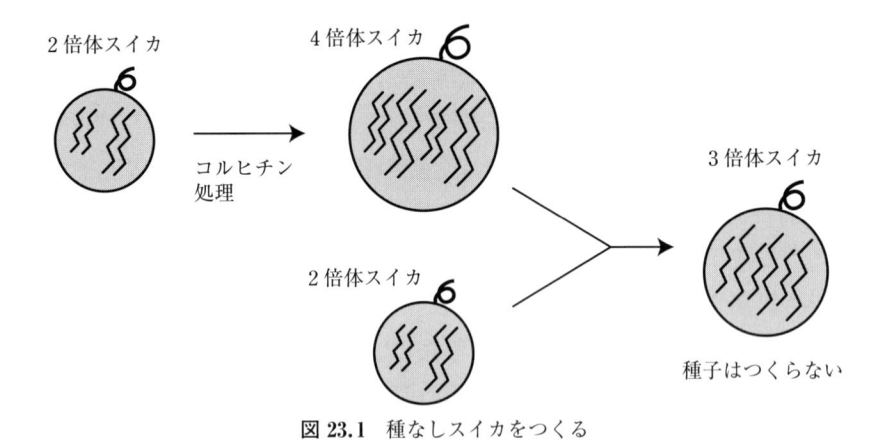

み出すことになっている種子は形成しないから，種子のないスイカがつくりだされる（図23.1）．その理論通りに実際に種なしスイカが作出され，市場を賑わした．

遺伝子突然変異と生物の多様化

染色体突然変異は染色体の構成や構造に生じる変化が親の世代と異なった構造と機能をもった次世代を生み出すのだが，これまで地球上に存在しなかった新しい遺伝子を創出するということはない．それに対して，遺伝子突然変異はまったく新しい遺伝子を生み出すことにもつながる現象である．

遺伝を支配する基盤を染色体に求めていた生物学は，技術の進歩によって，継代の際に見られる諸現象をさらに詳細に見極めることが可能となった．その結果，遺伝現象を支配している物質的基盤がDNAであることを示すことになった．DNAが正確に自己再生産し，それがRNAを生み出す鋳型となり，RNAの配列がコドンとなってアミノ酸を産出し，アミノ酸が重合してタンパク質をつくり出す機作が，生物界に普遍的な現象であることが確認され，成体の基盤を構成するタンパク質の形成を制御する過程をセントラルドグマで整理することが可能になったのである．

個々の生物が演出する生命現象の基本が示されたら，同じ種はなぜ種特性と呼ばれる共通の現象を演出するのか，その特性はなぜ地球上の生き物によって多様な現象をもたらすのかが問われる．多様性の生物学の課題である．

遺伝子突然変異をきっかけとする種分化がどのような過程をとるか，具体的な例でいろいろな対象によって明らかにされてきた．遺伝子突然変異が中立的に，偶発的に生じるものであることが確かめられると，遺伝子に見られる差が系統の遠近を示す指標になると期待される．ただ，変異は中立的に生じるものではあるが，放射線など，環境から与えられる刺激によって，変異の生起率に変動がある．また，変異は種や生物体の部位によって生起率が異なっているし，生じた変異が維持される

過程で，環境適応の程度に応じて集団内で急速に増加したり，消滅への圧力が加わったりで，遺伝子の差の度合いが遺伝的距離の遠近に必ずしも比例するものでないことも明らかである．だから，DNAの塩基配列がいろいろな種で解読されるようになって，それを利用して系統的な遠近を読み取るための方法について，いろんな推定法が提起されている．このようにして，分子系統学は急速な進歩を遂げた．表現形質を手がかりにした解析は，たとえ形態形成の過程を参考にするなどしてその系統的意義の読み取り方を高度化したとしても，遺伝子の制御の結果つくられた構造を手がかりとするものであるが，遺伝子そのものの遠近を探ることができれば，系統関係は実証的に追跡できることになる．ただし，得られたデータが正確で，そのデータの評価が正しく行われたら，の話であることはいうまでもない．

DNAの塩基配列を手がかりに種分化の解析や系統の追究が行われるうちに，多様な生物の系統関係には，二叉分岐を反復して多様化してきた過程だけでなく，細胞分類学の成果で見たのと同じように，遺伝子が交流することによってつくり出される収斂的な進化もしばしば見られたらしいことが明らかになってきた．むしろ，節目ごとの飛躍的な進化には，収斂的な現象がかかわっている例が目立つ．細胞共生によって，遺伝子の流動性が意外に高く生物界に見られるのである．この事実は，分類群の階級によって分化の順序を示そうとしてきた分類表の単純なつくり方にもさらなる工夫が必要であると迫っている．

分子系統学が野生種の種多様性，遺伝子多様性の研究に確実な根拠を与えるようになると，その知見を社会貢献に活用しようという試みも推進される．さらに，遺伝子の流動性が生き物にとって必ずしも特殊な現象ではないと知ると，人為的な遺伝子操作にも自信がもてるようになったということなのだろうか．染色体を指標とした種分化を基盤とする細胞遺伝学的な育種に加えて，DNAの取り扱いについて急速に進歩している技術を適用したいわゆるバイオテクノロジーが活用され，組織培養，細胞融合，さらにもっと広義の遺伝子組み換えなどの技術を活用した育種に成果があげられつつある．地球人口が急速に増加しつつある現実を見るとき，育種の技術の発展によって資源を確保することの重要性は火を見るより明らかではあるが，新しい技術の利用には，それがもたらすかもしれない危険に配慮した対応が求められる面のあることも忘れることはできない．

分子の指標で系統を探る

分子系統学の急速な進歩によって，生物の系統についての知見には，20世紀末以来，大きな進展が見られた．この分野の研究はさらに健全に進展し，未知の生物種の認知にも活用され，生物多様性の基礎的研究に大きく貢献することが期待されているところである．

ところで，多様性の生物学にとって，地球上に生存するすべての生物種を記相し，その種間の系統関係を解明することはたいへん重要な基礎的研究である．しかし，これは英語を学ぶためにアルファベットを知るようなもので，生きているとはどういうことかを解明する生物学に貢献する多様性の生物学にとっては，その多様性の現実のすがたが何であるかを描き出すことができたら，なぜ，どのようにその多様性がもたらされたのか，多様性の生物学的意味の解明が期待される．

具体的に考えてみれば，生き物が陸上に進出した時，独立栄養の植物が最初に陸上生活をはじめた生き物の一角を占めていたことは間違いないが，その時動物や菌類も同時的に陸上に進出し，陸上生態系の形成を行ったはずである．陸上生物の起源が，具体的にどのような種が先導し，どのような生態系を形成しながら進行していたのか，それ以後陸上で進化して賢くなったヒトだけがその問題の解明に努力しているというのは一体どういうことなのか．生物の多様化は，そのような問題をもたらしたものであり，多様化の研究対象はこのような問題にあるといえる．

DNAの塩基配列を指標にして，生き物の系統関係を明らかにする作業は，生物多様性の実態を明らかにする上できわめて大切である．そのような研究のますますの推進を期待しながら，分子の指標で系統を探るとはどういうことかを考えてみたい．

系統関係を知ることによって，分化の順序づけは確かめることが期待される．被子植物は裸子植物から派生してきたものであり，種子植物はシダ植物から派生してきたものであることが確かめられてきた．被子植物に見るように，子房が裸出している状態から，胚珠によって包み込まれた状態に進化した方が，陸上生活により適応したものであり，さらに重複受精の機作を取り入れることによって，陸上での爆発的な多様化を可能にした，と説明はできる．しかし，胚珠の進化の過程も，重複受精がつくり出された道筋も，まだ明らかにされてはいない．それらがどのような遺伝子の制御によっていつ頃生み出されたのか，その遺伝子の導入にどのような過程があったのかも知られていない．地質時代のこのような変化を，いたずらに化石に行き当たることだけを期待して待っていたのでは，解明されるかどうかさえおぼつかない．

植物の陸上への進出については，藻類，コケ類，シダ植物などのうちにモデル植物を設定し，DNAの塩基配列の解読を進め，遺伝子の比較を通じて，どの遺伝子が陸上への進出に意味をもっていたかなどの追跡が進んでいる．もちろん，現生の生き物たちのもっている遺伝子が，4億年前の藻類，コケ類，シダ植物のそれと同じものでないことはいうまでもない．本来は，その間のDNAの塩基配列の変化が詳細に追えるようになるといいのだが，それは次講の話題にかかわってくる．現生のものから4億年以上も前の事実を推定することになるのだが，遺伝子の制御の結

果つくり出された表現形質で比較するだけでなく，その形質を生み出した遺伝子の比較によって，陸上への進出の際に何が起こっていたかを解明するきっかけが得られるかどうかが問われているのである．

エボデボの研究の推進のような試み（第16講）も，進化の研究を，断片的な事実とそれに基づく推定だけにとどめないように，生物学の方法を拡大させるのに貢献しつつある．

———— Tea Time ————

駆け込み進化

新しい種の形成は，陸上植物や脊椎動物などでは，遺伝子突然変異をきっかけとして遂行される．おおむね100万年単位の時間を要すると計算されている．特別に種分化の速度が速い例としては，海洋島である小笠原諸島で，他と隔離された特殊な条件下で種分化が見られたトベラ属やハイノキ属などの例で，数十万年以内の期間で種形成を成し遂げたらしいと推定されている．

日本列島のシダ植物の多様性の研究の過程で，日本列島では他の地域よりも無融合生殖種の比率が高いことに気づいた．地球規模で見れば10％ほどの種にこの現象が見られるが，日本列島の種について見れば，15％もの種が無融合生殖をするのである．無融合生殖種はアポガミーをする種ともいわれ，世代交代はするものの，胞子形成の過程で減数分裂を行わず，だから胞子体と同じ核相の胞子を形成し，前葉体（配偶体）をつくり出す．有性生殖細胞（卵と精子）をつくることなく，接合（受精）は見られず，前葉体と同じ核相の胞子体を育て上げる．有性生殖を省略するのだから，有性生殖を取り入れたことによって速度を速めた進化は忘れることになるが，1個の細胞からひとつの次世代を育てるという意味では，2個の有性生殖細胞が接合して1個の次世代個体をつくり出す有性生殖の過程を踏むよりも，資源の負担は軽くてすむ．

具体的に，15％知られる日本のシダ植物（図23.2）のうち，多くのものは，日本列島のうち主として里地里山に生えており，しばしば二次的自然と呼ばれるみどり豊かな場所の構成要素である．二次的と呼ばれるように，人間の開発活動によってつくり出された環境だから，せいぜい数千年前より後につくり出されている．遺伝子突然変異に基づく種分化を行う時間的余裕はなかったはずである．

無融合生殖がどのように導かれたかはまだ解明されていないが，植物の進化のうちには，染色体突然変異によって導かれた種分化がもたらした現象も珍しくない．これらの例の多くは，人為的な環境で旺盛な生活を展開する．染色体突然変異に促された種分化も，100万年単位の歳月を要するものではない．突然生じた変異がそのまま次世代に引き継がれ，そこで安定した生活の展開が見られたら，倍数性と

図 23.2 無融合生殖型シダ植物
(a) ベニシダ，(b) ヤブソテツ，以上東京都青梅，(c) ホウビシダ，中国雲南省．

か，自然交雑とか，それぞれの型が落ち着いてくることになる．遺伝子突然変異に促されて生じる 100 万年単位の種分化に比べて 100 年単位で新しい型を落ち着かせる染色体突然変異による種分化は，急速に変化する環境に対応する進化として，融通性のある変化を導いている．

この研究を進める際に，標本庫に収蔵されている標本を使って無融合生殖型を識別，認定した．標本に基づいて生殖型を識別する手法は，標本を生物の死骸としか見ていなかった人には衝撃的だったようである．

このような特殊な条件下の種の進化は，人為的な環境開発にともなって生じている例がわかりやすく，『文明が育てた植物たち』（東京大学出版会，1997）で少し詳しく紹介した．

第24講

生物多様性のバイオインフォーマティクス

キーワード：実証　　情報構築　　情報処理　　推計
　　　　　　地球規模生物多様性情報機構　　電子化

　20世紀も中葉までは，数学は嫌いだが理系の科学にかかわりたいという人が生物学をやる，といわれていたことがあった．自然科学は数学の枠組みに応じた論理で組み立てられているはずであるが，多様に演出される生命現象にかかわる情報量はあまりにも膨大で，生命にかかわる課題については，特定の現象以外は数学の枠組みで構築される自然科学の論理に従って追究できる体制がなかなか整わなかった．生物多様性の科学はその典型で，だから分類学はバラバラな事実を個別に記相しているだけだと断じられたこともあったのだった．19世紀後半に，メンデルの研究が生物学者の間ですぐに理解されなかったのも，同じ研究環境の問題だったのだろう．

　生物多様性のバイオインフォーマティクスが課題として取り上げられるようになったのは，20世紀も末に近づいた頃からである．分類学の分野でも，数理分類学という領域での活動がはじめられたことがあったが，これはたまたま得られた情報を数理的に処理しようというもので，対象そのものを数学の枠で捉えるために基本から問題を設定したのではなかった．多様性の生物学が科学としての体制を整えるのに先行して，社会的な課題として，生物多様性がもたらす問題を数学的論理で推量しようという期待がもたれ，地球規模生物多様性情報機構（GBIF）が政策的課題として設けられたのはちょうど21世紀のはじまりのときだった．

　21世紀は生命科学と情報科学に飛躍的な進展が期待できる世紀であるといわれることがある．両者を結びつけたバイオインフォーマティクス（生命情報学）の世紀であるとの期待も描けるだろう．そのうちでも生物多様性のインフォーマティクスにはさまざまな夢が描ける．

遺伝の法則の再発見：古典的な博物学から生物学へ

　メンデルが遺伝の法則を組み立てたのには，彼のなみなみならぬ数学への造詣の

深さが生かされていた．当時の生物学者は，それだけの数学的論理に親しんでいなかったのか，材料の選定などではメンデルのいい相談相手だったネーゲリのような当時の植物学の大家でさえ，メンデルの法則をすぐに理解はしなかった．そして，メンデルの手法を理解できた3人の研究者があらためてメンデルの実験を追認し，法則の再発見にいたるまでには30余年の月日を要した．

19世紀の生物学と生物学者の状況を，これほど明確に描き出す事実はない．その状況は，そのまま日本の中等教育体系に移植され，戦前の中等学校の理科は物象と博物に大別された．物象は物理，化学の分野で，自然界の現象を数学的枠組みに従って論理的に追究するものだった．一方，博物という教科では自然界に生じる生命現象や地球上のさまざまな現象を観察し，記録し，そこから自然に親しむ論理を見出そうとした．生命現象は，自然科学の論理で普遍的な原理に集約されるものではなくて，現象を記載し，個々の現象にどう対応するかが問われるものだったのである．だから，理科のうちでも，生物や地学は暗記科目といわれた．

20世紀の生物学はメンデルの法則の再発見からはじまった．これは生物学の発展にとってはきわめて象徴的で，生物学の中核に，数学的論理に従って整えられた法則がおかれ，多様な生命現象を生物界を通じての法則を軸にして理解しようとしはじめたのである．生命現象の解析の技術が進むのに応じて，分子レベルで演じられる現象のうちに，生命に普遍的な原理を求める研究も推進され，やがて分子生物学という名の怒濤の発展が見られた．少し遅れてではあったが，多様性の生物学も，個々の現象の記相に追われながらではあるが，多様な生き物たちに通底する原理の追究にも力を注ぐようになってきた．

生物多様性のインフォーマティクス

生物多様性の科学は膨大な情報を包含する領域である．種多様性で数えても，既知の種数が150万とか180万とかいいながら，実際は，少なくとも1000万以上とか，3000万とか，億を超えるとか，既知の種数と比べるとべらぼうな数字が並ぶ．その種の個々について何がわかっているかを考えてみると，かつてヒトゲノムの解読が話題になった時，全世界の研究者，技術者が協力し，膨大な研究費を投入しても，数年の日時を要したことを想い出す．いまでは機器の進歩などもあって，はるかに簡単に調べられるにしても，既知の種のうちで全ゲノムが解読された種はまだ数えるほどに過ぎない．しかも，全ゲノムが解読されたら，やっとその種の科学的な研究がはじまることになるとさえいわれる．

種の確実な認知からして，まだ数％か，ひょっとすると1％未満しか進んでいないというのである．基礎的なデータの構築に，まだまだエネルギーを要する課題である．既知の種のリストづくりさえ，やっと着地点が見えてきた段階で，これに基

づいた数理的な解析がものをいうにはまだまだ準備の必要なことが多い．

　もっとも生物多様性にかかわる情報の集成が必要であることが議論の対象とはなりはじめていた．多様な情報だからこそ，情報処理に最先端の技術を必要とするとの意識も高まってきた．ただ，意識をもった人の数は限られていた．限られた数の人たちで，さらに情報の集成は個別に行われる傾向が強かった．せっかくデータベースをつくっても，それを他の研究者と共有することには躊躇する人も少なくなかった．いくつもの研究グループはつくられたが，個々のグループが己の存在を強調することはあってもなかなか大同団結には結びつかなかった．

　維管束植物については，植物誌に関する情報を地球規模でまとめ，地球植物誌をつくろうという動きとなって，植物情報機構 IOPI という名の組織が 1991 年に欧米の主要なハーバリウムの呼びかけでつくられた．わたしも立ち上げ時から理事の 1 人として協力し，後には理事会の副議長も務めた．いろいろの曲折があったが地球植物誌は紙媒体のものがごく一部刊行され，いまでも努力は重ねられているが歩みは鈍い．わたし自身も自分の責任分を果たしていないのであまり大きなことはいえないが．

　実際に，自然雑種を探索する際に，推定両親種が一緒に生育する場所などで注意するのは当然の行動であるが，必要な基盤情報が整ってくると，生物相などの種多様性の基礎調査も，その情報に基づいて推進することができるだろう．もちろん，未知の場に挑んで想定外の発見に行き当たることはそれ自体歓びをもたらすものではあるが，研究の効率，正確さを増大させるための情報整備はまた別の意味で不可欠である．

　現在のところ，生物多様性関連の情報の構築には遅れをとっているし，さらに電子化し，地球規模でネットワーキングするところまでを考えるとまったく不完全といわざるを得ない状態だから，それに基づいて科学的に有為な推測ができることはまだごく限定されている．しかし，生物多様性を生み出し，現に演出している原理を追究するためには，生物多様性をもたらしているさまざまな現象についての情報を構築し，整備し，それから論理的に詰めていく手法による研究が推進されるべきことはあらためて論ずるまでもない．

地球規模生物多様性情報機構

　科学としての生物多様性のバイオインフォーマティクスが，基盤情報の膨大さに圧倒されてなかなか現実の展開を示さないとき，むしろ社会的課題として，この領域のための情報の集成の必要さが認識された．1990 年代後半に，OECD のメガサイエンスフォーラムで，生物多様性関連情報の一元化の問題が取り上げられ，国際協力によって，この事業が成し遂げられるべきであると提言された．具体的な政府

間機構を立ち上げようという提案が採択され，地球規模生物多様性情報機構（GBIF）がつくられることになった．日本も積極的に参画し，この機構の創設の牽引役を果たした．

2001年3月にカナダのモントリオールでGBIF創設の会合が開かれ，正式に発足した．日本から推薦され，わたしは理事会の副議長の役を引き受けることになった．立ち上げにはさまざまな準備を必要とするが，早速5月には，事務局招聘に手をあげていたアムステルダム，コペンハーゲン，マドリード，キャンベラの各都市を廻るアセス役のグループの座長を務めたり，秋には事務局職員の選考にもかかわった．

GBIFは限られた資金に基づいて動く団体だから，目的も限定されたものにとどまっている．すなわち，既存の生物多様性関連情報のうち，電子化されたものをひとつにネットワーキングすることである．残念ながら，情報の構築にまでは，直接かかわる余力はない．構築そのものは，関係の国や研究者らの努力を期待するだけである．ただし，どのような情報がいまもっとも必要とされているか，全体像を描き出すことは成果にともなって必然的に見えてくるはずである．

生物多様性情報といっても対象は多様である．しかも，GBIFは最初の5年の活動成果が評価されてそれ以後の継続発展の当否が決められることになっていた．評価は3年目くらいには準備がはじめられるので，実際は最初から評価を意識した活動にならざるを得ない．まず，早急にそれ相応の数のデータベースをネットワーキングすることが求められる．主として欧米の博物館等で構築されていた資料標本関連のデータベース，それに多様な観察データなどを一定のフォーマットに合わせてネットワーキングする作業が積極的に進められた．その結果，5年目の評価の時までには，億を大幅に越えるデータがネットワークできた．もっとも，その評価の際にも問題になったことであるが，データの質的評価は十分になされてはいない．また，データを用いた研究活動をするにはこの数のデータでは有効な試行もおぼつかない．2003年にOECDのメガサイエンスフォーラムが東京でワークショップを開催し，GBIFも話題に取り上げられた．わたしが活動の状況を紹介したが，その時は生物多様性情報の科学的側面を強調する報告にした．会場からは，政策的課題に対応して何ができているか，何かができるまでにどれだけの時間がかかるか，という質問が投げかけられた．

日本政府も，はじめは当時の科学技術庁，その後文部科学省が対応してきたが，CBD COP10の頃から，環境省が対応できるような措置がとられている．科学的な課題としてもだが，喫緊の課題として，環境問題としての生物多様性の危機に対応するべきであるという視点に基づいている．実際，立ち上げの時"*Nature*"に紹介されたコラムででも，議長もだが，副議長のわたしのコメントも人間環境の問題に

寄与することを期待する，という流れの発言にしてほしいと期待されたものだった．

名古屋の第10回生物多様性条約締約国会議で論議されて以後，生物多様性に関する科学的成果の活用が強く求められ，生物多様性と生態系に関する政府間パネルIPBESの活動の振興が期待されている．基盤となる資料として，GBIFのデータベースも活躍する必要がある．ただし，GBIFの活動は喫緊の社会的課題に対応するためだけではなくて，多様性の生物学の推進のためにもきわめて重要な基盤整備であることを認識したい．

応用科学と基礎科学

生物多様性のインフォーマティクスは，生物多様性のように複雑に多様で膨大な情報がかかわる領域ではいっそう有効な技法として活用されることだろう．分子系統学の解析は部分的にはその効用を明らかにしている．プロテオミクスや脳科学の領域で，バイオインフォーマティクスが成果をあげつつあるのも，生命科学の将来を示唆しているところである．確かに，GBIFで，2011年秋現在で3億弱の情報を集成しているといっても，対象となっている領域だけでもまだまだ部分的な活動成果に過ぎないのだから，ここに集積される情報が確かなバイオインフォーマティクスの振興に寄与するためには，まだ何年もの基盤整備の活動を必要とすることだろう．たとえそうであっても，堅実な情報構築，データベース化，ネットワーキングの努力の積み上げを推進しなければ科学としての進展は期待できない．

一方，生物多様性の持続性に関する問題が提起されるようになって久しい．絶滅危惧種をモデルにして語られる生物多様性の危機も，ずいぶん一般社会にまで意識が浸透はしてきたものの，まだ大多数の人々が自分の問題と認識し，積極的な対応に参画しようという状況にはない．そのためにも，地球上の生物多様性の現状がどうなっており，人の営為による生物多様性への圧迫がその将来にどのような不安を抱かせており，それに対して，持続的な利用を図る道は何かを案出し，地球上に生きるすべての人々が協力して生物多様性との共生を図るという状況を整えるべく，科学的な情報の提供からはじめる必要はまさに喫緊の課題である．社会が生物多様性の持続的利用に刮目した時には，生物多様性は回復不能なまでに人為の影響を蒙っていたというのでは話にならない．説明のための科学的な完全さに拘っていては短時日に達成できない対応も，緊急の課題として，入手できる範囲の限られた情報からでも，正当な推測を重ね，社会に向けての発信をすることが求められている．ここでも，科学のための科学の進展を期待しながら，社会のための科学にも貢献する生物多様性のバイオインフォーマティクスの推進が期待される．

= Tea Time =

情報が語る生命

　生きているとはどういうことか，との問いに対する解答を，情報構築に求めようという考えには消極的な人が少なくない．自然科学で構築する情報は物質・エネルギーを基盤としており，生きるということには物質・エネルギーだけでは計り知れない何かがあると期待する意識があるためだろう．もちろん，現在の科学で思量できる範囲の物質・エネルギー基盤の科学だけでは解決できない問題があり得ることは十分考えられることである．1世紀前の科学の知見だけでは現在わたしたちが知り得ていることを知るとは想像もされなかった．

　生命について，科学が知りうることが何かをいまから断定することは難しい．しかし，現在の自然科学が知り得ていないことで，これから知り得ると推定できることは無限の広がりを見せる．少なくとも，物質・エネルギーに基づいた発想からだけでも，これから知りうることは広く深い．その究極までは解析を進めるべきであるし，科学に期待できることはさらに広大である．

　生物多様性についていえば，科学的な情報に基づき，科学的な解析ができている部分はまだごく限定された範囲にとどまる．常に更新される解析技術を活用して実体に触れた解析がますます必要であることはいうまでもないが，それだけですべてが解決するとは期待されない．とりわけ，問題はすでに終わってしまった過去にさかのぼる．生き物の歴史をたどるためには，化石などの限られた資料に基づく研究にも期待するが，やはり生き物が演出してきた多様性創出の歴史を情報を手がかりにたどり，復元する試みが有効であることは間違いない．生き物は地球上にすがたを現してから三十数億年の間連綿と生き続けてきた事実にその実体を見せる．生きているとはどういうことかは，生きてきた歴史なしには理解できないし，その歴史のもっとも有能な語り手は多様性である．そのことを考えれば，生物多様性のバイオインフォマティクスが生きているとはどういうことかを解くための重要な手がかりのひとつであることが理解されるだろう．

第25講

共進化
共生と系統

キーワード：寄生　系統分化　収斂進化　進化学　双利共生　多様化　二叉分岐

　生物の進化は，中立で偶発的に生じる遺伝子突然変異をきっかけにして生じる現象である．しかし，変異が生じたら直接進化につながるというものではなく，その生き物が生きている環境と応答してそこに適応するかたちで進化が事実となって顕現する．環境のうちでは，ふつう，他の生物とのかかわりがもっとも大きな意味をもっている．

　地球上に生きているすべての生き物は，地球上にすがたを現した三十数億年前以来一貫して，他の生き物と相互に直接的，間接的な関係性をもちあって生きてきた．だから，進化という現象を取り上げてみても，特定の生物に中立的に生じた遺伝子突然変異を起点にしているとはいっても，他の生物とまったく無関係に進化を演じることなどあり得ない．ただ，他の生物との関係性は，それこそ関係する種によって多種多様である．進化における相関関係のうち，特定の種との間に特別の関係性をもちあう特殊な現象について，その関係の強さに応じて，共進化とか共生とか定義することがある．

共　進　化

　共進化は，狭義には，英語の coevolution の直訳である．用語としては，エーリッヒとレーブン（1964）が，植物が防御物質としてつくる毒と植物を餌にする動物の解毒機構が相関しながら進化した現象について説明して以来広く使われるようになった，と説明されることもあるが，概念はダーウィンの『種の起原』でも取り上げられている古典的なものである（図25.1）．食べるもの食べられるもの，寄生するものとその宿主，その他競争関係にあるもの同士の共進化では，一方の種の適応的な進化が他方の種の協調的な進化を引き起こす．ダーウィンも強調したランの花と特定のランに依存するように口吻のかたちを整えた昆虫との関係は古典的に知られる現象である．ハチドリの口吻の形態と，受粉されるランの花の形態の共進化

図 25.1 花と昆虫
コスモスの花に吸蜜に訪れた蜂，横浜市寺家．

は，古典的な説明材料とされる．日本のツレサギソウ属とガ類の共進化は，同じように目立たないこの属の花のかたちとガの口吻の形態が一致する例として，井上健の観察によって詳しく記相された．

　昆虫と花の共進化は古くから知られていた現象で，共役（軛）進化という用語が伝統的に使われていた．花と昆虫の関係に特に注目してこのような概念が整理されて以来，フィールドでの観察が進められ，種子植物の多様化が昆虫などの多様化と密接な関係にあったことが明らかにされつつある．flower biology などという研究領域がつくられたと理解する向きもある．実際，被子植物の多様化には，風媒花から虫媒花への転換が意味をもっている場合があり，虫媒花は昆虫の多様化と相関しながら多様化してきたという事実が詳細に観察されている．昆虫も被子植物も特別に多様な群であるが，共進化が彼らの多様性を増大させたことは確かだろう．

　共進化は植物と昆虫の関係に限らず，生物界に普遍的な現象である．

共　　生

　共生という言葉を辞書で見ると，共に生きるという強い響きの一般用語の日本語の解説と，生物学用語で，symbiosis の翻訳として使われる意味とが紹介されている．ここで取り上げるのは，いうまでもなく，後者の共生についてである．

　試みに『生物学辞典』（第4版）の解説を見ると，「共生」とは「異種の生物が一緒に生活している（living together）現象．この場合，互いに行動的あるいは生理的に緊密な結びつきを定常的に保っていることを意味するのがふつうである．（以後略）」と書かれ，「ふつうには，共生者の生活上の利益・不利益の有無に基準を置いて，共生を双利共生・片利共生・寄生の三つに大きく区分する（以下略）．」と説明している．対応する英語には symbiosis と association があげられている．

　生物界における共生進化説は定説となっており，ミトコンドリアや葉緑体の進化

が細胞共生で遂行されたことは第5講で見たとおりである．「細胞共生」は，共生の結果新しい系統を生み出す力となったものであり，真核生物の進化は細胞共生なしには実体化しなかった．さらに，細胞共生は，第9講に見た「二次細胞共生」のような展開も見せて藻類段階の多様化に寄与し，新しい型の系統を生み出す細胞の進化のきっかけとなっている．ただ，このような共生が収斂の結果つくり出す新系統を生み出すきっかけになった結果，二叉分岐の積み重ねで系統群が生じたという理念でつくられた分類体系に収めるには，系統のあり方が複雑で，その表記が難しい事実も明らかになっている．

　生物学が古典的に定義した「共生」は，細胞共生のようにひとつの細胞が他の細胞のオルガネラになるまでに徹底した一体化を示すのではないが，共進化のようにたまたまお互いが相互に不可分離の関係を構築しているというよりは相互依存の程度が強いものについていうのがふつうである．ふつう2種間の関係性をいうが，第3者の関与によって強められる関係性にも注目されている．

　後述の地衣類は双（相）利共生の代表例のように取り上げられるが，植物遺体を食べるシロアリとセルロースを消化する体内微生物との間に見られる消化共生も，原生動物や刺胞動物などの体組織の細胞内，細胞間に生息する渦鞭毛藻も代謝物質のやり取りなどを通じて密接な関係にある．からだが組織のように密着していなくても，古典的な例に使われるカイロウドウケツとドウケツエビのように，二者が不可分離の関係にあれば典型的な共生関係にあると説明される．もっとも，カイロウドウケツとドウケツエビの例は特定の花とその花だけに訪れるように形態が特殊化した訪花昆虫の関係と，実質的に異なるものではない．

　片利共生は共生する2種の生物のうち，一方は利益を享受して適応度を上げるが，他方の適応度は変わらない関係である．片利共生の例には，共生を広義に解釈するものが多い．便乗，着生，変態共生，などと名づけられる型がある．便乗は移動などに他の動物種を利用する場合で，動物に付着して撒布する種子などもその例である．着生は樹木などについて生育する例で，ランやシダ，コケ，地衣類などが樹幹に着く例などが顕著である．変態共生は生物の死骸などを利用する例で，巻貝の殻を利用するヤドカリや夏虫冬草などもその例に入れられるのだろうか．

　単なる共存ではない，とされる共存は，生活場所を同じにする生物の関係に広く使われる．生態系を構成する多様な生物たちは，ひとつの生態系内で共存している．しかし，ひとつの生態系内に共存している生物がすべて共生しているわけではないのだから，単なる共存の関係を共生とはいわないことは確かである．

　一般用語として使われる共生の印象からは，寄生を共生のひとつの型と見なすのには抵抗があるようである．しかし，symbiosisという現象を生物学的にひとつにまとめようとすれば，相互の損得勘定は別の尺度で見るべきこととなり，寄生も

「異種の生物が一緒に生活している現象」そのものである．実際，生物界には寄生と呼ばれる関係性をもつ生物は枚挙にいとまがないほどふつうである．ただし，寄生という関係性を，たとえばある種の菌類が特定の植物にエネルギー源を依存している関係で説明しようとすれば，その菌類が宿主の植物に貢献している面を見過ごしてしまうというような場合もあるので，特定の面だけを強調するような急いだ判断は要注意である．また，定義の仕方によっては，従属栄養の生物はすべて独立栄養の生物に寄生しているといえるかもしれない．

共生関係にある生物たち

　常識的に共生の例にあげられる生物のペアをいくつか並べて，共生生物とは何かを考える材料にしたい．寄生の例をここで特にあげることはしない．

　カイロウドウケツとドウケツエビ　ひと時代前まで，結婚式の祝辞に，「めでたく偕老同穴の契りを結ばれ，」という表現が流されることがあった．1対のドウケツエビは若くして海綿動物のカイロウドウケツの網のうちに囲い込まれ，外敵から護られて，排泄物などを海綿動物に提供する．両者はお互いに依存しあって，お互いがなければ生きていけない関係を構築している．双利共生関係の代表的な例にあげられる．

　もっとも，ともに老いるまで一緒に，と勧めるのはいいことではあるが，生涯をひとつの網に包み込まれるというのは，現代人の倫理観には必ずしも一致しないのか，それとも，エビと海綿動物の共生関係が何かを知っている人がほとんどいなくなったためか，最近ではこういうたとえ話はほとんど聞くことがなくなった．

　マメ科植物と根粒菌　マメ科植物に限定はしないが，一番わかりやすいのがマメ科植物の例で，根粒菌と呼ばれるリゾビウム科のバクテリアが根に侵入し，根粒をつくって定着すると活発に窒素固定を行う．植物自体は窒素固定の能力がないので，根粒菌が固定した窒素を利用して生活する．バクテリアの側はマメ科植物が光合成によってつくり出した炭素化合物をエネルギー源として活用し，両者がともに潤う双利共生の関係をつくり出している．バクテリアの種によって，共生できるマメ科植物の範囲は異なっており，さまざまな組み合わせの共生が演出されている．

　木本には，根に共生する菌をもち，共生菌が固定する窒素を活用しているものが多く，ハンノキなどは放線菌の1種を根粒菌として共生させている．

　ソテツとアナベナ　ソテツの根には不規則な膨らみがある．このこぶ状の膨らみを切断すると緑色の層が見える．シアノバクテリアのアナベナが共生しているのである．アナベナは窒素固定をし，海岸の岩礁地帯などの痩せ地に生えるソテツに有機窒素を提供し，ソテツからエネルギー源の炭素化合物を得ている．両者の間の双利共生が，ソテツの海岸岩礁地帯での生活を支えている．

ヤドカリとイソギンチャク　イソギンチャクがヤドカリの殻の上に生育する．ヤドカリは殻の上にイソギンチャクのように刺胞をもった生き物がいてくれることで敵の攻撃を受けにくくなる．また，イソギンチャクが殻の上に骨格を成長させるので，宿替えの必要がなくなる．一方イソギンチャクはヤドカリの移動に合わせて移動の機会が得られる．餌を得る機会などが格段に拡大されることになる．

サメとコバンザメ　片利共生の例で，同じ魚類であるが，コバンザメは後頭部に小判のような付着装置が発達しており，大型のサメの腹部に付着する．コバンザメ自身は力を出さなくても，サメの遊泳に応じて，海中を周遊することができる．サメが食事をすれば，必然的に食べ物の破片がからだの周辺に飛び散り，腹部にくっついているコバンザメは自分で摂食行動に出なくても，サメの食べ残しで十分の餌を確保することができる．コバンザメがサメのおかげで結構な暮らしを送っていたとしても，大型のサメにとっては，ゼロとはいえないかもしれないが，コバンザメが腹部に付着しているくらいでは痛くも痒くもないという状況にある．

ナマコとカクレウオ　片利共生の例にあげられるが，カクレウオはナマコの体腔内に生活場所をおき，外敵から保護される．ナマコはカクレウオがそこで生活することによって失うものは何もないと説明される．

地　衣　類

共生の説明には必ずといってもよいほど，地衣類が例に引かれる．地衣類は，生物の分類表では真菌類の付表の位置に置かれるが，からだは菌糸と藻類の細胞とが一緒になったものである．

地衣体を構成する藻類は，緑藻類か藻類とは呼ばれるが原核生物のシアノバクテリア（藍藻類）であることが多い．藻類（この項では，便宜上，シアノバクテリアを含めて藻類と呼んでおく）の単細胞体が菌糸に包み込まれるようになって，ゴニジアと呼ばれる構造をつくっている．菌糸に包み込まれ，温度や湿度を保たれた安定した環境条件下で光合成を行ない，有機物を菌糸に提供する．生殖はそれぞれの藻の母型の様式に従って，菌糸の動態とは関係なく，独立に進行させるが，新しくつくられる新世代の細胞はまた菌糸に取り込まれて地衣体を構成する．この藻類の単細胞体は，菌糸から離れても，好適な環境に置かれれば独立して生活することができる（図 25.2）．

菌糸の側は子嚢菌起源のものが多い（全体の約 98 %）が，担子菌起源の型もあり（約 0.4 %），不完全地衣類が約 1.6 % 知られており，特定の系統のものと限られているわけではない．いくつかの系統から並行的に地衣体を構成する進化が見られたらしい．

地衣体を構成する菌糸は，ゴニジアをつくる藻類に依存する性質が強くなってし

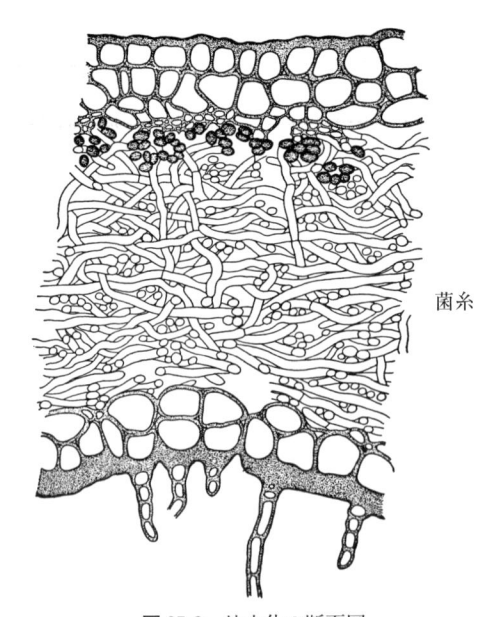

図 25.2 地衣体の断面図
菌糸に包み込まれるようにゴニジア（藻体，上部に見える壁の濃い細胞の集まり）が共生する．(W. H. Brown : The Plant Kingdom, fig773)

まい，ゴニジアから有機物を摂取するが，他の方法で有機物を摂取することはできなくなっている．だから，この菌糸は地衣体としては生きていけるが，藻類と離れると（人工培養などの条件下では生きられるが，自然界では）生きていけない．そこまで完全に地衣体という生き方に順応した進化をしてきたものだから，共生体といわれるのである．しかも，菌糸を中心として，種ごとに種特異性のある地衣体に固有の形状をつくる．

共生体の形状を示す性質は菌糸の側がより徹底しているためか，ゴニジア形成に参画する藻類は限られた種だけのためか，地衣類の分類はもっぱら菌糸の側を指標とされる．しかし，これも，純粋に自然分類（系統分類）の立場をとろうとすれば，子嚢菌類と担子菌類という異なった祖型に由来するのだから，地衣類という単系統群はない（図 28.3 (a) 参照）．便宜上，共生体の地衣類をひとまとめにしておくとこのような生き方をする生物の性質を研究するのに都合がよいので，地衣類という人為的な群を分類表に置くのである．

地衣類も熱帯など，生物の多様度の高いところで多様に分化している．生物が多様化しているところは，たいていの生物にとって生きやすいところなのだろう．しかし，地衣類はまた，他の生物が生きられない極地や高山帯にも分布域を広げている．共生体だから，ゴニジアをつくる藻類が単独では生きていけないような場所でも，菌糸が包み込んで生かされる．菌糸の方も，独立栄養の生物が活躍できないと

ころででも，共生する藻類から有機物を提供してもらえるものだから，生活場所を拡げることができる．このようにして，共生体であるが故の生活場所の獲得をするのが，共生体である地衣類が進化し，多様化を遂げている理由なのだろう．

　地衣体の構成は特定の2種間の関係ではなくて，担子菌類，子嚢菌類のさまざまな種の菌糸と，緑藻類，シアノバクテリアのいくつかの種の藻体とがさまざまな組み合わせで共生し，一体となってひとつの生き物のような生活を送っているということで，たいへん特殊な共生体の進化である．現生の地衣類には，種という単位を用いて数える型が2万種ほど認知されている．その数だけで比べると，シダ植物より多様な群である．

============================ Tea Time ============================

進化とエヴォリューション

　日本語の進化という語は英語の 'Theory of Evolution' を訳して「進化論」としたことからはじまる．evolution という英語は evolvere というラテン語に起源し，このラテン語の意味は展開するであるが，展開といううち単純なものが徐々に高度に発展する状況を指し，生物の発生現象，とりわけ前成説を表現するのに使われた．ダーウィンの『種の起原』では，evolution という言葉は避けられ，descent with modification と表現された．進化論が論議されるようになって，ハーバート・スペンサーらが，進歩的展開を示そうとして用いたために evolution という言葉が定着することになり，その流れでの和訳が進化となった．進化という言葉が適用されたことから，日本ではとりわけ，進んで変化する現象としての生物界の展開と受け取られることが多く，進化の最高段階が万物の霊長と呼ぶ人に達することであるかのような誤解がまかり通ることがまま生じることになった．そのような理解を導こうとした傾向もなかったわけではない．

　あらためてここでいうまでもないことであるが，生物の進化はそのまま進歩に相当する現象ではない．進化には退行（＝退化）と呼ばれる現象も含まれ，一般用語としての進歩・退歩の対立関係は進化・退行の関係にはない．退行と呼ばれる現象も，より正確には単純化とでも表現すべきことで，生存に不利をもたらす方向への変化を意味するのではない．もちろん，進化という現象が認められるのは，停滞によって生存に不利な状態がやってくるのを防ぐためであるが，よりよい状態に向かって生物が自主的に進んで変化する方向を目指すことはない．

　言葉によって何かを印象づけられるのではなく，その学術用語によって表現されようとしている現象は何かを正確に把握し，生きているとはどういうことかを理解する基盤としたいものである．

第26講

大量絶滅と哺乳類の進化

キーワード：隕石　恐竜の絶滅　種の絶滅　新種形成　絶滅の速度
　　　　　　地球環境の変遷

　生物の進化は，長い時間をかけて徐々に進行した．しかし，生物界には，とんでもない事件も起こっている．種形成は，有性生殖が進化してからは100万年単位でゆっくりと進行しているが，絶滅による混乱は急激な変化を含んでいる．これまでにわかっているところで，生物の進化の歴史において，化石の記録が豊富になってからだけでも，構成種の多くがすがたを消す，大量絶滅と呼ばれる現象が5度にわたって記録されている．40億年になんなんとする長い時間をかけての進化の歴史のうちで，特に目立つ出来事とは何だったか，それが生物界の変遷にとってどのような意味をもっていたかを考えてみよう．

地球上における生物の大量絶滅

　生き物は，自分のからだを構成している物質を急速に置き換え，一定の時間が来ると次世代の個体に生命を伝達して自分の個体としての寿命を終える．また，個体が集まって種を構成しているが，その種も永遠に生きるものではなくて，有性生殖種の多くでは1000万年の単位で，種の寿命を終え，別の種に置き換えられる．地球表層の環境が平穏に過ぎる，あるいはごくわずかな変貌に終始している間は，生物界の日常的な新陳代謝もゆっくりと進行している．

　40億年になんなんとする生き物の歴史のうちでは，このようななだらかな進化の積み重ねだけでなく，大きな変貌を刻み込む事件が見られた．真核生物の進化，有性生殖の進化，多細胞体の進化など（表1.2参照）が，生物界の変遷にとっては決定的な影響をもつ出来事だったが，なぜそのような事象が生じたのか，地球表層の環境の変遷と結びつけるような証拠はない．生き物の陸上への進出は，同じような大きな出来事だったが，その背景には，酸素発生型光合成の活性化にともなって地球表層の分子状酸素の蓄積が増大し，成層圏がオゾン層で包まれるというような環境の変化が見られ，生き物の陸上生活が保障されたという変化が読み取れる．

これらの進化は，どちらかというと生き物の多様化，高度化を促進する進化だった．それに対して，地球上における生物の大量絶滅という現象は，それが結果として次の時代を発展させるきっかけになったとはいえ，その時生きていた生物にとっては喜ぶべき出来事ではなかったに違いない．
　大量絶滅と呼ばれるほどの生物相の激変は，化石の記録の確度が高くなった多細胞動物の進化以後の生物の進化史に5回認知されている．その他にも，大量絶滅に準じるような現象が何回か記録されている．いまでは大量絶滅に加えてもよいと考えられることのある最初の絶滅は，原生代の末に見られた．軟らかい組織だけでつくられていたエディアカラ生物群が5億5000万年前くらいに絶滅し，骨格の硬い三葉虫などがすがたを現す出来事である．V-C境界線と呼ばれるこの時期には超大陸が分裂し，活発な火山活動が見られたと推定されている．
　大方が認める最初の大量絶滅は4億3500万年前頃のオルドビス紀末に見られた．優勢だった三葉虫の半分は絶滅し，当時の生物のすべての種のうち85％が絶滅したという報告がある．絶滅の現象は化石などから推定されるが，原因には定説がなく，近くで超新星が爆発した事件があったという報告がある．
　デボン紀末の3億6000万年前，その頃生きていた生物種の80％以上が絶滅するという現象が見られた．気候の寒暖の変化が激しかったらしく，さらに，乾燥化，海水面の後退，低酸素化などが生じて，当時生きていた生き物にとって生存に耐えられなくなったのではないかと見られている．
　2億5000万年前のペルム紀（二畳紀）末といえば，古生代から中生代への移行期である．P-T境界と呼ばれるこの時には，進化史上最大の大量絶滅が見られ，海の生物の95％，陸上の生物も90％以上が絶滅したと推定されている．古生代を指標する三葉虫もこの時絶滅した．地球上の生き物の生存が危ぶまれるほどの大量絶滅だった．化石の証拠は確からしいが，そのような大事件が起きた原因は何だったか，仮説の提唱はあるが，実証されたものはない．パンゲアと呼ばれる大陸が形成されたときであり，その際大規模の火山活動があったとも推定されている．地球規模で海退が見られたようであるが，火山活動に誘発されたさまざまな現象が複合して生き物の生存を脅かしたらしい．
　中生代では，2億1000万年余前の三畳紀末に，アンモナイトの激減に指標される大量絶滅が生じた．すべての種の4分の3は絶滅したと推定される．この大量絶滅を受けて，恐竜の大型化が見られた．
　大量絶滅の代名詞のようにいわれる白亜紀末の大量絶滅は6500万年前の出来事で，恐竜が絶滅し，アンモナイトもこの時地球上からすがたを消した．生物種の70％は絶滅したと推定される．この大量絶滅，地球に衝突した巨大隕石による影響で生じたとする説がいまではたいへん有力である．白亜紀と，次の第三紀との境

界（K-T境界という）は，地球規模で共通に薄い粘土層でつくられており，高濃度のイリジウムが含まれている．地球上では少ないこの元素，隕石にはたくさん含まれている．隕石衝突説を支持する現象はいろいろあげられており，説得力はあるが，これに反する証拠も無視できないところがあり，隕石説を支持する人たちのうちにも，隕石の衝突だけがこの大絶滅の唯一の原因なのではなく，火山活動などの地球表層での変動が重なっていたところへ巨大隕石の衝突という事件が生じたと説明する向きが多い．

　もっとも，絶滅という現象自体，結果は明白であるが，経過を含めて詳細がわかっているわけではないし，当時の地球環境について知られていることも限られている．絶滅の原因について，さまざまな推論が可能で，得られた情報を手がかりに原因を追うのは楽しい試みではあるが，科学的には実証されていることがまだ限られた範囲であることも理解しておく必要がある．恐竜の絶滅は1種の生物の絶滅ではなくて，恐竜という系統の絶滅を問題としている．巨大隕石の衝突が最終的な絶滅の原因だったとしても，個別の種の絶滅を重ねて，系統がなくなるまでに数十万年かかったという推定もある．また，恐竜には羽毛をもっているものもあり，鳥類は恐竜から派生したものらしい．とすると，恐竜という系統の全体が完全に絶滅したのではなく，特殊な系統は鳥類に進化していまも繁栄しているかもしれない．もちろん，それは鳥類という別の系統に進化したかたちで，恐竜という系統群が絶滅した事実に誤解はないことではあるが．

恐竜の絶滅と哺乳類の多様化

　白亜紀末の大量絶滅は恐竜の絶滅という出来事の故に地質時代の大量絶滅のうちでももっとも著名な出来事になっている．三畳紀に出現しても，その頃はまだふつうの大きさだった恐竜が，ジュラ紀になってからは急速に大型化し，陸上生活を支配する王者となった．これも，ジュラ紀の地球環境が恐竜の生活に適していたからだといえば，何もいわないでわかった気になってしまうが，温暖で陸上植物が旺盛に繁茂したこの時期，草食恐竜の餌は豊富だったし，そのような恐竜などを食した肉食恐竜が繁栄するには適していた時代だったのかもしれない．

　哺乳類も恐竜と同じ三畳紀に出現している．もっとも，三畳紀に忽然として哺乳類が出現したのではなくて，それ以前に哺乳類につながる系統の発展が見られた．両生類はデボン紀に進化してきたが，石炭紀に入ると両生類のうちに有羊膜類が進化し，この仲間に単弓類，双弓類と呼ばれる2つの系統が現れた．このうち単弓類が哺乳類に進化した系統で，双弓類から現生の爬虫類が進化した．石炭紀の話であるが，それ以後の環境変遷に応じて，単弓類はさまざまな危機を乗り切る発展を積み重ね，95％もの種が絶滅した古生代末の大量絶滅も辛うじて耐え抜き，三畳紀

に入る頃に哺乳類と呼ばれる体制を整えたのである．哺乳類といっても，恒温性，哺乳，胎生などが一斉に現れたのではなくて，すでに古生代のうちに恒温性，哺乳などの特性は徐々に獲得されていたという化石の証拠がある．最終的に胎生という発生過程をとるようになって，哺乳類としての特性が揃ったのが三畳紀というのである．

三畳紀の哺乳類は小型の動物で，耐寒性に優れており，いかにもペルム紀末の大量絶滅をやり過ごした生き物らしく，したたかな生き方をしていたらしい．単弓類は中生代へ生き延びるが，白亜紀前期にはすがたを消し，完全に哺乳類に置き代わってしまう．一方，双弓類から進化してきた爬虫類もこの困難な時期をやり過ごし，三畳紀を生き抜くが，爬虫類の方は乾燥適応に優れた特性を発揮したと説明される．

同じように三畳紀に完成したかたちを整えた2つの系統のうち，恐竜類はジュラ紀，白亜紀には巨大化し，我が世の春を謳歌した．その頃，哺乳類はネズミほどの大きさのものが主で，それも恐竜類が活動しない夜に行動していたらしく，哺乳類の視覚の退化はこの頃の生活によるものとされる．もっとも，哺乳類の多様化は徐々に進んでおり，白亜紀前期には有胎盤類も出現している．最近の分子系統学のデータでも，哺乳類の多様化は1億年前にはずいぶん進んでいたという．一方，中国で発掘された大型哺乳類の化石の胃付近から未消化の恐竜の子どもが見つかっており，哺乳類が恐竜を食べていたと解釈されている．恐竜に圧され，小型の動物たちが夜行性の暮らしをしていたという弱々しい印象だけで哺乳類の先祖を語るのは正しくないようである．

やがて恐竜の仲間が絶滅して新生代に入る6400万年前頃からは，すでに多様化を進めていた哺乳類が，それまで恐竜が占めていた陸上の生活圏を占め，爆発的な適応放散を見せる．第三紀から現在にかけて，多様に分化した哺乳類は地球表層のあらゆるところに生活圏を拡大した．そのうちからヒトが進化して地球表層を思いのままに変貌させるようになった物語は，ごく最近の短期間に見られる特殊な歴史である．

新生代は哺乳類の時代ともいわれる．種の数でいえば，現生種が4500くらいと数えられるので，哺乳類は決して大きな群とはいえない．昆虫類のように爆発的な多様化，個体数の維持をしている動物群とは生き方が異なっている．しかし，哺乳類の多様で高等な生き方が，地球表層を支配する生活を確立している．

= Tea Time =

現在と大量絶滅

　現在はもう一度の大量絶滅の時代といわれる．もう一度の，といわれると，これまで何度かあった大量絶滅と同じような，という印象をもってしまう．しかし，現在生き物が直面している絶滅の危機は，進化の歴史で遭遇したのとは異なった面をもっている．

　ひとつは，現在直面している生き物の絶滅の危機は，人為の影響による種の生存への圧迫に耐えきれないものである．日本列島の維管束植物についての調査の結果では，絶滅の危機に瀕している原因は，生育環境の破壊（森林の伐採，道路の新設やダムの建設，埋め立てなどの開発），商業目的などによる大量の採取，それと地

図 26.1 絶滅危惧植物
(a) フジバカマ，(b) ムラサキ，(c) キレンゲショウマ，(d) サギソウ．

球環境の劣化（地球温暖化にともなう生物の移動や外来種などによる生態系の破壊）の3つが中心になっているが，いずれも人の営為がもたらしている原因である．地球上で進化してきたある特定の種の生物の活動が，地球全体の生態系の生存に大きな影響を与えているのである（図26.1）．

　あまり意識されていないが，現在の絶滅はその速度が圧倒的に速い．進化の歴史のうちに見られたいわゆる大量絶滅は，瞬間的に生じたものではなかった．最後の白亜紀末の大量絶滅でも，数十万年かけて70％もの種が絶滅したと推定されている．有性生殖をする種が遺伝子突然変異を蓄積して新種形成に要する時間は100万年単位と計算されるが，海洋島などの隔離された特殊な生態系では50〜60万年で新種形成が行われたという推定結果も報告されている．数十万年かけて絶滅が進行したのなら，その間に新しい生活圏を埋める型の進化も十分可能だったと推定される．それに対して，現在進行している絶滅は，数十年単位で起こっている．置き換わるべき種が分化してくるためにはあまりにも急速である．自然現象は時間をかけてじっくり進行するが，人為の影響はせっかちに表れる．

　進化の歴史に刻み込まれた大量絶滅にもまだ未知の事実が多く，その実態が把握されるにはほど遠い．そこに，人類の生存を脅かす人為的な大量絶滅が到来するというのは恐ろしい現実である．絶滅危惧種の調査は，生物多様性の動態を把握するためのモデルでもあることから，この現実を直視することを避けずにいたい．

第27講

人とチンパンジー
文化の起源と多様化

キーワード：遺伝子　　芋洗い　　情報　　前文化　　知的好奇心　　ミーム
　　　　　　霊長類

　人とチンパンジーとの差は，DNA の塩基配列を比較し，遺伝子のレベルで対比すると，1.2％余であることが確かめられている．（全ゲノムのレベルで見れば，4％近くという数字になる．）この数字は，いろいろな反響を呼び起こしたようである．わずか1.2％余か，という感慨を抱いた人もいるようだが，実際には1.2％の違いとは何かを理解しなかった人の方が多かったのかも知れない．具体的には，遺伝子レベルで1.2％の違いが生じることによって，何が両者の間を隔てることになったかが進化という視点からは重要なのである．特定の数字に絶対的な意味があるわけではなくて，それだけの差が確立されることによって，生き物が生きる上で何が違ってきたかを認識することが多様化を理解することである．

遺伝子の違いと生物としての違い

　遺伝子の違いは，それが制御してつくりあげる生物体がどれほど違うかを示す．その違いは，DNA が自己再生産する際に一定の割合で変異を生じることに起因する．現生の生物についていうと，DNA の複製に際して，種や細胞の種類によって多少の違いはあるにしても，ある割合で偶発的な変異が生じる．平均的には，100万回に1回から1億回に1回程度の頻度で変異が生じると観察されている．生じた変異は，それ自体が自然に崩壊することはなく，原則として集団内に保存される．無性生殖集団では，DNA はそのままのすがたであり続けるのではなく，一定の経路を経て表現形質の形成を制御し，細胞をつくり，多細胞の個体をつくる．細胞や個体をつくることに障害のある変異もあるし，つくった細胞や個体が生存に耐えない場合もあるが，その場合はすぐに捨て去られてしまう．

　有性生殖集団では，2組もつ遺伝子セットの一方は劣性で表現形質の形成に関与しないから，細胞内に DNA のかたちで維持され，世代を経るごとに変異の蓄積量は増加する．中立的な変異が一定の割合で生じるのだから，時間に対応して差は拡

大される．遺伝子突然変異がどのように維持されるかは第22講で触れたとおりで，遺伝子の差は世代を重ねて蓄積される．もちろん生き物の演出する現象が常にそうであるように，世代の数と単純に比例するような話ではない．

　生物はすべて種に固有の遺伝子群をもっており，それをほぼ正確に親から子へ伝達するために，ヒトの子はヒトに，チンパンジーの子はチンパンジーに育つ．しかし，その遺伝子群には常時変異が加わっているのだから，世代を経る度に，軽微ではあるが遺伝子の差が蓄積されてくる．もとは共通であったヒトとチンパンジーの間に生じたその差の蓄積量が，今では1.2％余に達しているというのである．それなら，人とチンパンジーが，遺伝子のレベルで見れば1.2％違うということはどういうことなのだろう．

　遺伝子に載せて親から子に伝達するのは，もっぱら身体的特徴である．だから，ヒトとチンパンジーの遺伝子の違いが1.2％だと，遺伝子に支配される身体的特徴などは98.8％同じということになる．事実，チンパンジーとヒトは，からだの基本的なつくりではたいへんよく似ている．ライオンと比べてみれば，両者がよく似ていることは納得できる．もっとも，よく見れば，確かに，容貌や体毛の様子など，少し違う点も見られる．この違いが，遺伝子の違いの1.2％余という数字で表現されるものである．同じ霊長目の，異なった科に分類されるのは，その差を指標にして，である．

　ところで，生物としてのヒトとは何だろう．次項で述べるように，ヒトは知的活動を行ない，文化を相伝し，知的な創造の能力をもつ．しかし，この特性は遺伝子に載せて遺伝するものではなく，ヒトに固有に構築したものである．むしろこの差をつくりあげるもとになった特性の意味が示されないと，ヒトとチンパンジーの違いが理解されることにはならない．

人の特性：遺伝子の制御を超えて

　人は万物の霊長であり，チンパンジーとは違うのだ，と信じている人にとっては，ヒトとチンパンジーの違いがわずかに1.2％余であるという数字は納得がいかないかもしれない．ここで注意したいことは，1.2％の差があるということは，人とチンパンジーの間に見る差ではなくて，動物の1種であるヒトとチンパンジーの間にある遺伝子の差だということである．そのことを明確にするために，「人」には，動物の1種としてのヒトと，文化をもつ知的生物としての人との2面性があることを考えてみたい．文化をもつ知的生物とは何で，それは遺伝子とどう関係するか．そのことを説明する前に，文化を支える知的な活動はすべて学習によって支えられていることを思い出したい．

　生物はDNAという巨大分子に，4種類の塩基の配列といううまい方法で，生き

ていることを情報化して伝達し，そのうちの3つの塩基の配列の順（コドン）によって親と同じ型を発現するという方法を用いて永遠の生を生きている．遺伝情報の伝達と発現が完璧に演出されることによって，生きることが維持されているのだ．

遺伝情報はDNAに載せられ，細胞内に閉じ込められて生きることを演出する．遺伝情報は生体内に封じ込められているのである．

生物の個体は自分のもっている情報を生体外に発信する．生物相互に情報を交換して生を演出することは，集団レベルの生物の協働を紹介する書で詳細に述べられている．情報の交換は同種内に閉じるものもあるし，異種間で交流される例もある．2種間のこともあれば，もっと複雑に生態系内で多種間で情報が共有され，交換されることもある．協調的な情報交流もあるが，戦闘的な交流だって珍しくない．

しかし，生体外に発信される情報は，生物界ではふつう一過性で，遺伝情報がDNAに載せられるように，生体内に取り込まれて親から子に伝達されることはない．親から子への伝達は，いったん親のからだを離れ，学習を通じて外から子のうちへ取り込むことによってのみ可能である．だから，親がどれだけ情報を蓄積したとしても，その子どもはまたイロハからその情報を獲得し，自分のうちに集積しなければならない．

森の中で生活していた人の祖先も，種間で情報発信をくり返し，集団内で親から子へ，先の世代から後の世代へと，情報を伝達してきた．そのうちに，発信される情報量が大量になってきたが，これには，情報を蓄積する方法に進歩が見られたことが決定的な役割を果たした．ひとつは，言語を創出して，発信する情報量を大量かつ詳細にし，もうひとつは，記号によって記録して情報の伝達に正確さ，長期化を期したことである．このようにして，生体外に発信する情報を社会内に蓄積し，伝達することに成功したために，ヒトが共有する情報量が格段に増大し，やがて知的活動が展開して文化と呼ばれるまでに高度化した．動物の1種のヒトから，文化を備えた知的生物である人への進化を成し遂げたのである（図27.1）．もっとも，わかりやすい事象で例示すれば，その際，言語が創造されるためには，それを発信するための口蓋の構造が整うことが必要条件だったが，ヒトの口腔の構造がそれにふさわしいように進化したのは，遺伝子に生じた1.2%の差のうちに，それを制御するものがあったことも見落とすことはできない．

知的活動——文化の創造

生物分類表に哺乳類霊長目の1種と記載されるヒトは，チンパンジーやゴリラ，オランウータンらと近縁な動物として進化の歩みを展開してきた．最も近縁なチンパンジーとの関係は，遺伝子レベルでいえば1.2%余の差と整理される．

動物としての違いはわずかだのに，ヒトだけを万物の霊長と位置づけているのは

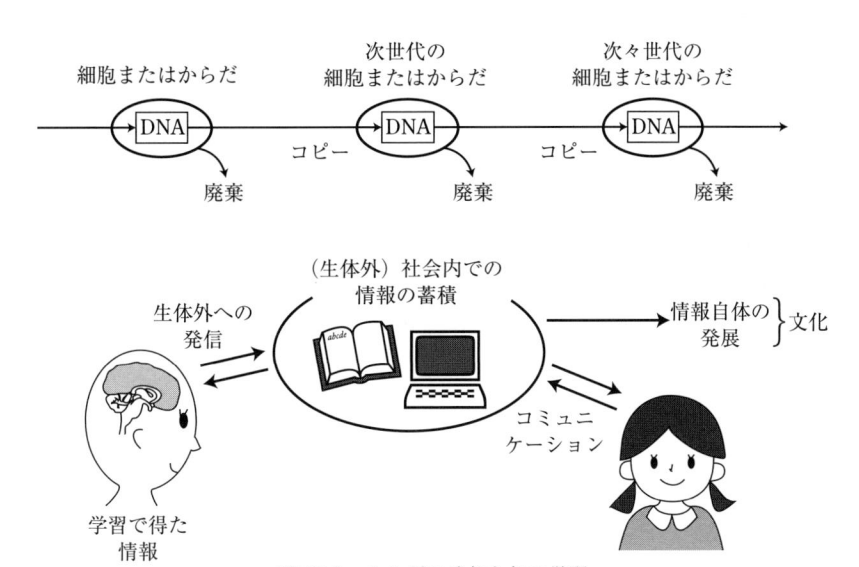

図 27.1 からだの遺伝と知の学習
上段：生き物のからだは DNA が正確にコピーされて親と同じすがたに育つ．下段：学習で得た情報は神経細胞に刻み込まれるが，DNA に記録されて遺伝されることはないので，すべての個体があらためてイロハから学習する必要がある．人は社会内に膨大な情報を蓄積することに成功し，学習の機会を容易にして，文化を発展させた．

どうしてだろう．ヒトの生物界における特異性を追究すると，ヒトだけが吾惟う故に吾在りというようになったことを想い出す．

　生物は細胞核に閉じ込められた DNA に遺伝情報を載せ，親の形質を正確に子に伝える方法を確立して生きることを演出している．ところが，1 人の人が生涯かけて努力しても，そこで学んだものは肉体を通じては子どもに伝えることができない．財産ならそれなりの手続きをして子どもに遺贈することができるが，知的な集積は 1 代で飛散してしまい，次世代の個体（＝子ども）はまたイロハから学習し，習得しなければならない．

　DNA が遺伝情報を伝達するように，ヒトの知的所産を伝達するものが体外にあるとし，ヒトから発散されるミームが次世代に伝達されるとドーキンスは説明した．遺伝子は DNA という物質的基盤をもっていて実体を捉えやすいが，情報は発信することによって情報となるもので，物質的基盤を欠く．ものを想像させるような呼び名を用いることは，かえってその実体に誤解を招来するかもしれない．

　吾惟うという知的活動とは何だろう．大脳の活動によって，動物は自分の行動を規定する．子どものときから，親を見習い，徐々に蓄積してきた知識をもとに，個体としての活動も，社会の一員としての活動も実行している．後天的に習得したものだけでなく，遺伝子に制御され，からだのつくりに刻み込まれた性質が働くこともわずかではないだろう．どこまでが先天的に制御され，どこからが後天的な学習

によって支配されるのか，個々の種の行動について詳細がわかっているわけではない．もっとも，種の特性であり，種ごとに少しずつ異なっている行動のうちには，出生後に個々の個体が習得した方法に従うものも決して少なくないらしい．

　人だけが憧うといい，そのことを文字で記録するとはどういうことか．ヒトは何千年か前から情報交流に言語を，やがて文字を用いるようになり，文化と呼ぶほどの知の蓄積を社会で共有するように進化した（図27.1）．言語による情報交流（コミュニケーション）が可能になったのは，ヒトの口腔内の構造が多様な音声を発するのにふさわしいものになったためであると説明される．このような構造を支配するDNAにしても，変異型のひとつとして特殊な型がつくられたのは，無方向に放散する変異がたまたまそういうかたちを導いたものであり，音声の多様化が進むと，その口腔の構造は有利だったから，ヒトの進化を促進する効果を発揮しはじめた．もっとも，言語を発生できるようなヒトの口腔内の構造の変化が，どの遺伝子がどのように変化したことによって導かれたのか，まだ明らかにされてはいない．それどころか，ネアンデルタール人が言語をもっていたかどうかについてもまだ定説はない．

　ヒトに必要な情報が，言語に翻訳されるようになったために，その情報が言語のかたちではじめは個々のヒトの大脳に蓄積され，知的情報の集積は一挙に膨大な数に到達した．他の動物がなし得ないほど大量の情報の蓄積を，大脳に刻み込んだのである．その情報は，言語に翻訳されることによって，社会で共有されることになり，言語を媒介として社会内に蓄積され，学習の材料とされるようになった．ヒトは蓄積された情報を学習によって容易に習得し，個々のヒトが学習する知識の量は膨大となってきた．そこに，知識の集積が進展し，やがてそれは文化と呼ぶほどの知の集成を成し遂げるまでに育ってきた．

　社会内での知識の集積と伝達はヒトだけが独占するものではない．ニホンザルの若者が芋の泥を洗って食べた行動が，若者からやがて彼の属する社会に伝播し，社会の構成員全員の行動に普遍化した過程は河合雅雄が宮崎県幸島で観察し，ここに前文化の形成が見られると1973年に報告した．しかし，ヒト以外の動物の行動を文化という言葉を用いて説明したことに，欧米の自然人類学者は反発し，河合の説が受け入れられるまでには長い時間がかかった．いまでは文化に類する行動が広範囲の動物社会に萌芽的に認められることは学会で広く認められている．ただし，ヒトの社会が保有し，維持している情報量は極端に膨大であり，他のどの動物種もそれと比べられるだけの知的集積はもっていない．音声によるコミュニケーションを行う動物種はあっても，ヒトほど複雑な言語をもつ動物はないらしく，言語の発展がヒトの社会内での情報交流の効率に決定的な有為さをもたらしているからである．

　知的活動を活発化させた人はやがて文字を開発して，知的所産を文字で記録し，

より正確な維持と伝達の方法を確立した．さらに，電子媒体を用いて，情報の交流は地球規模で迅速に広範囲に行われ，いまや情報が人の行動を規制するような事態も生じている．人が育てた科学技術が人の行動さえ支配するようになった20世紀に，地球環境は大きく損なわれた．人が制御できなくなった時に，情報がどのような暴走をはじめるか，このような情報循環のあり方が，これから先の人の文化をどのように展開させるか，その実体を確かめ，経過を真剣に注目したい．

=Tea Time=

大文字の第二次科学革命

　遺伝子が生命の連続性を維持する媒介であることは科学の常識となっている．しかし，人の文化が言語を媒介とする情報循環によってつくりあげられたものであることは必ずしも広く認められているわけではない．社会学者の吉田民人は，相対論と量子論は哲学的思惟に影響したが，ゲノムの思想的，思想史的意義を徹底して追究する哲学的営為は成立していないとし，大文字の第二次科学革命を提言した．吉田は2006年の論文で，彼自身の記号進化論に基づいて，近代科学の命題を次のように修正しようという大胆な提案を行った．第1に，自然の認識を目的とする科学を認識科学と再定義し，科学の目的を自然の認識から自然の設計まで拡張し，実学の伝統に科学値の一形態としての権利を付与しようという．次に，自然の根源的な要素である物質およびエネルギーに付加して非記号情報および記号情報という構成要素を導入し，進化論的情報範疇を認識しようという．そして，自然の唯一の根源的な秩序原理とされる法則を物質層に限定し，生物層と人間層に固有の秩序原理として「プログラム」という新しい基礎範疇を導入しようと提言する．ここで詳細紹介する紙幅には欠けるが，進化と系統を考える位置はぜひ検討したい論議だと考える．さらに，そこで述べられている問題提起が，文科系の人から地球の持続性について提起される鋭い論理であるように評価したい．

　吉田は，自然科学の論理から社会科学，人文学の規範を論じようというだけでなく，社会科学の論理で自然科学を包含した論理を構築しようとして壮大な論を展開していた．学部は違っても，よく似た時期に京大で学び，京大から東大に転じた経歴が似ていたこともあって，わたしは彼からいろんなことを学んだ．とりわけ，遺伝情報によって生命体が生きることを継承し，生体外，集団内に蓄積される情報が文化の創造にいたるという発想を基盤に文理融合の道を探るという点では，お互いの立場が文と理の違いはあったものの，同じ方向を向いたものだった．言葉の定義が錯綜し，論理が難解ではあったが，もっといろいろ学びたいと思っていたが，2009年に逝去し，いまでは残された文献から学びとることができるだけになった．

第28講

生物多様性の間に見る系統関係

キーワード：系統樹　　生命の歴史　　分類図　　分類表　　歴史の投影図

　系統を追うことによって，生命の歴史が現生の生物多様性に投影されている実体を探ってきた．系統は個々の系統群ごとに特異な進化を演出してきたものだから，個々の系統によって適用される解析の手法も考え方もそれにふさわしく独特のものでなければならない．本書でも多様な生物群のいくつかについて，それぞれが内包する問題点を軸に，系統がどのように解析されてき，問題を残しているかを，具体的な問題に触れる余裕はないままにではあるが，包括的に眺めてきた．

　生命の歴史が現在見る生物多様性に投影されているのだとすれば，生き物の多様な生き様から生命の歴史的側面をどのように読み解くか，生き物の全体像をどのように把握するかを総覧してみよう．生き物は個別に生きているのではないとすれば，その全体を通じての生命とは何かを，個別の解析の成果を集成して総覧し，どのように俯瞰するかが問われているのである．

生物界を俯瞰する

　生き物が多様なすがたを示して生きていることが認識されはじめた頃から，生き物の間の関係がどういうものなのか，全体を見通す試みもさまざまな方法で試みられていた．生物界の体系的な理解というのが，その方向の第一歩だった．自然史の創始者といわれるアリストテレスは動物界の体系化を試みたし，植物についてもテオフラストスが全体像を見渡す試みをはじめた．個別の生き物についての知見とともに，生き物相互間の関係性も，すでにギリシャの先人たちによって追究がはじめられ，それだからこそ自然史という概念が取り上げられたと記録された．

　暗黒時代と呼ばれることさえある中世はいったんおくとしても，その後は順調に，人と触れ合う生き物たちの認識は深められた．多様な生き物の個別の種，個体とのかかわりだけでなく，生き物相互間の関係性に関心をもつことで，生物多様性と人とのかかわりも少しずつ解明されてきた．資源としての生物多様性も注目され，活用が図られ，自然の認識のための生物多様性への科学的好奇心も高まってき

た．

　地球上の生き物をすべて総覧しようとした18世紀のリンネは，動物についても植物についても，その頃知られていたすべての種の総覧づくりに成功した．この偉大な業績によって，リンネは分類学の中興の祖といわれるが，彼が生物界を俯瞰するために用いた方法は，二命名法の採用によって多様性認知の単位としての種の認識を広く共有する便を図ったことと，分類群の階級を定めて生物多様性に見られる階層性を正しく表現しようとした点で特に突出した効果を上げた．多様な情報を取り扱う種多様性の記相にふさわしい，見事な情報処理の器を設けたのである．リンネの分類体系の確立は，生物界の多様な情報を整理する上で，当時としてはたいへん先進的だったので，その後長い間彼の情報処理法がそのまま踏襲されることになった．進化の概念が共通に認識されるようになってからも，多様化は系統の二叉分岐であるという概念に従って整理をしたから，分類体系の整理についてのリンネの基本的な考え方，技法がそのまま引き継がれてきた．

　系統の発展の理解に収斂進化の事実が加わるようになると，分類表に列記するだけでは表記できない分類群のあることもわかってきた．たとえば，藻類と菌類の共生体で，両者がひとつの生き物のように生きる地衣類に単一の種名を与え，分類表に位置づけようとすると，二叉分岐を基盤とする分類表に載る正確な場は見出せない．しかし，地衣類はそういう特殊な生き物であると認めた上で，菌類の分類表にぶら下げることで，地衣体を構成する藻類の部分は分類表では無視したまま，生物界を俯瞰する分類表をつくってきた．さらに，細胞共生によって系統間の関連が複雑にもつれ合うようになっても，分類表は，そのまま平面的な表示に徹している．

　生物の系統を枝分かれした樹枝のように表現したのはヘッケルで，それ以後系統関係を系統樹（図28.1）で表現するのがわかりやすい生物界の俯瞰法となっていた．樹枝のような表現には，分岐分類学の手法が取り入れられ，分子系統学の成果も加味されて，やがて分岐年代や遺伝的距離も加味された表現が適用され，系統樹という名の元になった樹枝状の描き方をするのは過去のすがたとなっている（図28.2, 28.3）.

　系統の実体が少しずつ明確にすがたを示すようになり，分類群の実体が科学的に描き出されるようになると，それを表示し，図示するのが難しくなる．もともと系統の分化，生物の多様化は，規格に合った道筋にそって進展してきたのではなくて，それぞれの種がそれぞれ種特異性を示しながら進化してくる．二叉分岐が多様化の基本であったとしても，系統の合体である収斂という現象もしばしば見られるし，細胞共生のように，ある系統が他の系統に吸収されてしまう場合も生じる．それらの多様な現れ方の多様化の結果として見られる関係を，同一規格の枠を当てはめて表示し，理解することはできない．生物多様性のような個別の多様化を包含し

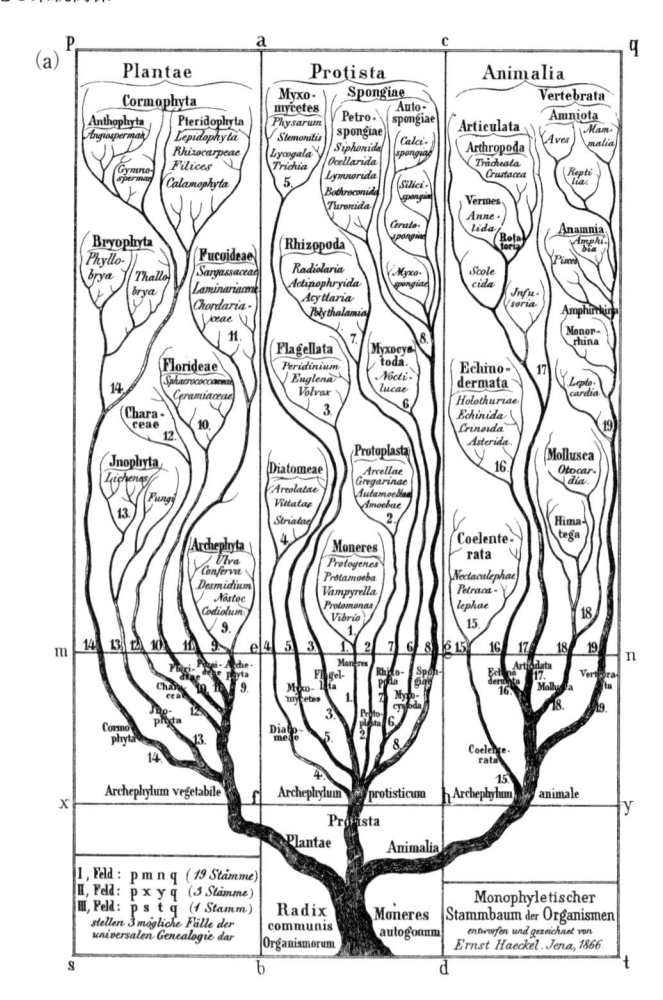

184   第28講 生物多様性の間に見る系統関係

(a) 現生の生物界の系統関係を示す分類図　　(b) 葉緑体をもつ「植物」と菌類の分類図

図 28.2　高次分類群の系統進化の結果としての現生生物の関係を示す分類図試案

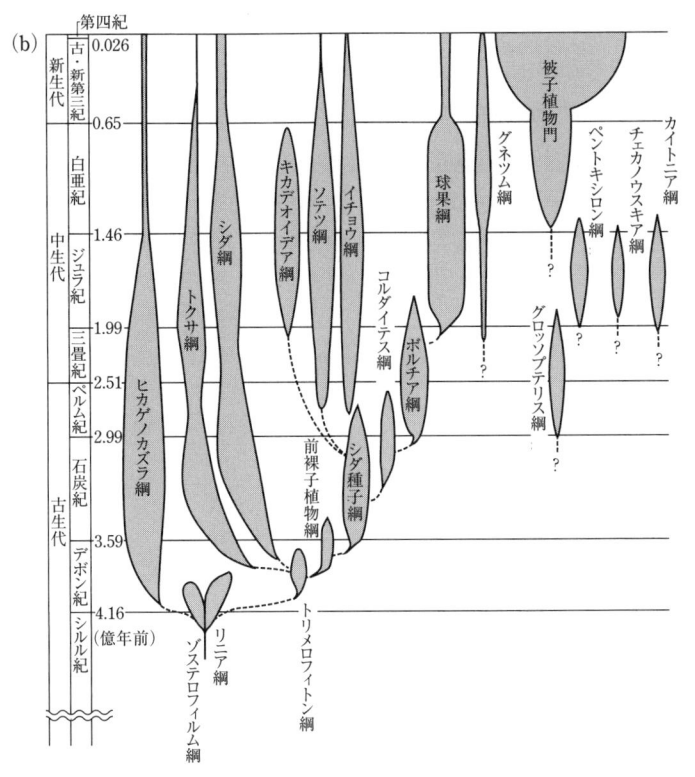

図 28.1 系統を表現する図
(a) 系統樹：祖型から枝分かれして進化してきた生物群の関係を樹形のように示すヘッケルの概念図，(b) 系統推定図：時間軸と多様性軸の平面図で系統の展開を図示しようとする（加藤，1997 を一部改変）．さらに，図 14.4 の分子系統図を参照．

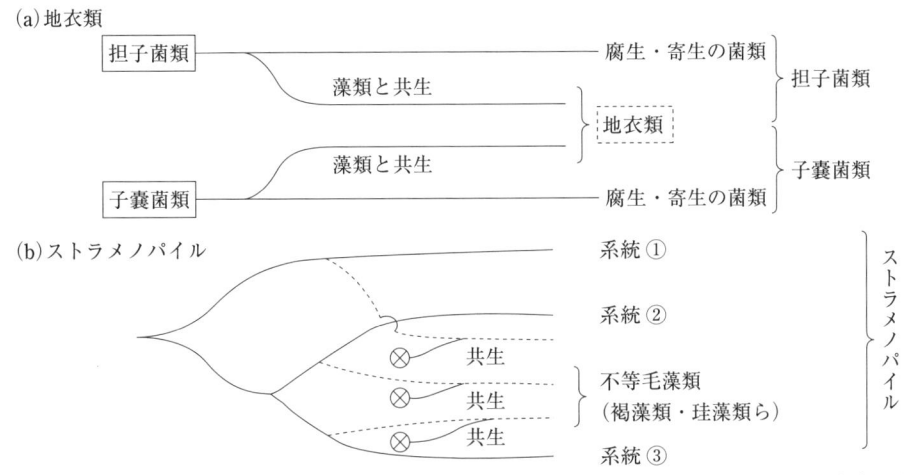

図 28.3 収斂進化を表示する

系統①～③は従属栄養の卵菌類・サカゲツボカビ類・ラビリンツラ類・ビコソエカ類らを含む系統．⊗はこれらの系統と細胞共生した藻類．いくつかの系統で複数回の細胞共生が行われたと推定される（この図では 3 回の例を示している）．

た全体像を理解するためには，多様な表記法を援用することが求められる．しかし，現実には，多様な現れ方を個別に表現すのではなくて，おおざっぱな枠にはめて平面的な表現に収めてしまい，実際は種の特異性は種特異的なものである，などとの説明をつけ加えている．現実には，具体的に分類体系を取り扱っている研究者以外は，生物学関連の研究者でさえ，生物多様性は二叉分岐という枠に従って分化し，形成されたものだと思っている節がある．正確な科学的な表記法を見出さなければいけない点である．

40億年の進化の歴史を平面に投影する

　生物多様性の実態を描き出すために，現在でも完全な単一の方法は見当たらず，仮の手法に説明を加えるという中途半端な方法が適用されている．実体を正しく読み取るためには，読み取る側の知見と能力が期待されるのである．

　分類表では，認知された生物群を，それに相当する階級の分類群に宛て，それにふさわしい位置に配列する．例として，先述の地衣類についてもう少し詳しく見てみよう．高山帯などに生じるハナゴケは，子嚢菌類の菌糸に，緑藻類のトレボウクシアが取り込まれた共生体である．この両者が一体になった時に地衣体となるのだから，緑藻類と子嚢菌類というまったく異なった界に属する2つの生き物の合体したすがたである．しかし，分類表では，共生体であることはいったん忘れて，地衣体の主構成部分を菌糸であると認定し，子嚢菌類につけ足して地衣体を形成する菌として，ハナゴケ科を設けてそこに置く．共生体のもう一方を形づくるトレボウクシアは，緑藻類の分類表にあげ，地衣体の構成成分と説明する．菌類の分類表にぶら下がる地衣類のハナゴケ科のハナゴケといいながら，地衣体の残りの構成部分は緑藻の分類表に載っているのである（図28.3（a））．分類表を読む人にはそれだけの基礎知識が期待されている．

　地衣類の場合は，2種の生物の共生体といっているので，これでもまだ説明可能かもしれない．しかし，褐藻類の場合は，細胞共生で細胞自体がひとつになったと理解するのだから，もう少し事情が異なる．褐藻類は最近の分子系統学の成果に基づいて，藻類の不等毛植物門に属することが確かめられているが，さらに，この群はストラメノパイルという大きな群に含まれることが明らかにされている．ストラメノパイルにはかつては菌類に含まれていた卵菌類やサカゲツボカビ類，ラビリンツラ類などと，原生動物の1群とされていたビコソエカ類も含まれ，植物や菌類というのと同じくらい大きな群であることが明らかにされつつある．不等毛植物門は藻類に分類されるように葉緑体をもっているが，ここに属する藻類の葉緑体は3枚か4枚の膜をもっている．褐藻類の葉緑体は4重膜でつくられており，これは他の藻体が細胞共生でストラメノパイルの細胞に取り込まれたものと推定されている．

葉緑体をもたないストラメノパイルが，もともと葉緑体をもたない従属栄養の生き物なのか，いったん獲得した葉緑体を再び失ったものなのか，結論に導く確実な証拠はない．

　ストラメノパイルが植物や菌類と平行した生物群であることはまず間違いないと確かめられているのだが，分類表では，このうち不等毛植物門（褐藻類，珪藻類，黄金色藻類，ラフィド藻類など）は藻類の1群として並べるのが慣わしで，広義の植物のうちに含められる．この扱いは，これまでの藻類という群の理解の常識に従ったもので，植物ではない原核生物のシアノバクテリアが藍藻類として藻類の話に出てくるのとよく似た取り扱いである．褐藻類の系統上の位置がどこにあるのか，現在の知見を正しく理解するためには，現行の分類表を素直に見ていただけではいけないという実例である．主体となる細胞はストラメノパイルである褐藻類は，しかし葉緑体をもっており，葉緑体という形質が一回起源なのだったら，この形質については（藍藻類以外の）藻類というくくりに収まる．系統はストラメノパイルと二次細胞共生で取り込んだ葉緑体との収斂の結果生じたものであるが，その実体を表現できるような分類体系の表示法はまだつくられていない（図28.3（b））．

　系統の分化は系統に固有のあり方を示すもので，その結果として現生生物の多様性が生み出されている．その多様性は，統一あるシステムの中で展開してつくられたものではなくて，相互に緊密な関係性をもちあいながらではあるが，系統ごとに特異性をもって進化してきた．だから，それらをひとつのパタンで表現しようということはそもそも無理な話であり，ひとつのパタンで表現できないことこそが生物多様性なのであるという認識が不可欠である．

生命の歴史を生物多様性から読み取る

　多様な生物を列挙することに忙殺されていたある時期，多くの分類学者は多様な生物の記相だけに焦点を当てていた．生物多様性の記相は，いまこそますます喫緊の課題となってはいるが，それと平行して，生物多様性の由ってきたる由縁，生命が演じてきた歴史の意味が問われている時でもある．しかし，だからといって，生命を解く鍵が系統の追跡を手がかりにして本当に見つかっているのか，見つかるきっかけが得られているのだろうか．残念ながら，40億年になんなんとする生命の歴史が，物語として展開はされているが，そこから生命の本質が見えてくる兆しはまだない．少なくとも，いま生きている生命の物理化学的な諸現象が明らかにされ，生命の不思議が解き明かされているのに比べて．

　物理化学的な現象として演じられている側面だけを追究しても，生きているとはどういうことかは解けない，といわれて久しい．それなら，どうしたら生きているとはどういうことかという問題が解けるのか．そこへいたるために，いま科学は何

をしなければならないのか．何をすればいいのか．

　生命の歴史は少しずつ解明されている．化石にかかわる科学は順調に発展しているし，分子系統学からエボデボへ進む解析が，形質の進化の解析にさまざまな示唆を与えはじめている．分子情報のデータベース化は，そこから過去の分子情報の推量への可能性を示唆するところさえある．かつて，滅んでしまった歴史は再現できないのだから実証的に知ることはできない，と不可知論に走った人々さえ，ある程度まで過去の実像に迫ることができるのではないかと期待するようになっている．科学がいま知り得ている事実はごくごく限られた範囲内のことであり，未来に向けて研究の可能性は洋々たるものがある．系統の解析によって，生命の歴史に挑む研究の可能性が無限に展開することを，水平線の彼方を夢想したいにしえの人々のように夢に描くことである．

= Tea Time =

収斂を平面で表示する

　分類表で表現できないことを系統樹で表そうとし，それでも駄目だからと分類図のようなものを描き出したり，系統樹に数値を打ち込んでより正確に表現しようとしたりと，さまざまな試みを展開してきた．二叉分岐の表現は簡単でわかりやすいが，系統樹という樹形表現に収まると期待されてもいた．しかし，収斂進化の事実が明らかにされると，それを系統樹に取り込むのはたいへん難しい．それも一回起源で生じたものなら何とかなるが，複雑に絡み合う現象を二次元に図示すると何がなんだかわからなくなってしまう．現に，ミトコンドリアや葉緑体のはじまりまで含めて，古細菌，バクテリア，真核生物の関係を完全に描き出したパタンづくりには誰も成功していない．

　生物多様性の全体を俯瞰する情報を提供することは，生物学の健全な進展のためにも，社会的な希求に応じるためにも，生物多様性関連の研究者の，それも種多様性にかかわる者にとって，不可欠の義務だろう．生物多様性の正当な理解のためにも，実体の正確な表現法の開発が期待される．

第29講

生 命 の 年 齢
生きているとはどういうことか

キーワード：核酸　　生態系　　生物多様性　　生命体　　多細胞体
　　　　　　単細胞体　　水　　有機物質

　わたしたちは自分の生を自分という個体の生に閉じて考えるように慣らされている．しかし，生き物の生は個体の生に限られるものではない．わたしの預かっている生命は，親から伝達され，すでに子や孫に伝達されている．生命現象の演出を制御する核酸は，多少の変異を積み重ねながらではあるが，少なくとも地球上に生命が出現して以来三十数億年の間連綿と伝達され続けており，生きていることを親から子へと伝達し，生き物たちの生を演出し続けている．生きているとはどういうことか，現に生きている生き物の演じる現象を追っていくことも，生きているとはどういうことかを追究する上で不可欠であるが，同時にその生命が三十数億年生き続けている実体であることに注目し，その生命が刻み込んできた事実を解明することもまた，生きているとはどういうことかを明らかにする上できわめて基本的な要件であることを知る．

細 胞 の 生

　最初の生命体がどのような構造をもっていたかを確認するのは難しいが，生物体と呼ぶほど確実な生き物になった頃には，現代風のいい方をすれば生き物はすべて単細胞体だった．少なくとも，現在多細胞体で生きている生き物が出現するまで，生き物が生きるすがたは単細胞体と呼ぶべきものだった．今も1個の細胞で1個の生命体をつくっている単細胞体は数多く生きている．生き物は1個の細胞でひとつの個体を形づくることができるものである．

　現生の多細胞体でも，からだを構成する個々の細胞に，個体を制御するに足る遺伝子組をセットにしてもっている．多細胞体の1個の細胞があれば，それをもとにして完全な多細胞の個体を育て上げることができる．植物にはふつうに理解されるその全能性が，動物の体細胞でも原則的には維持されているという事実が，哺乳類においてもクローン動物を育て上げることによって，20世紀中に具体的に示され

た．1個の細胞を取り上げれば，種の特性を示し，生命現象を演出することができるのである．その意味では，単細胞体でも多細胞体でも，生き物はすべて細胞のすがたをとりさえすれば生きていることを表現しているといえる．

　原核生物も真核生物も，それぞれに細胞としての生を生きている．原核生物では，群体はつくっても，多細胞体はつくらないのだから，単細胞の状態で生命現象を演出するのが基本である．しかも，細胞には構造上の見るべき分化はほとんど示されていない．細胞に遺伝制御物質＝核酸が含まれていることは確かであるが，それが核膜に包まれて特定の構造をとることはなく，多くの場合細胞の中心部分に集まってはいるものの，真核生物の核のような明確な構造体をつくることはない．

　真核細胞では，多様なオルガネラが形成され，1個の細胞といっても内部構造は複雑になる．単細胞体では，1個の細胞でまとまった生を演出するべく，特定の細胞構造をとっているものもある．ゾウリムシでは栄養摂取の窓口としての口器や排泄器官としての収縮胞など，特有のオルガネラが発達しているし，単細胞藻類の多くに眼点や運動器官としての鞭毛がある．しかし，単細胞のすがたで生き続ける生き物と違って，多細胞体のすがたをとるように進化した生物が地球上では優勢な生活を謳歌している．

多細胞の個体の生

　細胞のすがたをとれば生きていることは演出できるし，原核生物から真核生物へ，さらに単細胞生物として高度の細胞構造を整えて効率的な生を生きるように進化してきた生き物たちが少なくない．現生の生物でも，単細胞生物が旺盛な生を演出しており，まだ認知されていないものまで含めると，全体の種数に占める単細胞生物の比率は相当大きい数字になるだろう．しかし，地球上で顕著に視認できる優勢な生き方を示しているのは多細胞体をもつ生き物たちである．

　多細胞体の出現は，生き物の進化の歴史のうちでは重要なイベントであり，第8講で取り上げた話題である．ここでは，多細胞体の出現が，三十数億年の生物の進化の歴史のうちでどのような意味をもつかに言及しておこう．

　多細胞体を構成することによって，個体のうちで細胞の役割分担が整い，細胞の多様化が促進された．単細胞生物では，細胞の多様化はそのまま種分化の完遂を意味したが，多数の細胞の集合体である多細胞体を構成し，個体の生活を多数の細胞の共同作業で遂行することによって，同じ種の生き物であっても多様な細胞をもつ状態が出現した．この現象もまた種が多様化するのと並行して，細胞分裂の際に生じる遺伝子突然変異が蓄積してつくりあげられたものであり，生命の本質としての多様化現象が進化を主導してきた事実に基づいている．

　多細胞体を構成する個体の，構成要素である細胞の間に見られる多様性は，個体

が寄り集まってつくる集団における個体の多様性と相似の関係にある．同種の個体が集まってつくる個体群にしても，さまざまな種に属する多様な個体が集まってつくる社会構造にしても，個別の個体が演じる生命現象の総体として，まとまった現象を演じている．逆に，それぞれの個体群や社会において，個別の個体は自分単独では生きていけない．さまざまな生活活動において，他の個体と相互依存の関係性を形成して生きている．多細胞体を構成するようになった個体についても同様で，個々の細胞はそれ自体で独立の生を生きているものの，単独では生きていけなくなり，多細胞体に参画することによって，自己の役割を通じて多細胞体の生の一翼を担う生き方を演じている．

地球上にすがたを現した生き物は，当初は単一の型ではじまったのかもしれないが，すがたを現すと同時に多様化をはじめた．細胞のレベルでの多様化が最初は個体変異につながり，やがて種分化を形成することになったが，多細胞体の形成に平行して，個体を構成する細胞の多様化にもつながった．そして，多様に分化した細胞や個体が，相互に不可分の関係性＝いのちのつながりをもちあいながら地球上で進化を展開してきた．

生命系として生きる

現在地球上に生きている生物は，認知されているのは百数十万種であるが，実際には少なくとも1000万，多分3000万，ひょっとすると億を超える数の種に多様化しているかもしれないと推定されている．種数についてだけでなく，種を構成するすべての個体が異なっており，遺伝子の多様性が個体，さらに正確にいえば細胞ごとの特異性を産み出しており，生きていることの演出はまさに多様性の演出であることを示している．

しかし，多様に生きているといっても，個々の種，個体，細胞がバラバラに多様なすがたをとっているのではない．三十数億年前地球上にすがたを現したとき，生き物は単一の型を示していたと推定されている．その単一の型が出発点で，三十数億年の進化の結果現在見るような多様なすがたを描き出しているのである．多様化することによって，三十数億年の生を無事に維持してきたのである．しかも，その多様なすがたは，多様化をはじめたその瞬間から，相互に依存しあい，関係性を共有してきた．すべての生き物が深い関係性でつながれ，つながるいのちを生きてきたのである．多様化によってそれぞれが別々のものになるのではなくて，多様なものがつながりあい，相互に依存しあって，一体となって生物多様性を維持してきたのである．その意味では，多細胞体が多くの細胞の集合体でありながら単独の個体をつくっているように，地球上に生きる多様な生き物はそのすべてがつながりあい，統合されてひとつの生を生きているともいえる．その生を，生命系の生と呼

ぶ．しかも，三十数億年の進化の歴史を通じて，生き物はすべてが直接的，間接的につながりあい，関係性をもちあって，全体としてひとつの生命系の生を生き続けてきた（図29.1）．

生命の年齢，生命を演出する物質の年齢

個体の寿命　生き物には種に応じたそれぞれの寿命があると数えられる．世間では，人生50年といわれ，鶴は千年亀は万年とされる．人生50年といわれたヒトの寿命は，今では日本では70年以上に延伸している．もっとも，長くなった平均余命を支えているのは進んだ医療で，人為人工を加えない自然の寿命ではない．

　寿命は個体の生存期間である．動物のように個体性が比較的はっきりしているものでは，特定の個体の寿命が何年かは理解しやすい．単細胞体では細胞分裂までの期間が個体の寿命であるが，死骸を残す死は，事故死以外にはないので，ふつうはこれを寿命とはいわない．多細胞生物にはふつう寿命があるが，これは加齢による個体の部品の消耗と全体の均衡の破綻がもたらすものである．個々の器官や組織が，使った時間に応じてどのように疲弊していくか，ヒトだけでなく，いろんな生物について，老化について詳細な研究が進んでいる．

　一方，ある種の植物のように，個体性がはっきりしないものでは，年齢の測定はきわめて難しい．植物でも，一年生草本や越年生草本のように，成長に限界が決められているものでは，有限の成長をし，有限の寿命をもつ．しかし，成長点に限界のない樹木などでは，茎と根の先端では継続的に一次成長を続けており，常時若返りを反復しているのだから，からだが物理的に支持され，病害に冒されることがなかったら，理論的には無限に生き続ける．そのことが，たとえば根茎で伸長を続ける植物などでは，実際に行われている現象と見なされる．横走する根茎をもつ植物では茎の先端では常に一次成長が見られ，伸張にともなって葉や根（不定根）を生じるが，古くなった葉や根はやがて枯死し，根茎の古い部分も，それに合わせて枯死してしまう．しかし，前方に生じた新しい部分はとどまることなく成長を続ける．シダ植物の場合，胞子体世代として生じてから，何年経っても，茎頂の成長が止まることはないため，具体的には，路傍などに生きているホシダやシケシダなどの年齢が何歳か，知ることはできない．

　人生50年と数えられていたのが，医学の進歩にともなって，最近ではヒトの寿命は90年といわれたりもする．平均的に90年が限界とされるのは，からだを構成するさまざまの臓器の耐用年限がくること，生涯もち続けるとされ，からだの均衡を保つ役割を担っている神経細胞の生存の限界がくること，などが90年という寿命を決める理由になっている．もっとも，耐用年限のきた臓器を移植によって自由に交換することができれば，少なくとも理論的には，200年の寿命を生み出すこと

193

(a) 現生の多様な生き物たち
たくさんの種，たくさんの個体
もとはひとつで，全体でひとつのいのち

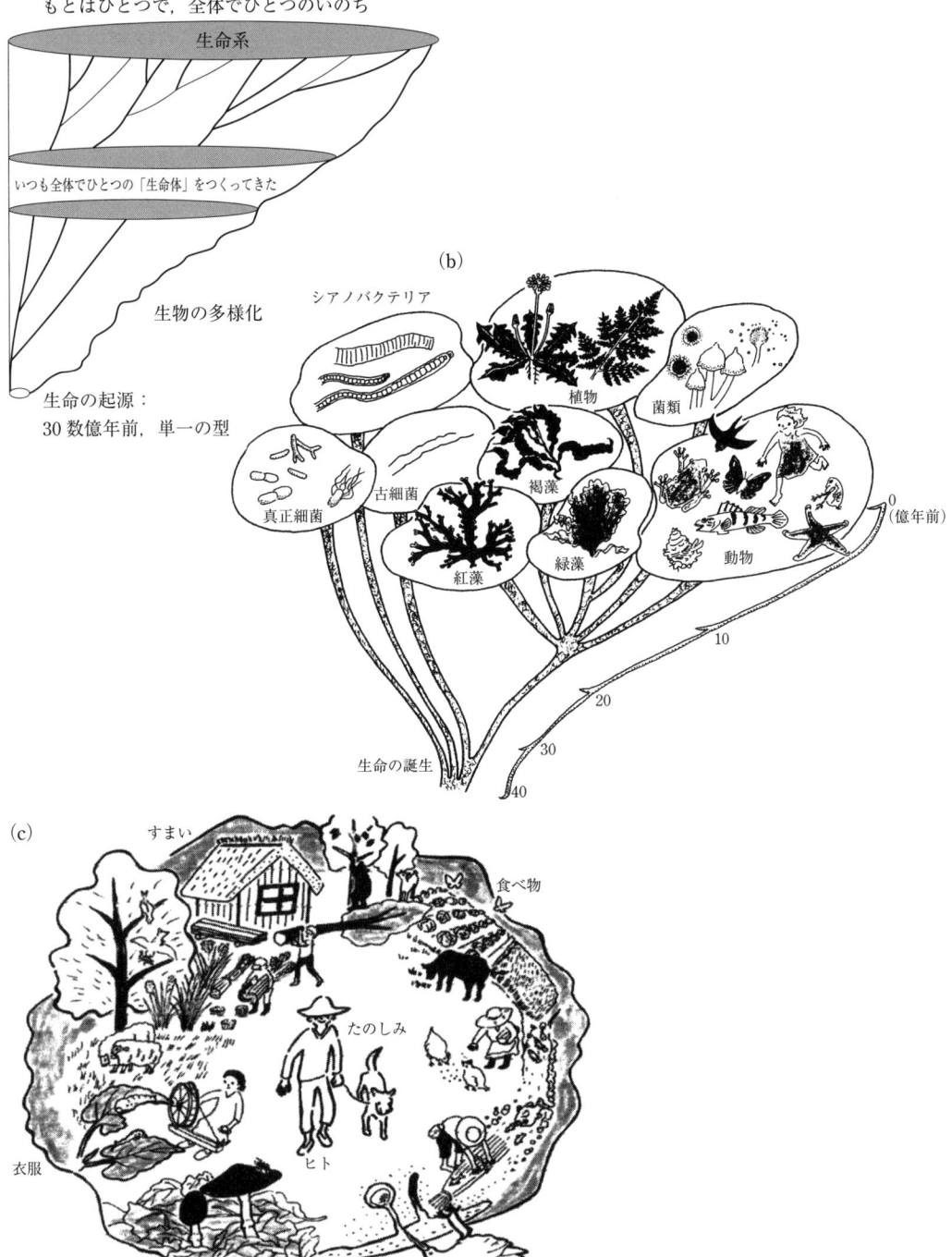

生命系

いつも全体でひとつの「生命体」をつくってきた

生物の多様化

生命の起源：
30数億年前，単一の型

(b)
シアノバクテリア
植物
菌類
真正細菌
古細菌
褐藻
紅藻
緑藻
動物
生命の誕生
0（億年前）
10
20
30
40

(c)
すまい
食べ物
たのしみ
ヒト
衣服

図 29.1 図で見る生命系の概念
(a) 生命系概念図，(b) 系統＝三十数億年のいのちの歴史：地球上で多様化した生き物たちは系統間のつながり＝類縁でひとつに結ばれている，(c) 生物圏＝多様な生き物たちのいのちのつながり：地球上に生きている生き物たちは直接的間接的な関係性を持ち合い，ひとつにつながるいのちを共有している．

は不可能ではないらしい．それでも200年が限界になるのは，神経細胞の寿命の限界がそれだという．さらにその神経細胞も部分的には置き換わっているものがあるという報告もあるし，編まれたシナプス結合もすべて正確に複製した神経細胞を移植の材料に使うことができるなら，後天的に学習した知識まで含めて，すべてがコピーできるということであり，再生によって寿命の限界を打破することができる．ただし，それと口でいうのはやさしいが，そういう技術が，もし確立されるとしても，それがどれだけ先のことか，気の遠くなるような話である．

生物体を構成する物質の年齢　一方，その個体をつくっているのは物質である．酸素，炭素，窒素，水素の4元素が中核になっている．それでは，からだを構成している物質はいつからその個体に属しているか？

生物の種やからだの部分によって，物質の代謝活動はさまざまであるが，大雑把にいって，からだを構成している原子は3ヶ月もすればその約3分の1が同じ原子の他の個体と置き換わっているという．早くから動的平衡という言葉で表現されているこの現象は，生化学ではよく知られている事実である．3ヶ月で3分の1が置き換わるのだから，1年経てば，ほとんどすべての原子が，同じ元素に属する他の原子と置き換わっていると計算される．生物の個体の物質的基盤は，1年以前のものとはまったく異なったものになっているのである．1年ぶりに出会った知人とは，やあ久しぶり How are you?　というあいさつを交わすのがふつうであるが，その人を構成している物質的基盤にこだわるなら，やあはじめまして How do you do?　というのが正しいあいさつになるはずである！

生命の年齢　それでは，あなたは何歳ですか？　とたずねられたら何と答えるか？　常識的には，戸籍に記載された出生後の生存期間を年齢と意識して答える．しかし，生物学的に個体の生存期間を問われれば，受精卵が形成されてから（母胎内にいた十月十日を加えた）期間が個体の年齢になるはずである．母胎内にいた間は母のからだの一部分のような生を生きており，自主的な生は生きていなかった，というのなら，出生直後に自主的な生を生きている人はいるのだろうか？　大学生になっても親の仕送りがないと生きていけないほど従属的だったら，母胎内とあまり違いがない生を生きている．

逆に，自分が預かっている生命の年齢を考えれば，これは自分という個体が形成された時（＝受精卵がつくられた時）から生きはじめたわけではなくて，生きている両親から生命を引き継いだから生きている．自分の生命は先祖代々受け継いできた生命であり，もとをたずねれば，地球上に生命が出現して以来連綿と生き続けているものを，一時的に預かっているのである．地球上に生きている生き物の生命の年齢は一律に三十数億歳なのである．この長命の生命は，自分という個体が終わる時までに，次世代に引き継ぐのが生き物の責任であるともいえる．自己を認知する

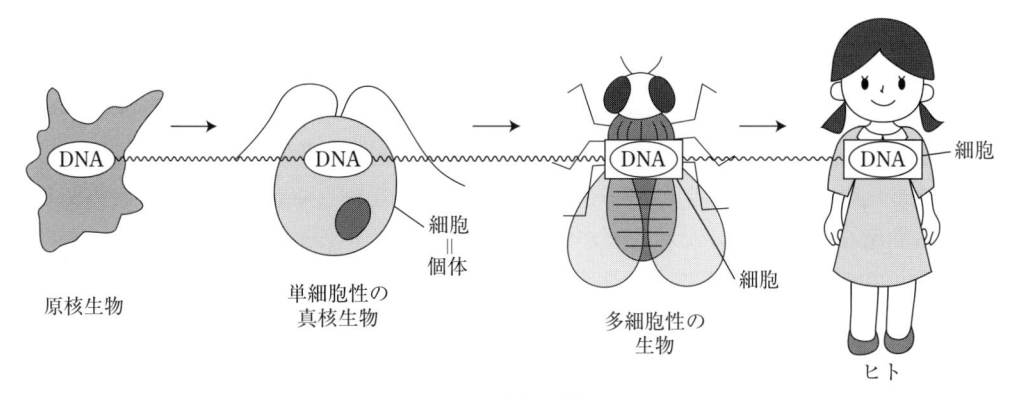

図 29.2 生命の連続性
生き物は遺伝を支配する DNA を受け渡しながら連綿と続く生命を生きている．その間，DNA はわずかずつ変異を積み重ね，生き物の進化を演出してきた．

ことはないかもしれないが，ヒト以外のすべての生き物も，自分の生命を次世代に引き継ぐという点では，自分のことを万物の霊長と呼ぶヒトよりは，義務を忠実に守ろうと務めているようである（図29.2）．

生きているとはどういうことか

　生き物は個体として生きていると認識される．しかし，4次元で生を考えれば，生を制御する情報を急速に置き換わる（＝若返る）基盤が担荷しているのが生き物のすがたであるともいえる．情報は核酸に担われているが，本質的には不変でありながら常に変異を内包しているその核酸は，物質的基盤として細胞内に存在しているといいながら，細胞を構成している原子は急速に他の原子と置き換わることによって生を維持しているし，細胞自身も他の細胞と短い寿命で置き換わる．単細胞体は細胞の置換が世代の交代になるが，多細胞の個体でも寿命は限定されており，急速に他の個体（＝次世代の子ども）と置き換わる．個体は同質のものが集まって種を構成するが，種の寿命も1000万年単位で尽き，有性生殖集団では100万年単位で新しい種が形成される．単に個体を形成する物質的基盤が置き換わるだけでなく，種や属などのタクソンも一定の速度で置換することによって，常に若さを維持しているのが生き物の生の実体である．

================ Tea Time ================

生命系を生きる

　個体以上のレベルの生に生命系という用語を当てようと提唱したのは，1999年

に刊行した『生命系——生物多様性の新しい考え』（岩波書店）においてだった．1992年に生物多様性条約が締結されても，生物多様性という言葉さえなかなか広く認知されなかった頃，生物多様性について，書いたり話したりする機会が増えていたが，その内容を解説するのに，細胞や多細胞の個体の生命が理解されるほどには生物多様性のレベルの生が理解されないのに業を煮やしており，細胞や個体に対応する簡潔な表現がないから理解が難しいのだと考え，あえてこの言葉を使ったのだった．この概念は後にストックホルムで講演した際にも好意的に受け入れられ，英語の表現を造語して，spherophylon という言葉を提起した．生物圏 biosphere の sphere と系統の phylon を組み合わせたものである．その後，2006年には日本学士院紀要にこの言葉の意味を簡潔に報告する抄録を掲載してもらった．

　生物多様性は人から見た人の外側の実体を指すのではなくて，ヒトもその要素のひとつである複合的な生命体であることを強調するが，なかなか理解を得ることが難しい．生物多様性の持続的利用は，人が利用する対象としての生物多様性を尊重するという理解では，役に立つか立たないで評価して対応することになる．自分もそのうちで生きている生の総体であると考えれば，胸の肉1ポンドを売って富に替えようとは誰もしないことに思い当たるはずである．人の生もまた，生物多様性の生あってのものであることを理解するために，生命系を生きている自分を，個体として生きているのと同じように，確実に認知したいものである．それはまた，生きているという事実も，細胞や個体のレベルだけでなく，生命系のレベルで取り上げるとよいということを理解する基盤に通じる．

第30講

生物の系統を読む
統合的な科学

キーワード：広領域　　細分化　　専門領域　　総合から統合へ　　普遍的な原理
　　　　　　分析，解析　　文理融合

　科学の細分化が話題になることが多い．しかし，科学は細分化するという宿命をもっている．さまざまな事象について，その原理を追究しようとすれば，必然的にそれぞれの事象のもつ個別の側面を詳しく分析し，解析する．科学研究には，当然の成り行きとして細分化という宿命がともなうのである．しかし，解析しようとする個別の側面の意味がわかったとしても，知りたい事象の実体は，特定の側面からだけで正しく理解できるものではない．自然界の事象は，複雑な原因と経過があって醸し出されているからである．とりわけ生命現象については，個別の事象といっても個別に独立で存在することはない．だから，取り上げた事象を正確に理解しようとすれば，その事象が関連する条件のすべてに意を注ぎ，演じられている事象の全貌を追究する必要がある．ふつうは，さまざまな側面を包括して全体像を見ることができ，課題である事象の理解にいたるものである．

　生命とか，地球とかを知るためには，それらが演じているさまざまな側面を普遍的な原理に則って解析することが基盤となる．しかし，科学が現在知っている事実は，生命や地球に関していえば，ごく一部分に限られている．そこから，全体像を認知するためには，それらの事象を俯瞰し，全体を正しく推量する必要がある．解析された個々の事実を，寄せ集めて総合するだけでなく，得られた情報の間の関係性を正しく位置づけ，統合的に受け止めなければならないのである．

　生物の系統を正しく理解するためにも，個々の事実を正しく解析し，認識することが基本であることはいうまでもないが，解明された個々の事実を手がかりに，全体像を正しく描き出すことができなければその正体を見失ってしまうだろう．

科学の細分化

　科学はある事象について，それを成り立たせている普遍的な原理原則を追究し，それから自然界に通底する法則性を見出そうとする．20世紀までの自然科学は，

数学的枠組みを適用して自然界に見られる物理化学的現象の解明に大きな成果をあげ，その知見は技術に転用され，いわゆる科学技術というかたちで，豊かな人間生活の構築に貢献した．しかし，豊かで安全に生きていると思っているうちに，どこかで歯車が狂い，人間活動のあおりを受けて，地球環境に危機が訪れていることを思い知らされることになった．

　日本語の科学は明治のはじめには学科の意味をもっていたそうだし，日本の帝国大学ははじめドイツの大学を後追いし，領域の細分化による論理性の追究を理想としたと説明される．しかし，古い話はさておいて，近代科学は物理化学的法則を見出すことに邁進したのだから，再現性のある論理的完結を目指した解析を推進するとすれば，出来事の全体像を見るよりは，解析の対象としてはある側面に限定することに偏ることになる．20世紀の科学，とりわけ自然科学の進歩は，テーマを細分化し，特定の側面にこだわった個別問題について，仮説の設定，理論的な追跡，実験による検証，再現性の確保，論理性の完成を一途に目指して展開した．

　20世紀の生物学が象徴的なのは，メンデルの遺伝の法則の再発見からはじまった点にある．生きているという事実を，生命の基本的な条件である連続性に焦点を当てて見るとすれば，生命がどのように継代され，それがいかに正しく伝達されるかの実体を解明する必要がある．遺伝学はその名の示すとおり，生きている状態を親から子へ伝える機作はどのようなものであるかを解明しようという科学の領域である．メンデルは，19世紀後半に，エンドウを材料として，遺伝現象に見られる法則性を再現性の確実な実験を通じ，数学的論理に載せて見出した．確かに，実験によってその事実は再現され，生物学の世界で広く認識されるための確証が得られた．このようにして，生物学の中心的な課題となった遺伝学は，ショウジョウバエやアカパンカビを材料としてさらに発展し，ついに微生物を研究対象にして，遺伝子の本体が何で，どのような機作を通じて生きているという現象が継代されるかを，実験による再現可能な方法で確かめることができるようになった．この原理の解明は，当然のように，技術（バイオテクノロジー）に生かされ，人の生活を豊かにすることに貢献することにつながった．

　社会の役に立つだけでない，わたしたちはどこからきたのかをたずねる系統の解析にも，分子系統学という手法が有効に機能することとなった．本書で，この科学的好奇心がどこまで満たされるようになっているのか，ここまでで紹介してきたとおりである．科学的好奇心も満足させ，社会の豊かさの増進にも寄与するのだから，まさに結構な発展だといおうとすれば，それには強い異論が現れる．

生命科学と環境科学

　生きているとはどういうことかをたずねるためには，生き物の総体を漠然と眺め

ていたのでは，わかることは限られている．だから，多様な側面のひとつひとつを科学の手法を用いて解析し，分析的，還元的に追究して得られたデータをもとに，全体像は何かを捉えようとする．

　問題は，科学的な解析がだんだん専門化し，深化していくと，解析している問題の総体は何だったかを忘れてしまって，対象の課題にこだわりすぎることである．早い話，生物の多様性を手がかりに生きているとはどういうことかをたずねようとしたはずの研究が，生き物がいかに多様であるかという現実に振り回され，個別の微細な差を見出すことに全神経を集中し，差を認知することで鬼の首でもとったような気になってしまう傾向が蔓延していた．科学研究は，内容が高度化するにつれて領域の専門化，細分化が進み，細分された専門分野の間の壁が高く厚くなってしまって，相互に情報交流が乏しくなる異常な状態をもたらしている．

　生命科学も，生命の特殊な一面を明らかにするだけで，人間社会に大きな利益をもたらす効果をもちうるものであり，そのような貢献を尊ぶのは当然である．ただし，ここでいおうとしている，生きているとはどういうことかという人間にとっての本然的な問題意識と向き合うためには，対象のある側面の一部を明らかにすることはそれだけのことで，全体像を得るためにはそれなりの行動が求められる．生きているとはどういうことか，という問題については，生命は全体像があってはじめて生きているものだから，なおさらの話である．

　20世紀の間に人々の生活に安全とか豊かさをもたらすことに成功した科学が，一方で本意でなくもたらしてしまった負の遺産のひとつとして，地球環境問題が大きく立ちふさがる．科学がもたらしたというよりも，科学の扱い方が結果を招いたというべきなのだが，そういういい方をすると科学者が自己弁護をするととられそうだから，科学がもたらしたという文脈でここは話題を展開したい．生物多様性については，地球環境問題を語る際にもっとも典型的に影響が顕現するものである．

　生物多様性がなぜ，どのように地球環境の劣化に影響するかはこの講で詰めるべき課題ではない．ただ，地球環境の人為による劣化が人の生存にかかわる影響を与えるものであることを，生物多様性は具体的な事例として明示しているという結論だけ紹介しておこう．そして，それを抑制することができるかどうかは，いつに人の叡智の為す業に期待するところである．その叡智をもたらす途が，個別の情報の集積ではなくて，得られた情報の統合的な評価でなければならないことを，ここでは強調しておこう．

　人の営為が及ぼすリスクを低くするのは当然の約束であるが，低くすればそれで安心かというと，推定に応じて構築される計画は，対応策についてリスクが0にならないというのだったら，最低に抑えたリスクを超える危機が迫ってくる時に何が必要かを事前に企画しておく必要がある．そのためには，対応しようとしている対

象は何か，その対象に対する営為をどのように加えることでどのくらいの危険度を招来する危惧があるのか，対象の総体を目途にはじき出しておくことである．

　生命科学にとって，環境とのかかわりだけでなく，生命活動の保持について，今社会が直面している課題は複雑多様である．生きているとはどういうことかについて，まだ限られた範囲でしか知識をもっていない科学が，緊急に解析すべきことが何であるかはこの分野の専門家だけが考察していて満足がいくことではない．

領域複合から，統合的な科学へ

　生きているとはどういうことかを統合的に見るというのは，生命現象について明かされた事象をすべて積み重ねるということだけではないはずである．生命の本質を，その歴史的な実体から見通そうとすれば，手がかりとなる生物多様性に対応する方法もそれなりに動的なものとならざるを得ない．得られたデータを，誰かが集成するという作業はかならずしも統合という結果にはつながらない．データを構築する担当者が，何を目的にそのデータを構築するかを明瞭にし，目的に沿って解析を行い，得られたデータを目的に沿って評価することが求められる．ところが，多くの場合，研究課題とされるものは当面の専門分野に閉じた課題となっているために，構築されたデータが夢のような目的に結びつくように評価されることはあまりないし，そのような評価は科学の枠を超えたものと批判されてしまうことになる．そうならないようにするために必要なことは何なのか，統合的な視点を必要とするとはいいながら具体的な方法が提示できないのが現実である．

　進化の総合説は，生物の歴史的発展の後を正確に追うために，具体的な事実を確実に積み上げ，その因果性に解析の目を向けようとして，可能な限りの成果を活用し，方法を駆使しようとする．生き物の歴史的な展開について，科学が知っていることはごくわずかの事実であるし，これから知りうることにも限界があることは明瞭である．だから，限られた事実の認識の上に，実体が何であったかを再構築し，そこで演じられてきた動態を確かめようとするのである．具体的な事実を超えて，分子情報が蓄積されてくるとバイオインフォマティクスの方法を活用して過去にあった事実を理論的に再構成する可能性さえ探ろうとするのは，この種の科学の止まらない好奇心の発露するところかもしれない．しかし，そのような可能性を認めたとしても，科学の現状では，そのような方法の発展が何をもたらすのか，確かなことはいえない．

　歴史とともに消え去った事実を科学的に再現することは不可能であると，進化に不可知論を投げかける人は今でもないわけではない．逆に，自然科学がすべてを知りつくす可能性があると信じている人たちもあるが，そうと確証が与えられているわけでもない．科学は，生きているとはどういうことか，というような問題につい

ては，多分このような方法で追究すれば自分たちが使っている科学の方法で解けるだろうと仮定して，日ごとその過程を確かめているものであり，総合的な結論はまだ何世紀も先に提示されることになるだろう．その時の答えが，結局科学では解けないものでした，ということだってありえないことではない．もちろん，そこでいう科学のあり方は，今日わたしたちが見ているような構成のものではなくて，もっと異なった領域構成となり，今は誰も知らないような解析法などをもたらしているかどうか，それについても今からは予測不可能である．

いずれにしても，今科学が直面している課題そのものが，分析的還元的な解析をそのまま積算して答えにするというものではなくて，専門分科が透徹しているところで，あらためて統合的な視点に基づいた解析が求められていることを，意識する段階から行動する段階へ発展させなければならない．

系統の構築と生物多様性

生物多様性の研究は，その成果を分類表のかたちで表記してきた．扱う実体は分類表という二次元表記には収まり切らないことを，当事者は認識しながら，情報量が限られている間は分類表の表記でその意味するところを了解し合っていた．しかし，主観で理解する必要のある表記は科学的には薦められた操作ではない．系統の構築が科学的に追認されてくると，それをどのように表記するかもまた別の課題とされてきた．リンネの時代には二命名法の表記で，得られていた結論が必要最低限表示できていた．しかし，それから年月を経ると，その表示を自分の意図で勝手に読み取る人が増えてくることによって，分類表はとんでもない誤解を招いてもきた．読み取る人の善意を期待して，表記が科学的でないのを放置していた点にも確かに問題はあった．その後，生物の多様化には現実に見られた経過のうちに，二叉分岐だけでなく，収斂進化もあったこと，それも複雑に絡まり合った収斂の事実さえ推量されることになり，現に地球上に生きている多様な生物の間の関係性がきわめて複雑になっていることが明らかにされている．その事実が明瞭に指摘されることによって，二次元的な分類表の表記は仮のものであることが強調され，実体の正しい理解が求められている．

現在地球上で生きている生き物たちは，多様なすがたに分化しているが，これは三十数億年の地球上における進化の結果である．生き物が担っている生命は三十数億年生き続けているものだから，現生生物の生を理解するためには，三十数億年の生存の歴史を踏まえる必要がある．現生生物の生は，かならず三十数億年の生命の歴史を，系統というかたちで担っているものである．だから，現生生物を正しく認識するためには，生きている生物体が演じる物理化学的現象の特異さを理解する必要があるのと並行して，担っている系統の実態の解明が期待される．生物多様性の

解析は，そのように，生きているとはどういうことかを解くもっとも重要な鍵のひとつになっていると理解したい．

進化は，経過だけでいえば，生き物たちが過ごしてきた生の変遷であり，一見わかりやすい現象のようで，さまざまな他領域における考察の際に，わかりやすい個別の現象が相似の例として引用されることが珍しくない．しかし，学んだ進化のある側面だけを安易に引用した議論には，進化の本質を見失っていることもあり，議論の本質をむしろ歪めることに貢献していることさえある．特定の話題のある側面に，複雑な進化の現象のある特殊な側面を引用して議論することはたいへん危険なことである．進化については，科学が知っていることはまだごくわずかである．そこから推定したことでさまざまな問題に対する貢献ができることは間違いないが，それはあくまで進化という現象を統合的に見ての話である．生物の進化を，生き物たちが過ごしてきた変遷として単純に描写するだけではなくて，生き物の生の展開だったことを受け止め，それと認識したいものである．

=========== Tea Time ===========

人と自然の共生

共生という日本語は日本語に特有の響きをもつ．辞書でも「ともいき」などと発音されることがあり，人は自然と一体であることを強調する．日本人の伝統的な考え方，とりわけ鎌倉仏教以来日本風に聖化された浄土思想による山川草木悉皆成仏とか悉皆仏性とかに通じ，神仏からの授かり物である勿体を貴重なものと見なしてきた自然観に支えられていたもので，東洋思想の中でも特異なものといえる．西欧においては，nature は wild であり，demon の棲むところだから，人の文明の力で開拓浄化することは善なる行為である．日本人のように，森林の一部を伐開して農地を開拓した村には，どんな小さな村落にもかならず，八百万の神の住処としての鎮守の杜を設けたのとは，自然というものの理解のしかたが異なっている．

また，共生という日本語は，symbiosis の和訳として，生物学用語にも使われた．しかし，symbiosis には mutualism（双［相］利共生），commensalism（片利共生）の他，parasitism（寄生）も含まれるので，伝統的な日本語の「ともいき」とはまったく異なった言葉である．しかし，現行の和英辞典で「共生」を引くと，symbiosis がでてくる．「ともいき」の共生は英語にならないからだろうか，こちらは英訳されていない．実際，living together とか living friendly とかいわれることもあるようだが，もともと自由に通用する英語ではないようである．欧米には「ともいき」のような概念がないのだから，表現がなくてもおかしくない．

自然と人間の共生は，1990 年の大阪花博の際にサブテーマのひとつに使われた標語で，その頃から広く使われるようになったらしい．この日本語を，やや無理に

英語に訳したのが Harmonious co-existence between nature and mankind である．調和ある，という形容詞をつけても，共存では，共生とまったく響きが違う．生物学用語としての共生の解説に，単なる共存は共生とはいわない，という説明がつけられているものがあるくらいである．しかも，この句を一緒に考えてくれたイギリス人たちも，たいへん重要な概念だと賛同はしてくれても，平均的な日本人のようにすんなり理解しているようには見えない．

　日本人に特有の自然観，宗教観の反映といえようが，この概念が生物多様性の持続的利用に成功するためにはたいへん有用な指導理念になりうるものである．というよりも，生物多様性の持続的利用を可能にするのは，この概念が世界の共通概念になるより他に途がないとさえ思っている．江戸時代後期，江戸百万都市が，同じ百万都市だったパリやロンドンよりはるかに清潔に維持されていたのは，共生の概念のもとに，勿体を尊び，必然的に望ましいリサイクルを営んできた日本人のライフスタイルがあったからこそのことだった．

参考図書

　生物の系統と進化に関連する書は数多く出版されている．すべてを読破することなど不可能なほどの数で，筆者もその一部にしか目を通しておらず，どれがもっともよい参考図書か，推薦に迷う．

　本書をひもとくに際しては，生物多様性の研究の現状についてある程度の知見が必要であり，そのための手引きとしては，少し膨大になるが，以下の岩槻邦男・馬渡峻輔監修の「バイオディバーシティ・シリーズ」（裳華房）全7冊がもっともよい参考になる．

1　岩槻邦男・馬渡峻輔（編）：生物の種多様性（1996）
2　加藤雅啓（編）：植物の多様性と系統（1997）
3　千原光雄（編）：藻類の多様性と系統（1999）
4　杉山純多（編）：菌類・細菌・ウイルスの多様性と系統（2005）
5　白山義久（編）：無脊椎動物の多様性と系統（節足動物を除く）（2000）
6　石川良輔（編）：節足動物の多様性と系統（2008）
7　松井正文（編）：脊椎動物の多様性と系統（2006）

少し高度な内容になるが，東京大学出版会の「ナチュラルヒストリーシリーズ」が2011年秋までに35冊刊行されており，本書に関連するものが多い．
また，植物については，

　　岩槻邦男・加藤雅啓（編）：多様性の生物学，全3巻：1 植物の世界，2 植物の系統，3 植物の種，東京大学出版会（2000）

藻類では，

　　井上　勲：藻類30億年の自然史　第2版，東海大学出版会（2007）

などと，そこに引用されている膨大な数の参考文献を参照すれば，これまでに何が解明されており，現在何が研究されているかが理解できるはずである．

　生物多様性についてあまり深い学習経験がない人は，本シリーズで既刊の

　　岩槻邦男：植物と菌類30講（2005）
　　馬渡峻輔：動物分類学30講（2006）

か，少なくとも

　　岩槻邦男：多様性からみた生物学，裳華房（2002）

などを参照していただければよい．

索　引

ア 行

アオカビ　117
アオコ　18
赤の女王仮説　37
アカパンカビ　135, 198
アクラシス　113, 114
アーケア　11, 13, 25
アーケオバクテリア　11
アーケゾア　25
アナベナ　166
アポガミー　155
天の川銀河　2
アメーバ　65, 66
アリストテレス　120, 182
RNAワールド仮説　7
アルカエオプテリス　94, 95
アルベオラータ　65
アンモナイト　121, 171

硫黄細菌　14, 20
維管束　86, 87, 90
池野成一郎　43
石田政弘　35
イースト　117
1遺伝子1酵素説　135
イチジク　89
イチョウ　42, 93, 97
遺伝子組み換え　62, 63
遺伝子担荷体　4, 16
イネ　148
井上勲　69
井上健　164
いのちのつながり　191
イワヒバ　95
印象化石　122
隕石説　172

ウーズ　11, 13

液胞　3
SSF　121
エディアカラ生物群　54, 66, 67, 70, 121, 171
ATP合成　14
ABCモデル　106, 107
エーリッヒ　163
エルキンシア　96
塩基　3, 5
エンドウ　133, 198

オゾン層　22, 78, 84, 85, 91, 170
オパーリン　21
オランウータン　178
オランダイチゴ　55, 56
オリバー　94
オレル　136

カ 行

階層構造　1
階層性　139
カイチュウ　81
カイトニア　100
カイロウドウケツ　165, 166
Caenorhabditis elegans　135
化学化石　122
化学分類学　11
核膜　2, 10, 23, 28, 32
カクレウオ　167
カサノリ　27
仮説検証　132
カドヘリン　66
河合雅雄　180

キイロショウジョウバエ　134
キカデオイデア　100
ギガルディア　29
気根　89, 92
寄生　164, 165, 202
キソウテンガイ　100
キチン　34
木原均　128, 139, 142
木村資生　142
キュビエ　120, 121

巨大隕石　172
キレンゲショウマ　174
近縁種　62
銀河　1

クエン酸回路　18
クラゲ　49, 50
クラマゴケ　88, 96
クラミドモナス　65
グラム陰性細菌　13, 20, 26
グラム陽性細菌　13, 20, 26
クリック　135, 138, 150
グリパニア　25, 51, 54
クロー　142
グロッソプテリス　100
クロボキン　117
群体　52, 53, 54, 66
群体起源説　66

形態形質　11, 13
結核菌　12
ゲーテ　87
K-T境界　172
原形質流動　33
言語　178, 180
ケンミジンコ　82

交雑　60, 61, 133, 139
紅色硫黄細菌　15
紅色細菌　21
酵素　5
好熱性古細菌　25
好熱性細菌　12, 13, 26
ゴキブリ　81
枯草菌　13
五炭糖（ヌクレオシド）　3
コドン　3, 5, 178
ゴニジア　83, 167, 168
琥珀　121, 122
コバンザメ　167
ゴリラ　178
コレラ菌　12

索引

サ行

細胞器官　29, 32
細胞呼吸　18
細胞骨格　24
細胞周期　44
細胞内輸送　33
細胞壁　3
細胞融合　58, 63
サギソウ　174
酢酸菌　13
篠山層群　123
サッカロミセス　26
雑種　58, 59, 60
雑種起源　132
サツマイモ　92
サトイモ　92
サナダムシ　81
サビキン　117
サンショウウオ　82
酸素発生型光合成　15, 18, 19, 20, 21, 24, 26, 29, 30, 31, 78, 83, 170
三葉虫　121

GADV仮説　7
ジェフレイ　87
死骸　192
始源生物　1, 8, 20, 7
事故死　192
示準化石　121
自殖　39
自然死　56, 57
始祖鳥　75
姉妹種　62
収斂　58, 60, 61, 62, 69, 183, 188, 201
種多様性　143
種特異性　141
種特異的　132
硝酸菌　14
ショウジョウバエ　134, 198
小胞体　33
縄文杉　54
小葉　87, 88, 96
シロイヌナズナ　135
真正細菌　11, 12, 15, 19, 23, 26, 27, 30, 35
シントラー　133
スコット　94

ストラメノパイル　34, 114, 115, 185, 186, 187
ストロマトライト　21, 122
スペンサー　169
スミレモ　83

生活環　39, 43, 44, 45, 46, 48, 49, 104, 114
生痕化石　121, 122
性の分化　42
生物学的種概念　60
生物多様性関連情報　160
生物多様性条約　125
生命系　191, 192, 193, 195
生命の起源　1, 17
世代交番　40, 42
世代の交代　49
セルロース　34
セントラルドグマ　6, 7, 9
全能性　56, 57
繊毛虫類起源説　66

層序学　72
増殖　36, 37, 52, 56
走地性　89
双利共生　164, 165, 202
ゾウリムシ　27, 64, 66, 190
側系統　81
ソテツ　43, 166
ソメイヨシノ　148

タ行

退行　169
大腸菌　13
大葉　87, 88
太陽系　2
大量絶滅　22
ダーウィン　109, 142, 163, 169
他殖　39
多肉植物　61
タマホコリカビ　113, 135
多様化　42
担根体　88, 89
単複相生物　43, 45, 104

チェイス　97
チェンバレイン　93
地球外生命　16
地球植物誌　159
知的生物　177

チトクローム酸化酵素　18
チフス菌　12
チャセンシダ　60, 61
虫媒　100, 103
虫媒花　164
超銀河集団　1
チンパンジー　177, 178

ツィンメルマン　87
ツレサギソウ　164

デオキシリボ核酸　3
テオフラストス　182
テータム　135
デデキント　149
テトラヒメナ　66
転写　6

ドウケツエビ　165, 166
動的平衡　194
トカゲ　82
ドーキンス　179
徳川義親　136
トビウオ　73
トビトカゲ　76
ドメイン　11, 13
トリパノソーマ　65
トリフ　117
トレボウクシア　186

ナ行

ナンヨウスギ　92

二次的自然　155
二重らせん　4
二重螺旋構造　24
ニホンザル　180
乳酸菌　13

ヌクレオチド　3
ヌクレオモルフ　59
ヌマスギ　89, 92

ネアンデルタール人　180
ネーゲリ　133, 158
ネズミ　82
ネンジュモ　18, 52

ハ行

バイオインフォーマティクス

157, 159, 161, 162, 200
バイオシステマティックス
　　139, 150, 151
バイオテクノロジー　62, 63
配偶子　36, 39, 40, 41, 45
配偶体　42
バウアー　27
バージェス化石動物群　72
ハシブトカラス　148
ハシボソカラス　148
長谷部光泰　97
ハチドリ　163
醗酵　13, 15
ハテナ　69
ハナゴケ　186
バーバンク　151
ハマダラカ　65
バワー　87
パンゲア　171
パンコムギ　129
パンドリナ　52
ハンノキ　166

ビカリア　121
微小管　33
P–T 境界　171
ヒトツブコムギ　129
ビードル　135
表皮　86
平瀬作五郎　42, 93
ピリミジン　3
品種改良　133

V–C 境界線　171
不可知論　130, 200
フジバカマ　174
フズリナ　66, 121
フック　27
不定根　92
フデイシ　121
ブドウ　133
ブラウン　27
フラジェリン　33
プリン　3
ブルノ　134, 136
フローリン　93, 94

平行進化　62
ペクチン　34
ベック　94

ヘッケル　49, 53, 107, 109,
　　111, 183, 184
ベーツソン　150
ベニシダ　156
ヘビ　82
ヘリオバクテリア　15, 20
ベーレン　37
変異　37, 42
片利共生　164, 165, 202

ホイタッカー　112
放線菌　13, 26
ホウビシダ　156
ボディプラン　109
ホメオティック遺伝子　110
ボルボックス　52, 53

マ　行

マイア　148
マーギュリス　35
膜起源説　25
マグマオーシャン　7
マツタケ　117
マツノザイセンチュウ　82
マラー　37, 135
マラリア原虫　65
マンモス　120, 121

ミクソゾア　64
ミズカビ　114
ミチューリン　151
ミドリムシ　65, 68
南方熊楠　112
ミミズ　81, 82
ミーム　179
三好学　136
ミル　27

ムカデ　82
無糸分裂　24, 48
無性芽　55
無融合生殖　39, 60, 140, 155
ムラサキ　174

メタセコイヤ　121
メタン細菌　12, 14
メバロチン　117
メンデル　60, 132, 133, 134,
　　136, 150, 157, 158, 198

網状進化　61
モーガン　134, 150
モグラ　82
モーリッシュ　136
モレスネチア　96

ヤ　行

ヤスデ　82
矢田部良吉　42
ヤブソテツ　156
ヤマザクラ　148

有糸分裂　24, 25, 26, 28, 48
ユーカリア　11
ユードリナ　52
ユレモ　18, 53

葉的器官　87
葉脈　87
吉田民人　181

ラ　行

ライト　142
ラチェット説　37
ラッパムシ　66

陸上生態系　86, 154
リグニエ　87
リニア　87
リベットコムギ　129
リボ核酸　3
リボソーム　33
緑色糸状細菌　15
緑色非硫黄細菌　21
リンネ　59, 107, 148, 183, 201

レイ　148
レピドカルポン　95, 96
レーブン　163
老化　56

ワ　行

ワグナー　60, 61, 151
ワトソン　135, 138, 150
ワムシ　82

著者略歴

岩槻邦男（いわつき・くにお）

1934 年	兵庫県に生まれる
1965 年	京都大学大学院理学研究科博士課程修了，理学博士
1963 年	京都大学理学部助手，助教授（71 年），教授（72 年）
1981 年	東京大学理学部附属植物園教授併任，同専任，園長（83 年）
1995 年	立教大学理学部教授
2000 年	放送大学教授
現　在	兵庫県立人と自然の博物館館長
	東京大学名誉教授
著　書	『日本絶滅危惧植物』海鳴社，1990
	『日本の野生植物：シダ』平凡社，1992
	『シダ植物の自然史』東京大学出版会，1996
	『文明が育てた植物たち』東京大学出版会，1997
	『東京樹木めぐり』海鳴社，1998
	『生命系―生物多様性の新しい考え』岩波書店，1999
	『生物講義―大学生のための生命理学入門』裳華房，2002
	『多様性からみた生物学』裳華房，2002
	『日本の植物園』東京大学出版会，2004
	『植物と菌類 30 講（図説生物学 30 講〔植物編〕1）』朝倉書店，2005
	『植物の利用 30 講（図説生物学 30 講〔植物編〕2）』朝倉書店，2006
	『生物多様性のいまを語る』研成社，2009
	『生物多様性を生きる』ヌース出版，2010

図説生物学 30 講〔環境編〕2
系統と進化 30 講
―生き物の歴史を科学する―
定価はカバーに表示

2012 年 2 月 15 日　初版第 1 刷

著　者	岩　槻　邦　男
発行者	朝　倉　邦　造
発行所	株式会社　朝　倉　書　店

東京都新宿区新小川町 6-29
郵便番号　162-8707
電　話　03(3260)0141
FAX　03(3260)0180
http://www.asakura.co.jp

〈検印省略〉

Ⓒ 2012〈無断複写・転載を禁ず〉　　シナノ印刷・渡辺製本

ISBN 978-4-254-17722-0　C 3345　　Printed in Japan

JCOPY　〈(社)出版者著作権管理機構　委託出版物〉

本書の無断複写は著作権法上での例外を除き禁じられています．複写される場合は，そのつど事前に，(社) 出版者著作権管理機構（電話 03-3513-6969，FAX 03-3513-6979, e-mail: info@jcopy.or.jp) の許諾を得てください．

シリーズ《図説生物学30講》

B5判　各巻180ページ前後

◇本シリーズでは，生物学の全体像を〔動物編〕〔植物編〕〔環境編〕の3編に分けて，30講形式でみわたせるよう簡潔に解説
◇生物にかかわるさまざまなテーマを，豊富な図を用いてわかりやすく解説
◇各講末にTea Timeを設けて，興味深いトピックスを紹介

〔動物編〕
- 生命のしくみ30講　　　　石原勝敏著　　184頁　　本体3300円
- 動物分類学30講　　　　　馬渡峻輔著　　192頁　　本体3400円
- 発生の生物学30講　　　　石原勝敏著　　216頁　　本体4300円
- 生物の情報と伝達30講　　馬場昭次著

〔植物編〕
- 植物と菌類30講　　　　　岩槻邦男著　　168頁　　本体2900円
- 植物の利用30講　　　　　岩槻邦男著　　208頁　　本体3500円
- 植物の栄養30講　　　　　平澤栄次著　　192頁　　本体3500円
- 光合成と呼吸30講　　　　大森正之著　　152頁　　本体2900円
- 代謝と生合成30講　　　　芦原　坦　　　176頁　　本体3400円
　　　　　　　　　　　　　加藤美砂子　著

〔環境編〕
- 環境と植生30講　　　　　服部　保著　　168頁　　本体3400円
- 系統と進化30講　　　　　岩槻邦男著　　216頁
- 動物の多様性30講　　　　馬渡峻輔著　　近刊

上記価格（税別）は2012年1月現在